尹春生 编著

美国外来建筑传

Biography
of
American
Exotic Architecture

中国出版集团 东方出版中心

图书在版编目（CIP）数据

美国外来建筑传 / 尹春生编著. —上海：东方出
版中心, 2023.6
ISBN 978-7-5473-2196-6

Ⅰ. ①美… Ⅱ. ①尹… Ⅲ. ①建筑艺术 – 介绍 – 美国
Ⅳ. ①TU-867.12

中国国家版本馆CIP数据核字（2023）第081969号

美国外来建筑传

编 著 者　尹春生
责任编辑　赵　明　戴浴宇
装帧设计　钟　颖

出版发行　东方出版中心有限公司
地　　址　上海市仙霞路345号
邮政编码　200336
电　　话　021-62417400
印 刷 者　上海盛通时代印刷有限公司

开　　本　890mm×1240mm　1/32
印　　张　20.5
字　　数　320千字
版　　次　2023年6月第1版
印　　次　2023年6月第1次印刷
定　　价　158.00元

目录

缘起：从英国飞来的孔雀

那还是我刚到美国首都华盛顿工作不久。

一天，我到位于华盛顿国家大草坪（National Mall）的"弗利尔美术馆"（亚洲艺术馆）参观，无意中走进了"孔雀厅"（Peacook Room），立即被孔雀厅的新艺术风格所震撼——壁炉架上身着日式和服的"瓷国公主"，满怀惆怅；和她相对的墙上，两只孔雀振翅争斗；四面格架上，摆满了中国青花瓷；低垂的天花板吊灯，发出幽幽的旧日微光——细看展厅说明，原来这个孔雀厅来自英国，落户美国快一个世纪了，而孔雀厅的装饰者及"瓷国公主"的绘画者就是美国19世纪大名鼎鼎的画家惠斯勒（James McNeill Whistler）！

一个英国人家的餐厅（孔雀厅）怎么会落户美国呢？这中间到底发生过什么事？

其后，在美国其他城市及博物馆，我不时撞见来自"国外"的建筑物或建筑构件，看到许多似曾相识的"外国"建筑物——希腊的帕特农神庙、意大利的比萨斜塔、威尼斯的公爵宫、西班牙的修道院、法国的修道院回廊、日本的禅茶室、韩国的凉亭、中国苏州的庭院，甚至在波士顿附近塞勒姆的碧波地博物馆还有一个从中国安徽徽州地区一砖一瓦搬来、耗资1.25亿美元复建的古民居"荫余堂"。

美国人怎么会如此热衷于搜罗这些国外的建筑物？难道正如人云亦云的那样，建国时间不过 200 多年的美国自己没有多少历史，便从国外借来"历史"装点门面？

事情恐怕没有这么简单。

在随后的几年里，我走访了美国很多地方，从南到北，从东到西，竟然拍摄搜罗了一百多处美国"外来建筑"，还有多个外来建筑特色城镇。走进这些城镇，仿佛走进了英国维多利亚时代、法国诺曼底乡村、西班牙安达卢西亚、丹麦的风车之乡、德国巴伐利亚阿尔卑斯山区……

从这些"外来建筑"身上，可以看到美国的开国先贤们在"设计美国"时所秉承的希腊民主—罗马共和理想；也可以看到"镀金时代"美国富豪大亨如何在新大陆追逐旧世界的美梦；当然更多的是世界各地、各民族建筑风格对美国建筑的影响和渗透。

美国人善于学习、借鉴，崇尚实用，也有怀旧情怀。他们来自世界各地，从故土来到陌生的新大陆，便"如饥似渴地追忆自己家园那种能用无声语言表现民族文化的传统建筑。所以，他们有意识地按照他们的习惯方法来建造房屋，试图建造一个远离故土的家园"（《美国特性探索》）。故而，在新大陆才会出现这么多的"外来特色"建筑。

至少从"外来建筑"这个点上，可以窥见美国多民族、多种族文化千姿百态、异彩纷呈的多样性特点。他们就像各种不同特质的矿石，在进入美国"大熔炉"的时候，保留了本民族的文化和建筑基因。

这便是我拍摄、探寻这么多美国"外来建筑"的缘由，而缘起便是那只从英国飞来的孔雀。

前言：美国外来建筑的理想与实践

众所周知，在哥伦布踏上美洲大地之前，美洲的原住民是印第安人。印第安人的传统住宅除了土窝山洞、木头泥巴搭建的原始棚屋，便是印第安帐篷，至今在 66 号公路上，还能见到印第安帐篷旅馆。

欧洲人踏上北美大地后，带来了本民族的建筑传统，建起了最初的、实用型的建筑，半是实用，半是怀旧。旧世界再也回不去，一切从新大陆重新开始。首批建起来的房屋（如果还能立到现在）不是旧世界房屋的再造，就是旧世界房屋的翻版。这从弗吉尼亚州威廉斯堡英属殖民时代的房屋、宾夕法尼亚州德国移民的石头屋、东部内陆爱尔兰人只有一个房间的小屋、佛兰德斯式流线型砖墙屋等富有民族特色的建筑上就可以看出来。对于早期移民来说，在没有成立一个统一国家（美利坚合众国）之前，他们是英国人、德国人，爱尔兰人、西班牙人、意大利人……而不同民族特色的房屋就是他们身份的标志，也是他们的遗传基因。

一

1775 年，美国爆发独立战争；1776 年 7 月 4 日美国宣告独立；1789 年通过宪法，成立联邦政府，华盛顿就任联邦政府首任总统，一个崭新的联邦制国家诞生。

其实，就在独立建国之初，那些开国先贤们就在思索、探讨、设计未来的合众国——合众国的"上层建筑"（三权分立的治理架构）以及合众国应有的建筑形态。

1790 年，美国国会通过"驻跸法"（The Residence Act of 1790），全称"关于建立美利坚合众国政府临时和永久驻地法"（An Act for establishing the temporary and permanent seat of the Government of the United States），正式决定在波托马克河边建立永久性的首都。法案授权总统华盛顿挑选准确地点建立首都，并规定在 1800 年完成迁都。华盛顿指定了首都建设三人委员会，时任国务卿托马斯·杰斐逊是华盛顿的主要顾问，帮助组织"总统府"和"美国国会大厦"的建筑设计竞赛和设计征稿。

华盛顿指定法国出生的建筑师和军事工程师朗方少校（Major Pierre "Peter" Charles L'Enfant，1754—1825）负责首都城市规划。1791 年 6 月，朗方提交了规划方案——以国会大厦为中心，设计了一条通向波托马克河滨的主轴线（National Mall）；又以国会大厦和总统府两点向四面八方布置放射形道路，通往广场、纪念碑、纪念堂等重要公共建筑物，并结合林荫绿地，构成放射形和方格形相结合的道路系统。据说，朗方的规划设计受到了他的同乡、法国景观建筑师安德烈·勒诺特尔（André Le Nôtre，1613—1700）设计的"凡尔赛花园"（Gardens of Versailles）的影响。因与三人委员会的矛盾和不妥协态度，朗方后被华盛顿解雇，由美国勘测师埃利科特（Andrew Ellicott，1754—1820）修改"朗方方案"并完成规划。1825 年，朗方在贫困中去世，留下了三块表、三个罗盘、一些书、一些地图和勘测仪器，总价值大约 45 美元。

在新首都最重要的联邦建筑——"总统府"和"国会大厦"的建筑设计该采用何种形式上，具有远见卓识的托马斯·杰斐逊发挥了非常重要的作用。

杰斐逊是希腊和罗马建筑风格的忠实信徒，他相信承袭希腊-罗马之风的新古典主义建筑风格最能代表美国的民主理想。

由杰斐逊设计、1788 年落成的"弗吉尼亚议会大厦"（里士满）就是他新古典主义建筑理想的一次实践。杰斐逊的设计直接模仿制自法国南部一个古罗马神庙方形房子（Maison Carrée），这座神庙是古罗马建筑师维特鲁威风格（Vitruvian）建筑的代表。

1792 年，杰斐逊发起"总统府"和"国会大厦"建筑设计竞赛，奖金为 500 美元，期限为 4 个月。结果，有 9 人提交了"总统府"设计方案（其中有杰斐逊匿名提交的方案），10 人提交了"国会大厦"设计方案。

最后，华盛顿挑选了爱尔兰出生的建筑师霍本（James Hoban，1755—1831）的"总统府"设计方案（经修改）以及建筑业余爱好者桑顿（William Thornton，1759—1828）提交的"国会大厦"设计方案（几经修改完善）。

霍本设计的"总统府"北面门廊类似爱尔兰都柏林伦斯特府（Leinster House，现在的爱尔兰议会所在）的上部；南面门廊类似法国建筑师马图林·萨拉特（Mathurin Salat）设计的拉斯蒂涅城堡（Château de Rastignac）。1962年出版的"白宫"官方指南是这么认为的。理论上讲，这种联系颇可质疑，因为霍本没有去过法国。但支持这种说法的人认为，杰斐逊1789年访问过波尔多，浏览过保存在"波尔多建筑学院"[École Spéciale d'Architecture (Bordeaux Architectural College)]的萨拉特的建筑设计图。回到美国后，杰斐逊与华盛顿、霍本、门罗以及本杰明·亨利·拉特罗布（Benjamin Henry Latrobe 1764—1820，国会大厦设计修改者之一）分享了他的发现。

1800年，"总统府"落成，约翰·亚当斯总统第一个入住。第二年，1801年，托马斯·杰斐逊当选总统，入住他亲自监督设计建造的"总统府"（1812年英美战争，英军火烧美国总统府、国会大厦后，总统府被刷成白色，始有正式的"白宫"之称，但"白宫"的叫法始于1811年）。杰斐逊觉得白宫"大得足够两个皇帝，一个教皇外加一个大喇嘛住"（big enough for two emperors, one pope, and the grand lama in the bargain）。杰斐逊还不甘心，想着在建筑上给总统府添上点什么。他同拉特罗布一起，设计了总统府东、西翼小柱廊，以便将总统府日常生活设施如洗衣房、马厩和贮藏室掩藏起来。今天，杰斐逊设计的柱廊连接着白宫与东西两翼。

建筑业余爱好者桑顿设计的国会大厦，被华盛顿和杰斐逊誉为"壮观、质朴、优美"（Grandeur, Simplicity, and Beauty）。

白宫北面门廊与伦斯特府对比。(File: Leinsterhouse. jpg，CC BY-SA 3.0)

拉斯蒂涅城堡与白宫南面门廊对照，1846 年。

桑顿的设计灵感来自卢浮宫的东立面（the east front of the Louvre）以及巴黎万神殿（the Paris Pantheon）。桑顿的设计方案得到了著名建筑师拉特罗布以及布尔芬奇（Charles Bulfinch，1763—1844）的完善。国会大厦的铸铁大穹顶以及南翼众议院和北翼参议院由沃尔特（Thomas U. Walter）和舍博恩（August Schoenborn）设计，而这已经是 1850 年代的事了。

1793 年 9 月 18 日，美国总统华盛顿（共济会大师）和另外 8 位共济会员，佩戴共济会徽章，为国会大厦奠基。黄铜奠基石由华盛顿委托银匠本特利（Caleb Bentley，1762—1851）制作（1814 年，英军火烧国会大厦和总统府后，美国总统詹姆斯·麦迪逊骑马逃离华盛顿，曾在本特利家中避难一夜）。

早在审核"朗方方案"（L'Enfant's plan）时，杰斐逊就坚持美国立法机构（国会）大厦的名字要叫作"Capitol"，而不是"Congress House"。单词"Capitol"来自拉丁语，与 Capitoline Hill（卡比托利欧山）的朱庇特神庙（Temple of Jupiter Optimus Maximus）有关，杰斐逊之追慕罗马可见一斑。

继美国总统府和国会大厦之后，美国财政部，国会参、众议院办公大楼，最高法院等联邦建筑均采用新古典主义建筑形式，与开国先贤们"设计美国"的理想一脉相承。

与首都联邦建筑新古典主义风格相比，首都街道建筑则五花八门。联邦式住宅，维多利亚式大厦，学院派饭店参差错落，甚至有些街道的联排屋是清一色的维多利亚式圆锥顶。后来，城市扩张，新型办公大楼兴起，许多维多利亚时代房屋被推倒。华盛顿逐渐演变成了现在的模样，怀旧的艺术家还用画笔记录了华盛顿这种建筑

桑顿设计的国会大厦原始图。

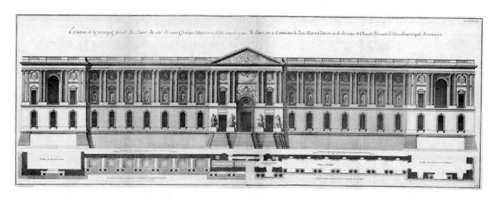

卢浮宫的东立面，1756年。

巴黎万神殿。（Camille Gévaudan，CC BY-SA 3.0）

风貌的变迁。（见 Lily Spandorf's *Washington Never More* by Mark Griffin and Ellen M. McCloskey）

二

　　美国联邦建筑追慕的是希腊民主和罗马共和理想，私人建筑则追逐着"美国梦"。

　　美国人来自世界各地，他们本来就是"外国人"，有强烈的故乡情结，在美国各地有大量的外国地名，如纽约上州的日内瓦；宾州的伯利恒、柏林；马里兰州的大马士革；佛罗里达州的威尼斯、那不勒斯；伊利诺伊州的开罗；田纳西州的孟菲斯，以及散布各地的广州（Canton），等等。美国文化多元，种族多元，宗教多元。美国的立国之本是"自由"，来自旧世界的人们在这块新大陆上，自由自在地盖他们自己喜欢的房子。"Every man is the architect of his own fortune."（每个人都是自己命运的建筑师。）这些谚语告诫人们：只有依靠自己，靠个人奋斗，才能实现个人的价值，实现个人的"美国梦"。

美国内战后，实现了工业革命、电气化革命、大机器流水线生产，很快发展成为世界强国，迎来"镀金时代"。大量新贵富豪开始追逐旧世界的奢华，在诸如纽波特（Newport）的大西洋海边，竞相模仿旧世界的宫殿，盖起自己的豪华大宅。还有一些富豪到国外（欧洲为主）旅行，带回他们对理想建筑的理解和实践。而迎合他们的建筑师往往直接截取国外著名建筑设计，或整体或局部，照搬照抄，所以，即便在一条街上，也能发现各种（外来）风格建筑争奇斗艳。在明尼苏达州圣保罗（St. Paul）有一条著名大道，名叫"Summit Avenue"，是美国保护得最好的上流社会维多利亚式漫步大道，大道两边集合了安妮女王式（Queen Ann）、罗曼式（Romanesque）、学院式（Beaux Arts）、乔治复兴式（Georgian Revival）、意大利别墅式（Italian Villa）等各种建筑风格的房子，五花八门，被美国著名建筑师弗兰克·劳埃德·赖特（Frank Lloyd Wright，1867—1959）贬为"世界丑陋建筑大集合"（the worst collection of architecture in the world）；出生在圣保罗的美国著名作家菲茨杰拉德（Francis Scott Key Fitzgerald，1896—

1940）（《了不起的盖茨比》作者，"迷惘的一代"代表作家之一）谴责 Summit Avenue 是"美国失败建筑博物馆"（museum of American architectural failures）。

不过，即便是确立了自己建筑风格的美国伟大建筑师如理查森（Henry Hobson Richardson，1838—1886），在设计时仍不免借鉴外国建筑元素（叹息桥）。因为建筑是一门妥协和折中的艺术，它"是对委托人、建筑师和施工人员表现出的实际需要和主观愿望之间的矛盾的最明智的平衡"（《美国特性探索》）。

三

外来建筑之风对美国建筑的影响，主要体现在以下几个方面：

* 希腊的影响

从建筑流变上来讲，古希腊的建筑艺术最初受到了古埃及的影响，这在克里特岛克诺索斯迷宫残留的建筑遗迹上就可看出来。而希腊人对世界尤其是对西方建筑艺术最大的贡献就是他们确立的三种建筑柱式——多利克式（Doric order）、爱奥尼亚式（Ionic order）和科林斯式（Corinthian order）。

雅典卫城（Athen Acropolis）的帕特农神庙（Parthenon，多利克式）、雅典卫城的胜利女神庙（Temple of Athena Nike，爱奥尼亚式）和伊瑞克提翁神庙（Erechtheum，爱奥尼亚式）、雅典的宙斯神庙（Temple of Zeus，科林斯式）是那样的深入人心，世界闻名，让后人除了敬仰，便是学习，模仿，而无法超越其"高贵的单纯和静穆的伟大"（Edle Einfalt und stille Größe，温克尔曼语）。

早在 18 世纪，德国考古学家和艺术史学家温克尔曼（Johann Joachim Winckelmann，1717—1768）在《论模仿希腊绘画和雕塑》（*Thoughts on the Imitation of Greek Works in Painting and Sculpture*）一书中就表示，"唯一让我们变得伟大的方法，如果可能的话，就是不可模仿，而不可模仿就存在于对希腊的模仿之中"（The only way for us to become great，yes，inimitable，if it is possible，is the imitation of the Greeks）。在这句著名的悖论中，温克尔曼说的"模仿"不是"原样复制"（slavish copying），而是在本质上，让模仿变成自己的东西。新古典主义艺术家、建筑师无不希望从古希腊及其继承者古罗马的艺术精神（spirit）和艺术形式（forms）中吸取营养，化作自己的东西。

自诩为希腊民主和罗马共和精神传人的美国人对希腊建筑形式和柱式的选择及运用也是独具匠心，如华盛顿特区的"林肯纪念堂"采用的就是多利克式柱，庄严肃穆；"杰斐逊纪念堂"采用的是爱奥尼亚式柱，优美劲挺。而在美国"南方的雅典"——纳什维尔，百年纪念公园里矗立的"帕特农神庙"，则是 1 ∶ 1 复制雅典卫城的帕特农神庙，精准精确地复制。这种极端的"模仿"似乎说明了美国人崇敬希腊建筑艺术的"唯恐不恭"。"帕特农神庙"立面被美国无数建筑物模仿，正如投身希腊民族解放运动的英国诗人拜伦在他的名作《恰尔德·哈罗德游记》中曾充满深情地写道："美丽希腊，一度灿烂的凄凉遗迹！你消失了，然而不朽；倾倒了，然而伟大！"

* 意大利的影响

　　承继古希腊建筑艺术的古罗马建筑更倾向于世俗的享受。经过中世纪宗教精神的洗礼和文艺复兴的启蒙，特别是帕拉迪奥式建筑艺术（Palladian architecture）的熏陶，意大利古代建筑遗存无不成为法国、英国以及后来的美国竞相学习、模仿的对象。在美国能看到无数意大利经典建筑的模仿物——罗马提图斯凯旋门、比萨斜塔、威尼斯公爵宫、威尼斯圣马可广场钟塔、威尼斯叹息桥、威

美国设计学院，建于 1863 年至 1865 年，位于纽约 23 街和第四大道，建筑师彼得·B. 怀特（Peter B. Wight）模仿自威尼斯公爵宫的哥特复兴式建筑，已被拆毁。

尼斯大运河边的宫殿、锡耶纳的曼吉亚塔楼（Torre del Mangia）、佛罗伦萨圣母百花大教堂的乔托钟楼、佛罗伦萨的韦奇奥宫（the Palazzo Vecchio），等等。还有无数的美国教堂，其建筑设计或直接套用意大利的教堂设计，或借鉴、综合意大利的设计元素。意大利建筑之风在美国一度盛行，成为美国建筑设计的源泉。尤其是帕拉迪奥式建筑被托马斯·杰斐逊称为"圣经"（Palladio is the Bible），在美国大地上处处开花。

* 日本风的影响

1852 年，美国海军准将马休·佩里（Matthew C. Perry，1794—1858）率领舰队进入江户湾（今东京湾）的浦贺，要求与日本德川幕府谈判，对美国开放门户。不久，日美签订条约，日本向美国开放港口，给予美国最惠国待遇。随后，日本门户也向西方列强开放。继"中国风"（Chinoiserie）之后，"日本风"（Japonisme）也刮向西方，浮世绘、日式建筑、和室装饰、禅茶室等受到了越来越多西方人的关注。

从 1851 年起，日本开始参加世界博览会。在 1873 年的维也纳世界博览会上，日本工匠建造的"日本村"（Japanese Village）受到了人们的广泛关注。

除了寺庙，日本民用建筑（民宅）讲究顺应自然条件，立足日常生活需要。日本歌人吉田兼好（Yoshida Kenko，1283—1350）有言："住处要舒适自在，虽说浮生如逆旅，也不妨有盎然的意趣。"在日本，"盖房子时要考虑，夏天湿度大，温度高，敞开的房间利于空气的流动……所以，决定性的因素是将房间敞向花园。房

维也纳世博会，日本工匠建造"日本村"的场景，1873 年。

子是花园的一部分，花园是房子的一部分，通过推拉墙（fusuma）
可以方便将室内空间转化为室外空间，反之亦然"。这种"开放的
布局"（open plan）成了日本民宅的一个基本原则，并取得了它自
己独特的艺术身份（artistic identity）。这是一种新型的房屋（人）
与土地、环境、周边植物、地形地貌的融合关系，非常契合后来的
美国建筑大师弗兰克·劳埃德·赖特的"有机建筑"理论。美国建
筑师诺伊特拉（Richard Neutra，1892—1970，曾为赖特工作）
设计的特里曼之家（Tremaine House，加州圣芭芭拉，1948）、穆
尔住宅（Moore Resident，1950—1960）、克莱默之家（Kramer
House，1953）都深受日本民宅建筑风格影响。同样受此影响的
还有路德维希·密斯·凡·德·罗（Ludwig Mies Van der Rohe，

1886—1969）设计的范斯沃斯之家（Farnsworth House，伊利诺伊州，1950）。

除了这种建筑形态，日本禅园（Zen garden）及和室设计所蕴含的东方禅宗哲学和美学趣味更是西方人津津乐道的内容。

就像中国一样，日本禅园设计模仿自然（日式花园名"Sansui"，即"山水"），但禅园不是一个公共花园，而是一个狭小空间的乌托邦（空想的完美境界）。设计禅园不是用来漫步或打发时间，而是为了"眼睛的旅程"（for journeys of the eye）——树叶色彩随四季变化，太阳东升西落，时光流逝，阴影掠过，无声无息，它们映照在和室中；对于极简装饰的和室，禅园便又作了它如画的风景。禅园，便是日本人"一个特殊的精神休憩之所"（a special spiritual place where the mind dwells）。

理解了日本的民宅建筑理念和禅园设计哲学，便不难理解为什么在美国许多美术馆（博物馆）都有日本和室陈列，以及为什么美国许多地方都有日式花园（不能算是禅园），如路易斯安那州首府巴吞鲁日（Baton Rouge）附近的"胡曼斯豪斯种植园花园"（Houmas House Plantation and Gardens）就有一个相当不错的日式花园。

* 中国的影响

中美关系从广州开始。1784 年 8 月 28 日，美国机动商船"中国皇后"（Empress of China, also known as Chinese Queen）号抵达广州黄埔，拉开了两国交往的序幕。其后在美国 27 个州，出现了以 Canton（广州）命名的数十个城镇。

但是，相比中国的丝绸、茶叶、瓷器，中国建筑对西方的影响要小得多。

在美国，最能代表中国的建筑符号就是"牌坊"，牌坊往往耸立在中国城，但它昭示的是中国人的精神，而不是生活。早期华人在美国的生活（淘金和修铁路）充满了血泪艰辛，特别是美国1882年通过《排华法案》后，华人被长久孤立，他们集中居住在唐人街，靠经营洗衣店、餐馆、杂货店等艰苦的服务业为生。晚清重臣李鸿章也认为，《排华法案》是世界上最不公平的法案。为生存而挣扎的华人"人在异乡，心系故土"的漂泊历程和心理，使得他们没有愿望或没有能力在异国他乡建造中式住宅，保持中华民族的生活方式，所以在唐人街，中式建筑少之又少。

虽然第二次世界大战期间，中美成为盟友，美国于1943年废除了排华法案，但直到1979年中美建交后，美国人对中国建筑，特别是中式园林的兴趣才日渐高涨，美国许多城市开始兴建中式园林，中国建筑理念和造园艺术也慢慢为美国人所知。

* 阿拉伯的影响

出生在沙特、后在美国工作的国际关系学博士阿卜杜拉·穆罕默德·辛迪（Dr. Abdullah Mohammad Sindi）认为，阿拉伯文明对西方世界产生了很大的影响。（见 Arab Civilization and Its Impact on The West by Dr. Abdullah Mohammad Sindi，《The Arabs and the West: The Contributions and the Inflictions》）

以建筑为例，阿拉伯建筑风格在西方十分流行，被欧洲和美国的建筑师复制和模仿。无论是安达卢西亚朴素简洁的马蹄形拱

（horseshoe arch），还是西班牙科尔多瓦（Cordoba）以及伊拉克萨迈拉（Samarra）清真寺的尖拱（cupsed arch），或是西班牙格拉纳达阿尔罕布拉宫（the Alhambra Palace in Granada）那些精美的尖拱，都成了法国和英国那些哥特式教堂尖拱模仿的典范。

西班牙塞维利亚闻名世界的伊斯兰吉拉尔达塔（Islamic Giralda Tower）和她的姊妹塔——摩洛哥马拉喀什库图比亚（Kutubia）清真寺宣礼塔上那漂亮的阿拉伯砖花格（Arab brick tracery）被遍布欧洲的哥特式窗花所复制和模仿，尤其是英国伊夫舍姆（Evesham）钟塔。意大利南部和西西里的许多教堂深受阿拉伯建筑风格影响，如巴勒莫的卡佩拉帕拉蒂娜教堂（the church of Capella Palatina），其装饰拱的基督圣人圆形图案上带有"古阿拉伯字母表风格"（the Kufic style）的阿拉伯文字。许多欧洲的拱和城堞，如"黄金宫"（the Palazzo Ca' d'Oro，威尼斯15世纪最伟大的宫殿之一）也受到了阿拉伯建筑风格的影响。意大利城市如锡耶纳和佛罗伦萨一些教堂立面黑白大理石样式为阿拉伯建筑风格的影响提供了最好的样本。英国一些教堂和大学建筑，如诺福克（Norfolk）的克罗默教堂（Cromer Church）和牛津的基督大厅（Christ Hall）都能看到阿拉伯建筑风格的影子。

不过，阿拉伯建筑对西方产生深远影响最好的例子莫过于"钟塔"（Campanile），钟塔是对阿拉伯清真寺那纤细优雅"宣礼塔"（minaret，即"天地之门"，gate from heaven and earth）的直接模仿。这种模仿和改进可见于意大利维罗拉的公社塔（the Torre del Commune）、佛罗伦萨的韦奇奥宫（the Palazzo Vecchio，旧宫）以及威尼斯圣马可广场钟塔。阿拉伯建筑影响甚至触及美国早期城市建筑，特别是由美国现代建筑精神之父、伟大的建筑师路易斯·沙利文（Louis Sullivan，1856—1924）设计的大楼，如布法罗的担保大厦。

另外，美国一些带有宗教神秘色彩的组织，如"古代阿拉伯隐修贵族圣地"（慈坛社）的神庙就是典型的阿拉伯建筑。阿拉伯及伊斯兰建筑曾经是一些美国城市最醒目、异域色彩最浓的亮点。

外来建筑构件

> 博物馆是艺术的终结，将文物古迹搬移，收集它们的碎片并把它们系统地分类，这些都意味着建立了一个死亡的国度。这样的做法是活着参加自己的葬礼；是把历史抽离出来并抹杀艺术；这实际上不是在创造历史，而是制作墓志铭。
>
> ——考特梅尔·德昆西
> （Quatremere de Quincy，1755—1849）

但是，不妨再想想，在一些无法无天的地方——如巴米扬大佛（Bamyan / Bamian，阿富汗，被炸毁）和巴尔米拉古城（Palmyra，叙利亚，被破坏）——能"活着参加自己的葬礼"无疑是一种幸运。

Ceiling from the Hall of Great Wisdom in Philadelphia Museum of Art & the Nelson-Atkins' Chinese Temple Gallery

费城艺术博物馆"大智殿藻井"/ 纳尔逊-阿特金斯博物馆"中国庙宇"

A. Ceiling from the Hall of Great Wisdom in Philadelphia Museum of Art 费城艺术博物馆"大智殿藻井"

费城艺术博物馆"大智殿藻井"的铭牌是这样写的:

> 智化寺是中国首都北京最大的佛教寺庙之一,由太监王振建于1400年代早期。这块藻井来自智化寺中轴线五大殿的第二殿——大智殿。

> 为了让参观者了解藻井在大智殿时的情形,博物馆按照实地测量的图样,重建了大殿,在其上安装藻井。藻井的中央是一条扭动的皇龙(imperial dragon),祥云缭绕;八块拱板托起皇龙,每块板上都有一条隐在云中的小龙。莲花、飞天和其他佛教象征图案雕刻在周围花板上。中国人将藻井的中央部分叫作"天井"(well of heaven)。藻井

大智殿藻井，费城艺术博物馆，作者摄。

原来大部分的红漆保存得较好，但上面的贴金已消失。

新增藏品号：1930-38-1a-m

约瑟夫·沃瑟曼（Joseph Wasserman）夫妇捐赠，1930 年

由此可见，大智殿藻井是 1930 年入藏费城艺术博物馆的。

B. The Nelson-Atkins' Chinese Temple Gallery 纳尔逊-阿特金斯博物馆"中国庙宇"

在美国中部堪萨斯城纳尔逊-阿特金斯博物馆的"中国庙宇"大厅，正中端坐辽代木雕水月观音，背后是出自山西洪洞县广胜下寺的元代壁画《炽盛光佛会图》，上方高悬着出自北京智化寺如来殿（万佛阁）的明代楠木藻井。

1931 年，如来殿（万佛阁）藻井连同部分天花入藏"纳尔逊博物馆"（William Rockhill Nelson Gallery）。美国考古学家兰登·华尔纳曾给博物馆写信道："看起来它（万佛阁藻井）是这个国家尚未遭到破坏的中国建筑中最好的一部分。所有构件没用一个钉子，可见木匠的不俗技艺……明代原有的贴金依稀可见，要小心抹去上面的尘土。但千万别冲洗，那样会让它失去岁月积淀的柔光。"

费城和堪萨斯城这两家博物馆所藏的中国明代楠木藻井都来自北京智化寺。但藻井是怎样流落美国的，至今仍是一个谜。

智化寺位于北京市东城区禄米仓东口路北，始建于明正统八年（1443），是当时司礼监太监王振的家庙。后得明英宗赐名"智化禅寺"。明正统十四年（1449），王振作为"土木堡事变"

万佛阁藻井，纳尔逊－阿特金斯博物馆，作者摄。

的罪魁祸首而被诛族。因该寺系敕建，故未毁。智化寺是北京保存最完整的明代木结构古建筑群。1961 年经国务院批准列为首批全国重点文物保护单位。智化寺素以精美的古建艺术、佛教艺术和古老的"京音乐"而享誉中外。

外界最早发现藻井流失的是刘敦桢（1897—1968）。刘敦桢当时是南京中央大学建筑系主任，著名的古建专家，有"南刘北梁（思成）"之称。刘敦桢 1931 年带领学生到北平进行古建筑调查，第一站就是智化寺，因为他听别人介绍这里有精美的藻井，但当他到达之后却发现藻井不见了。为此，他写了一篇名叫《北平智化寺如来殿调查记》的文章，发表在 1932 年9 月《中国营造学社汇刊》第三卷第三期上，里面提到这件事，但当时他也没有了解到藻井是怎么流失的。

在中国文物劫掠史上，除了有匈牙利的斯坦因（Aurel Stein，1862—1943），法国的伯希和（Paul Pelliot，1878—1945），还有美国的考古学家、探险家兰登·华尔纳（Langdon Warner，1881—1955，美国导演斯蒂文·斯皮尔伯格系列电影《印第安纳·琼斯》，即《夺宝奇兵》主角原型之一）。

华尔纳1881年出生于美国马萨诸塞州一个律师家庭，1899年入哈佛大学学习，1903年毕业，1905年重返母校哈佛大学进修考古学一年。1913年在哈佛大学第一次开设了东方艺术课程，1916年来华为新成立的克里夫兰美术馆收集中国文物。1923年回到哈佛，曾任福格艺术博物馆东方部主任。华尔纳还是美国总统西奥多·罗斯福（Theodore Roosevelt，1858—1919）的侄女婿。

华尔纳于1923年7月—1924年以及1925年两次组织考古探险队远赴中国敦煌，剥离莫高窟唐代壁画精品10余幅，并盗走第328窟彩塑供养菩萨像……这些精美的文物现藏哈佛大学艺术馆。故而，华尔纳是臭名昭著的敦煌文物盗窃犯。

在华尔纳两次探险队伍中，都有一个同伴霍雷斯·杰恩（Horace Howard Furness Jayne，1898—1975），其当时是费城艺术博物馆中国馆的首任馆长，两人交情匪浅。正是这位霍雷斯·杰恩一手经办，将智化寺人智殿藻井入藏费城艺术博物馆。但究竟是什么时候，用何种手段弄走的，早已成谜。据说，杰恩花了800大洋。

回头再说华尔纳。华尔纳在哈佛大学做教授时（梁思成曾是他的学生），有一个学生劳伦斯·西克曼（中文名"史协和"，

Laurence Chalfant Stevens Sickman，1907—1988）。西克曼还在高中时，就对日本艺术和中国艺术感兴趣。1930年，西克曼在哈佛大学获得学位并加入哈佛燕京学社（Harvard-Yenching Institute），遂以学者身份游历中国，并为纳尔逊博物馆搜集藏品。

西克曼在中国与老师华尔纳不期而遇。华尔纳告诉西克曼，他是受正在兴建的纳尔逊博物馆的委托而来中国收集艺术品——原来师生来中国都肩负着同样的使命。开始时，华尔纳指导西克曼收集中国艺术品，后来，西克曼得到了使用威廉·洛克希尔·纳尔逊（William Rockhill Nelson）信托基金的权力，当时这项基金高达1 100万美元。

按照时间推算，西克曼应该是刚到北京不久，就弄走了智化寺如来殿（大佛阁）藻井。如何弄走，早已成谜。据说他花了1 000大洋。

在去世前一年，即1987年，西克曼在一封信中回忆道："我虽然参观过智化寺几次，但未做深入研究。当我寻找殿内的藻井时，已经不在，我是从许多木匠手中买回来的，他们正准备用它做棺材。从某种意义上说，是我们将它从一种奇特的命运中解救出来的。"

这种说法当然不足以采信。比较流行的说法是，当年智化寺的僧人穷困潦倒，住持普远还抽大烟，遂变卖寺产维持生计。倒卖藻井的中间人名纪三爷，居住在距智化寺仅二三百米的羊尾巴胡同（即现在的大羊宜宾胡同），据说，此人当时60余岁，高个子梳小辫，长相很凶。智化寺的主持普远将藻井卖给纪三爷，纪三爷又转卖给美国人。拆藻井时，天下着雨，为避人耳

西克曼 1932 年在洛阳
（左）。华尔纳 1920 年
代在中国西部（右）。

目，是在晚上雇杠夫先抬到纪家，然后再出手的。

美国人回避买藻井的细节，相关当事人早已作古，智化寺藻井流失之谜已无解。推测出来的事情原委可能是：分别受雇于两个博物馆的杰恩和西克曼，通过纪三爷或其他途径了解到智化寺的藻井和经济状况，在看过藻井后，又通过纪三爷与智化寺住持普远接洽，纪三爷以做棺材为由买下藻井抬到自己家中，又转手卖给了美国人。就这样，智化寺藻井神鬼不觉到了美国，直到被刘敦桢发现遗失。

此外，1935 年，西克曼返美后供职纳尔逊博物馆，1945年任副馆长，1953 年升任馆长，1977 年退休，并将个人收藏捐赠给纳尔逊博物馆。西克曼与王世襄先生颇有交情。当年，西克曼的母亲在北京一所美侨教会学校教授英文时，少年王世襄是她的学生。1948 年 6 月，受美国洛克菲勒基金会的资助，王世襄得到赴美国纳尔逊博物馆学习考察半年的机会。这期间，他与西克曼共事相识，建立了良好的关系。纳尔逊－阿特金斯博物馆收藏的中国明式家具的等级和规模无出其右，王世襄先生的《明式家具研究》，收录该馆所藏明式家具 15 件，无一不是代表性的明式家具类型。而王世襄先生《明式家具研究》的英译本《Connoisseurship of Chinese Furniture》的译者莎拉·韩蕙（Sarah Handler）女士又是西克曼的研究生。正是西克曼鼓励莎拉写一篇有关中国家具的博士论文，并把中国古典家具放在一个广阔的历史和文化背景下，这使莎拉·韩蕙后来成为西方研究中国古典家具首屈一指的学者。

地 址

A. Ceiling from the Hall of Great Wisdom

Gallery 239，Asian Art，second floor (Hollis Baldeck Gallery)

Philadelphia Museum of Art

2600 Benjamin Franklin Parkway

Philadelphia，PA 19130

B. The Nelson-Atkins' Chinese Temple Gallery

The Nelson-Atkins Museum of Art

4525 Oak Street

Kansas City，Missouri

Choir Screen from the Chapel of the Château of Pagny
唱诗班围屏

这座唱诗班围屏来自法国第戎附近帕尼城堡（the château of Pagny）的小礼拜堂，是法国文艺复兴时期留存下来的最好的建筑构件之一。围屏建于1536—1538年间，大理石材质，无名艺术家制作。

围屏中间拱门上方的盾徽是枢机主教克劳德·德·吉夫里 [Cardinal Claude de Givry，他也是朗格勒主教（Archbishop of Langres），建筑的保护人]，法国将军、勃艮第总督菲利普·查博（Philippe Chabot），以及查博的妻子弗朗索瓦丝（Françoise de Longvy，枢机主教吉夫里的侄女和帕尼的继承人）。城堡为查博所有，但主教大人对小礼拜堂的装饰发挥了很大作用。

围屏上方左边是圣克劳德（Saints Claude），右边是圣菲利普（Saints Philip）。中间是圣母马利亚（Virgin Mary）和圣约翰（Saint John）。拱顶上面的圆柱上原来还有一尊耶稣基督石雕像。

唱诗班围屏，作者摄。

　　唱诗班围屏原来横跨小礼拜堂的正厅，立在主祭坛的前面。围屏朴素严谨的意大利式设计让人想起了同时期第戎的圣米歇尔教堂（Saint-Michel in Dijon）外立面，而围屏檐壁构思奇特，雕刻精细，深受意大利艺术家罗索·菲伦蒂诺（Rosso Fiorentino，1494/1495—1540）和弗兰西斯科·普列马提乔（Francesco Primaticcio，1504—1570）的影响，当时这两位艺术家正在枫丹白露为法国国王弗朗西斯一世（François I of France）工作。

　　围屏上的四个圣人是当时最精妙的雕像，虽然姿势和衣饰复杂，但呈现出来的动作优雅。它是法国艺术家（尚无名）将北欧晚期哥特艺术传统和从意大利传来、正在形成的"风格主义"（Mannerist style）进行完美结合的典范。

地址

费城艺术博物馆

Gallery 255，European Art 1500–1850，second floor

Philadelphia Museum of Art

2600 Benjamin Franklin Parkway

Philadelphia，PA 19130

Damascus Room in Cincinnati Art Museum
大马士革厅（辛辛那提艺术博物馆）

出国旅行，有人带回纪念品，有人则带回了一个完整的 18 世纪早期叙利亚大马士革房间，他就是美国人杰金斯（Andrew N. Jergens）。

1932 年，杰金斯前往中东旅行，在叙利亚大马士革，他看到一个装饰精美的房间要出售，就买下来，运回美国，并将它完整地重新安装在自己家中。这个有着浓厚异域风情的房间就这样待在杰金斯的家中。1966 年，杰金斯将这个房间捐赠给了辛辛那提艺术博物馆，于是，这个房间又移步来到伊甸园（Eden Park，辛辛那提艺术博物馆所在地），成为辛辛那提艺术博物馆的藏品，也是参观者最喜爱的藏品之一。

"大马士革厅"的制作时期可追溯到 1711—1712 年，其精美繁复的木雕和阿拉伯纹饰让人眼花缭乱，美不胜收，视觉中心就是那座圣龛（mihrab, prayer niche），典型的奥斯曼晚期建筑装饰风格。

大马士革厅（辛辛那提艺术博物馆），作者摄。

就我所知，美国有三个来自叙利亚的"大马士革厅"，除辛辛那提艺术博物馆这个外，纽约大都会博物馆有一个。另外，多丽丝·杜克（Doris Duke，1912—1993，美国烟草公司和杜克电力公司创始人詹姆斯·杜克的独生女）在她夏威夷的住所——"香格里拉"[Shangri La，现在是"多丽丝·杜克伊斯兰艺术基金会"（Doris Duke Foundation for Islamic Art，Honolulu，Hawai'i）]，也有一个"大马士革厅"，那是 1938 年她同丈夫克伦威尔（James H R Cromwell，1896—1990）首次在大马士革发现，并于 15 年后的 1952 年买下运回夏威夷的。（请参考《东方艺术》经典 2，2007 年 3 月下半月"多丽丝·杜克的香格里拉"一文，编译王慧芸）

地 址

辛辛那提艺术博物馆

Damascus Room

Cincinnati Art Museum

953 Eden Park Dr.

Cincinnati，Ohio

Damascus Room in the Metropolitan Museum of Art in New York

大马士革厅（纽约大都会艺术博物馆）

这个房间是叙利亚大马士革一个冬季住宅接待厅，典型的奥斯曼晚期风格。从现存的、几乎完整的室内状况来看，宽阔的房间和装饰的精美显示它属于一个显赫之家。墙上题刻的诗词说明主人是一个穆斯林，很可能是一个宗教领袖，是先知穆罕默德的后裔。

像那个时代大多数冬季接待厅一样，这个房间分成两部分：一个地基抬高的、方形起居室 [seating area (tazar)]；一个小接待厅，通过一个过道，通往庭院。

参观者现在看到的这个开间原来是一堵带壁橱的墙，壁橱的门现在装在通往房间的过道上。富裕的大马士革家庭定期粉刷接待厅，以跟上室内装饰的潮流和趣味变化，所以，大马士革老城的房子及室内装饰几乎看不出属于哪一个建筑时代。虽然房间大多数木饰铭刻可追溯到公元 1707 年，但接下来的 300 年，房间装饰还是不断发生着变化。

大马士革厅（纽约大都会艺术博物馆），作者摄。

　　房间的装饰材料使用了石膏，金叶，铅叶，油画颜料，木材（包括柏木、杨木、桑木），珍珠母贝，大理石，其他珍贵石头，玻璃粉饰灰泥，陶瓷片，铁，铜等。木作装饰采用石膏浮雕，上面敷以金叶、铅叶，加上鲜亮的蛋彩画，这是典型的奥斯曼—叙利亚装饰技术和风格，被称为阿雅米（Ajami）——它在装饰物表面创造出丰富多彩的图案，以适应光线五光十色的变幻。［叙利亚工匠早在倭马亚帝国早期（the early era of the Umayyad Empire）便采用阿雅米技术装饰清真寺和宫殿，其装饰母题通常为植物、书法和诗歌。这门手工艺在大马士革十分流行，其装饰艺术品出口国外。］

　　与现在相比，阿雅米装饰肇始时的色彩和图案变化要丰富得多。隔一段时间，装饰物表面便刷上一层清漆进行保护，年深日久，后来刷上的清漆发暗，"大马士革房间"的装饰表面便不再清靓，而多了一些历史的厚重与沧桑。

"大马士革房间"装饰题刻的诗词为四十行诗。

1970 年，哈 戈 普·凯 沃 尔 基 安 基 金 会（The Hagop Kevorkian Fund）将该房间作为礼物赠予纽约大都会艺术博物馆。

纽约大都会艺术博物馆

Gallery 461

the Metropolitan Museum of Art in New York

1000 5th Ave，New York，NY

Dining Room from Lansdowne House
兰斯唐府邸餐厅

兰斯唐府邸（Lansdowne House）位于英国伦敦伯克利广场（Berkeley Square）的西南角，由亚当（Robert Adam，1728—1792）设计，为英国首相、比特三世伯爵（third earl of Bute）约翰·斯图亚特（John Stuart，1713—1792，苏格兰贵族，1762—1763 年出任乔治三世国王治下首相）建造。但1765 年，在房子尚未完工时，约翰·斯图亚特就将它卖给了菲茨莫里斯（William Petty-Fitzmaurice，1737—1805），即谢尔本二世伯爵（Second earl of Shelburne），也就是后来的兰斯唐一世侯爵（first marquess of Lansdowne）和辉格党人（Whig statesman）领袖。房子在 1768 年按照亚当的设计建造完成，在 18 和 19 世纪，成为辉格党人社交和政治聚会的场所。

兰斯唐府邸的中央部分至今仍伫立在菲茨莫里斯（Fitzmaurice Place）和兰斯唐路（Lansdowne Row）的角上，1930 年代变成了一个俱乐部，而它的两翼被拆除。其中，位于

兰斯唐府邸餐厅，作者摄。

南翼的餐厅（The dining room）或者叫饭厅（Eating-room，亚当 1773 年在他的雕刻作品中是这样标记的），于 1931 年由美国纽约大都会艺术博物馆买下 [Rogers Fund, 1931（32.12）]。由于空间局限，当兰斯唐府邸的餐厅安置进纽约大都会艺术博物馆时，将长边型的那面墙做了调转。

在建筑和装饰细节方面，1766 年，亚当委托罗斯（Joseph Rose）设计并制作完成石膏天花板。门、门框、窗帘、窗框、柱子、踢脚板、椅子扶手（chair rail）由吉尔伯特（John Gilbert）制作，于 1768 年 12 月完工。大理石壁炉由约翰·德瓦尔公司（John Devall & Co.）提供，这家公司是皇家宫殿伦敦塔（the Tower of London）以及皇家马厩（the Royal Mews）首席石匠。橡木地板是原装的。壁龛里原有 9 座古代大理石雕像，它们由谢尔本勋爵在意大利从艺术家加文·汉密尔顿（Gavin Hamilton, 1723—1798）手中购得，但在 1930 年兰斯唐拍卖中散失。现在壁龛中放置的是石膏塑像。

地址

纽约大都会艺术博物馆

Gallery 515

the Metropolitan Museum of Art in New York

1000 5th Ave，New York，NY 10028

Drawing Room from Lansdowne House
兰斯唐府邸会客厅

如上文所述，兰斯唐府邸本是罗伯特·亚当（Robert Adam）为英国首相、比特三世伯爵（third earl of Bute）约翰·斯图亚特建造。这个房间的原始设计为"风琴会客厅"，以容纳比特勋爵巨大、昂贵的机械风琴。

1765 年，府邸尚未完工时，约翰·斯图亚特就将它卖给了菲茨莫里斯，即谢尔本二世伯爵，也就是后来的兰斯唐一世侯爵。不过，亚当继续留任，以完成府邸的建筑和装饰工程。

谢尔本勋爵家世显赫，与罗伯特·亚当相熟，其家族位于威尔特郡（Wiltshire）的乡村宅邸 Bowood 就曾委托亚当进行改造。谢尔本勋爵 1782—1783 年出任英国首相，恰逢美国独立战争即将结束。英美"巴黎协议"签订后，谢尔本勋爵的政府下台，但他因成功地确保了与美国的和平而为后世称道。谢尔本勋爵还以古董和艺术品收藏著称。

1768 年，谢尔本勋爵夫妇搬进兰斯唐府邸时，照勋爵夫人的说法，府邸还处于无家具设施状态。到 1771 年勋爵夫人去世、亚当被解雇时，会客厅的装饰依然没有完工，明显处于烂尾状态。

事实上，会客厅最重要的镀金和油漆工程直到四年后才完成。虽然亚当被解雇了，但他留下的设计蓝图让后来接手的建筑师和装饰艺术家尽量做到了最好。

会客厅的天花板装饰细节生动，四个半圆壁画描绘的是海的神话，即海王神（Neptune）、阿里昂（Arion，希腊传说中的诗人和乐师）、伽拉忒亚（Galatea，西西里的海中仙女）以及维纳斯的诞生。

地板是暗褐色的木头，家具淡绿色。四面墙壁涂成了薄荷绿色和粉红玫瑰色。整个会客厅有一种古雅的"趣味"，但不清楚这是亚当的原始设计还是后人赋予的。

谢尔本勋爵利用会客厅展示他重要的绘画和古董雕刻收藏，并招待当时的诸多显贵。

1929 年，谢尔本勋爵的后人即谢尔本六世侯爵（the sixth Marquess of Shelburne）将兰斯唐府邸卖给了几个投资者，会客厅面临被拆毁而为一条伦敦市规划的新街道让路。美国费城艺术博物馆馆长得知消息后，极力争取想买下会客厅。后来，他花了 3 000 英镑买下会客厅（餐厅为纽约大都会艺术博物馆买下，见上文）。1931 年，会客厅被拆解，打包装船运到了费城。它们在箱子中待了十多年，直到 1943 年 11 月，在费城艺术博物馆重新组装安放，展现出今天看到的会客厅。不过，窗户挪到了壁炉对面，天花板进行了翻新，以清除上面的黑烟。

罗伯特·亚当（Robert Adam）是新古典主义建筑师的代表，

兰斯唐府邸会客厅，作者摄。

兰斯唐府邸会客厅又是他新古典主义装饰艺术的典型。会客厅生动的色彩，平添一种华贵的气氛，让观者不禁为之一振。正因如此，费城艺术博物馆才煞费苦心将它从遥远的英国伦敦搬到美国费城，让新大陆的人们有机会体验旧世界曾经的繁华和奢侈。

建 筑 风 格

新古典主义装饰艺术（neoclassical ornament）

地 址

费城艺术博物馆

Gallery 297，European Art 1500−1850，second floor

Philadelphia Museum of Art

2600 Benjamin Franklin Parkway

Philadelphia，PA

7

Fountain & Cloister in the Philadelphia Museum of Art

喷泉和回廊（费城艺术博物馆）

A. Fountain from the Monastery of Saint-Michel-de-Cuxa
费城艺术博物馆喷泉

这个喷泉来自法国西南部鲁西荣（Roussillon）地区一座 12 世纪的修道院——圣米歇尔修道院（Abbey of Saint-Michel-de-Cuxa），它是普罗旺斯最大和最重要的修道院，罗曼式建筑风格（Romanesque style）。"罗曼式"这个词开始于 19 世纪，用以描述脱胎于古罗马（ancient Roman）的中世纪早期艺术和建筑，其特征为圆拱、拱顶、几何形式。

喷泉由六柱支撑，上半部喷盆周围装饰着连拱廊，与回廊（cloister）的建筑柱廊相呼应，泉水从五个喷嘴流出，落入下面复制的聚水盆中。这种位于回廊中心的喷泉主要供修士洗脸、刮胡子和洗衣服。

圣米歇尔修道院历史悠久，它始建于 840 年。在历任修道

喷泉，作者摄。

院院长努力下，该修道院规模不断扩大，成为当地最重要的修
道院。

　　法国大革命（1789—1799）开始后，修道院遭到破坏。
1793 年，最后一个修士也走了，修道院从此陷入破败。建于
1130—1140 年的回廊，在 1780 年代还是完好的。1841 年，修
道院的主人打算将修道院的回廊卖给佩皮尼昂市（Perpignan，
普罗旺斯以前的首府），结果没谈成。此时，回廊的 37 根柱子
和柱头尚在原地。后来回廊被拆散，大部分建筑雕件卖给了附
近普拉德（Prades，又译普拉代）的居民，以装饰他们的花园。

　　1905 年前后，住在法国的美国雕刻家巴纳德（George
Grey Barnard，1863—1938）开了一个古董店。他发现了这些
散落在各处的回廊柱子和柱头，便开始收集。最后，他收集到

了回廊的大部分，花了大约 3 000 美元。其中大部分后来卖给了小洛克菲勒（John D. Rockefeller Jr）。这些回廊构件连同来自圣吉扬莱代赛尔（Saint-Guilhem-le-Désert）以及博纳丰（Bonnefont）的回廊一起，构成了"The Cloisters"，即"大都会博物馆分馆——修道院博物馆"。

B. Cloister with Elements from the Abbey of Saint-Genis-des-Fontaines 费城艺术博物馆回廊

在大多数中世纪修道院中，都有一个回廊（Cloister），即一个环绕庭院的拱形走廊。费城艺术博物馆中的这个回廊模仿的是法国西南部鲁西荣地区一座 13 世纪的修道院——圣吉尼斯

回廊，作者摄。

德方丹修道院（the Abbey of Saint-Genis-des-Fontaines）的回廊形态，包括来自修道院的原始雕刻，同时期普罗旺斯的建筑构件以及 12 世纪早期的雕刻复制品。

　　中世纪修道院回廊具有实用和精神两个作用。大多数回廊是露天的，庭院中间是花园。有一张名为"圣加尔图"（the Plan of Saint Gall）的建筑素描（著名的中世纪修道院建筑素描，可追溯到 9 世纪。它是从西罗马帝国灭亡到 13 世纪大约 700 年间唯一现存的建筑素描，被认为是瑞士的国家宝藏，现

圣加尔图。

代学者、建筑师、艺术家、工匠无不为它的独特，它的美，它对中世纪文化的洞察所倾倒，对它投注了极大的兴趣），被认为是修道院建筑的理想蓝图，中间就有一个大型回廊，专门为修士设计。在圣吉尼斯德方丹修道院，外侧走道有门通向餐厅、祈祷室（修道院管理处），以及教堂。除了起到连接空间的作用，庭院以及柱廊也是一个修道院的核心，修道院的一些重要活动通常在这里举行，包括默祷、冥想或者高声诵读圣经。回廊还为修士的个人活动提供空间，供修士作私人祈祷和冥想。

今天，这个喷泉和回廊不远万里从法国来到美国，移植在费城艺术博物馆，给了现代游客一个沉思和默想的空间。

建 筑 风 格

中世纪艺术（medieval art）

地 址

费城艺术博物馆

Gallery 204，European Art 1100-1500，second floor (Knight Foundation Gallery)

The Philadelphia Museum of Art

2600 Benjamin Franklin Parkway

Philadelphia，PA 19130

Fresco wall painting in a cubiculum
卧室墙壁壁画

　　这幅壁画来自意大利那不勒斯博斯科雷尔（Boscoreale）的帕布里厄斯·法尼厄斯·西尼斯特（Publius Fannius Synistor）别墅，出土于罗马共和国晚期，约公元前 50—40 年。壁画描绘了狄安娜手执火炬，站在一个神庙中。

　　狄安娜（Diana），希腊神话中也叫阿耳忒弥斯（Artemis），是奥林匹斯山上的月亮与狩猎女神，还代表母性与贞洁，管理着大自然，她是太阳与音乐之神阿波罗（Apollo）的孪生妹妹。她与阿波罗一样：喜欢森林、草原，因而也是狩猎女神。根据神话里的说法，狄安娜身材修长、匀称，相貌美丽，又是处女的保护神，所以她的名字常成为"贞洁处女"的同义词。据说，她有很多求婚者，但她不愿结婚，宣称自己特别热爱自由，愿意与森林中的仙女们永远生活在一起。因此，在英语中，"to be a Diana"（成为狄安娜）可用来表示"终身不嫁"或"小姑独处"。

卧室墙壁壁画，作者摄。

在罗马神话中，狄安娜是一位神圣的月亮、狩猎、分娩、野生动物、林地的女神，并具有控制动物说话的能力。卡图卢斯写了一首诗，诗中记载狄安娜有多个别名：Latonia，Lucina，Iuno，Trivia，Luna。

地 址

纽约大都会艺术博物馆

Gallery 165

the Metropolitan Museum of Art in New York

1000 5th Ave，New York，NY 10028

9

Paneling and chimneypiece, 17th century England
镶板和壁炉架（17 世纪，英格兰）

　　这个房间的橡木镶板和石头壁炉架来自英格兰诺福克（Norfolk）大雅茅斯（Great Yarmouth）的 "the Hall Quay"，制作年代为 17 世纪。它们曾经装饰着 1594 年至 1606 年大雅茅斯富有的商人和执达官克罗（William Crowe）的家（执达官是英国执法官，其职责为收缴破产债务人的物品和财产）。克罗是 "西班牙商人公司"（the Company of Spanish Merchants）的成员，该公司主要从事与荷兰的贸易。克罗的政治和生意的隶属关系一目了然：公司盾徽，包括一个盾牌和一条四桅帆船，永久性地雕刻在壁炉的上方；"都铎玫瑰"（Tudor roses）雕刻在壁炉上。（The Tudor rose，也称为 the Union rose，是英格兰传统花卉纹章图案，起源和得名于都铎王朝。）

　　室内镶板为荷兰风格，或许由荷兰工匠制作。这个房间在从英格兰迁到纽约大都会艺术博物馆后，室内显得比较阴暗，实际上，在它的故乡，由于有两扇窗户，加上装饰性的石膏天

镶板和壁炉架，作者摄。

花板，室内要明亮得多。

　　1965 年，爱德华·皮尔斯·凯西基金会（Edward Pearce Casey Fund）捐赠。

 地 址

纽约大都会艺术博物馆

Gallery 512

the Metropolitan Museum of Art in New York

1000 5th Ave，New York，NY 10028

10

Pillared Temple Hall
柱式神殿

组成这座神殿的花岗岩柱子、托架、饰板都来自印度南部城市马杜赖（Madurai，印度教圣地，以宏伟的寺庙建筑、精美的雕刻艺术著称于世，有"东方雅典"的美称）的一座 16 世纪神庙 —— 哥帕拉斯瓦米寺（the Madanagopalaswamy Temple）。这座神庙是献给印度教克瑞须那神（Krishna）的，克瑞须那是印度教大神毗湿奴（Vishnu）的一个化身（天神下凡），至今仍受人膜拜。

1912 年，美国费城人吉布森（Adeline Pepper Gibson，1883—1919）游历马杜赖时，买下了这些神庙建筑构件，运回美国。据说，这些构件大多来自立在主神庙前面一个独立的神殿，这个神殿大约在 19 世纪中叶被拆毁。

神殿内的石板上刻画着《罗摩衍那》（*Ramayana*）的传说。《罗摩衍那》是描绘毗湿奴的另一个化身、英雄罗摩（Rama）的印度史诗。这些石板原是神庙内描绘整个《罗摩衍

柱式神殿，作者摄。

那》传说大型浮雕的原始部分。中间走廊柱子上真人般大小的
人物形象是《罗摩衍那》和印度教另外一部史诗《摩诃婆罗多》
（*Mahabharata*）中的神：揭路荼（Garuda，印度神话中毗湿
奴的坐骑——鹰头人身的金翅鸟）和哈努曼（Hanuman，也作
"诃努曼"神猴）。柱子上还装饰着其他一些神和人物小型浮雕，
包括小时候的克瑞须那、一对正在做爱的夫妇、王室捐助者等。

　　1919 年，吉布森的母亲苏珊（Susan Pepper Gibson）和妹妹玛丽（Mary Gibson Henry）等将这座神殿作为礼物献给费城艺术博物馆，以纪念英年早逝的吉布森。

（地）（址）

费城艺术博物馆

Gallery 224，Asian Art，second floor

The Philadelphia Museum of Art

2600 Benjamin Franklin Parkway

Philadelphia，PA 19130

Portal from the Abbey Church of Saint-Laurent
圣劳伦特修道院教堂的入口

这个壮观的中世纪大门原是法国中部圣劳伦特（Saint-Laurent）一座奥古斯丁小修道院的主入口，这座修道院坐落在前往西班牙圣地亚哥老城（Santiago da Compostela）朝圣的路上［这条中世纪朝圣之路也叫"圣詹姆斯之路"（Way of St. James）。传说，圣詹姆斯的遗骸用船从耶路撒冷运到西班牙北部，埋在了现在圣地亚哥老城的大教堂中。1985年，圣地亚哥老城被列入"世界文化遗产"］。

奥古斯丁小修道院大约建于1120—1150年间。

通过法国画家毕沙罗（Camille Pissarro，1830—1903）的作品（见下），可以看到在罗曼式建筑风格的大门圆拱和柱头上，是轮廓分明的抽象图案，各种树枝、树叶以及鸟的复杂形象缠绕在一起。这种风格灵感来源于在欧洲最具影响的本笃会隐修院（Benedictine monastery）在圣劳伦特附近建立的一座大型教堂——卢瓦尔·沙里特（La Charité-sur-Loire）教堂。

圣劳伦特修道院教堂入口，作者摄。

教堂大门，毕沙罗绘。

在美国雕塑家、中世纪建筑收藏家巴纳德（George Grey Barnard，1863—1938）的建议下，1920 年代，当这个大门在费城艺术博物馆安家时，又在它两面各加上了一个小门，以遵循圣劳伦特地区的一种流行设计，不过这两个小门的来源仍未确定。在博物馆中，这个大门正对着一组大型罗曼式柱头，这组柱头中有六个来自圣劳伦特教堂（the church of Saint-Laurent）的内部装饰。

这个大门 1928 年由伊丽莎白·马尔科姆·鲍曼（Elizabeth Malcolm Bowman）出资购买，以纪念温德尔·菲力普·鲍曼（Wendell Phillips Bowman）。

费城艺术博物馆

Gallery 201

The Philadelphia Museum of Art

2600 Benjamin Franklin Parkway

Philadelphia，PA 19130

Reception Hall from the Palace of Duke Zhao (Zhaogongfu)

赵公府客厅

这座厅堂建于 1600 年代的中国明朝时期，曾经是都城北京一个豪华府邸的客厅。府邸主人是明朝末代皇帝崇祯的司礼秉笔太监王承恩。

明崇祯十七年（1644）三月十九日，李自成率领农民起义军攻入北京城内，崇祯帝见大势已去，自缢于煤山（现景山）东麓的一株老槐树上，而追随他的太监王承恩也自缢于崇祯帝的脚下。这位被谥为"忠愍"的太监王承恩是忠君的表率，他的府邸所在胡同因而得名"王大人胡同"。

清廷打着"仰承天命，吊民伐罪"的旗号入主中原。清廷第一个皇帝顺治在为崇祯皇帝发丧的同时为王承恩修墓立碑，并将他葬在崇祯皇帝思陵门外，让他"守护"皇陵。

同中国传统府邸一样，王承恩的府邸为长方形，坐北朝南，高墙环绕。客厅坐落在靠南门不远的府邸中轴线上，王承恩就是在这里接待来访的客人和同僚。现在客厅的墙面和地面

赵公府客厅，作者摄。

是后来重建的，但客厅整个梁架结构都是原来的，包括朱漆大柱和大理石柱础，五福大匾。客厅梁架上彩绘花鸟动物和几何图案，客厅建筑和家具陈设对称分布，反映了儒家思想中的秩序与和谐。

乾隆初年，康熙帝废太子胤礽第十子袭至郡王，为理郡王，将王大人胡同的王承恩旧宅作为其王府，为理郡王府。后王府传至辅国公毓炤。因"炤"字同照，与"赵"字发音相同。所谓"赵公府"，实际上是指辅国公毓焴的府邸。清末，王大人胡同分称，东段名"赵公府"，西段称"王大人胡同"。1947年统称"王大人胡同"。而清末分隔而来的赵公府也实为原理郡王府的一部分。

辛亥革命后，理郡王府的后裔分为四支，各自出售或变卖房产。费城艺术博物馆的这些建筑构件据推测即于此时购自王府后裔，这些建筑构件可能是与智化寺的藻井一同运到美国的，藻井之一就藏在费城艺术博物馆。

1929年，罗比内特（Edward B. Robinette）将这座厅堂作为礼物献给费城艺术博物馆。

地 址

费城艺术博物馆

Gallery 226

The Philadelphia Museum of Art

2600 Benjamin Franklin Parkway

Philadelphia，PA 19130

Scholar's Study

书房

费城艺术博物馆的铭牌上是这么写的："这个书房来自中国北京，它是中国传统官僚学者府邸中最隐秘和最重要的房间，类似的书房在故宫紫禁城中还能看到。"

不同于传统中国府邸建筑和家具在正式场合的对称布置，书房的陈设布置相对随意，给官僚学者在衙门办差回来后一个休憩、放松的场所。在这个 18 世纪末（清乾隆时期）的书房中，室内陈列着当时流行的家具：黄花梨书桌上摆放着书、毛笔和其他文房用具；旁边的炕（罗汉床）供同僚好友相对而坐；黄花梨画桌供画画和展观画卷（卷轴画）；一些卷轴还可放在地上的画筒中；墙上挂着鸟笼；庭院里的万籁之声可以透过薄薄的窗棂纸传到书房中，给书房带来静谧、安宁、沉思、冥想之境。

书房主人很可能是一个位高权重的官僚学者，通过严格的科举考试升到现在的高位。他不仅要胜任衙门差事，还要精通音

清乾隆年间书房，作者摄。

律，填词作赋，书法绘画，并精于鉴赏，热衷艺术或古董收藏。

1929 年，这个书房由赖特·卢丁顿（Wright S. Ludington）捐献给费城艺术博物馆，以纪念他的父亲查尔斯·卢丁顿（Charles H. Ludington）。

地址

费城艺术博物馆

Gallery 240，Asian Art，second floor (Hollis Scholar's Study)

The Philadelphia Museum of Art

2600 Benjamin Franklin Parkway

Philadelphia，PA 19130

Shoin Room, 17th century, Japan
书院（17 世纪，日本）

日本安土桃山时代（1568—1603 年，织田信长和丰臣秀吉当政的国家统一时期）的宏大精神永久定格在这个日式会客厅中。

这个"书院"以京都（Kyoto）郊外琵琶湖边（Lake Biwa）三井寺（the Onjoji temple）的劝学院（Kangaku-in）为原型，劝学院建于 1600 年。这个书院风格（Shoin-style）的会客厅建于 1985 年，由日本工匠使用安土桃山时代的材料和工艺、并在日本著名历史建筑学家铃木嘉吉（Kakichi Suzuki，时任日本文部省官员）的亲自监督下建造而成。这个会客厅比例匀称，精致优雅，其阔大的"床の间"（tokonoma），铺地的榻榻米（tatami），装饰性的拉阖门（fusuma），标志着日本室内装饰艺术在历经两百年的发展后达到高峰。

"书院"［Shoin，字面之意即"学习"（study）］原是日本禅寺读书室的一部分，里面有书架和靠窗的壁龛。随着室町时代（1392—1573）对中国绘画、家居用品兴趣和收藏的增加，

日式会客厅，作者摄。

壁龛扩大，用于展示艺术作品，"床の间"得以形成，并成为日本和室不可缺少的部分。这个会客厅面积比较大，"床の间"占满一面墙，金叶饰拉阖门，是安土桃山时代寺庙和贵族，以及新晋军阀奢华府邸的典型代表。"床の间"（Tokonoma）是设置在和室靠墙约半叠或一叠大小的空间，通常是木制地板，比和室榻榻米稍微高一点，墙上挂着卷轴，地板摆饰插着当令鲜花的花器。在古代是祭拜神佛的场所，室町时代至战国时代末期，演变成特意在和室内设置"床の间"，当成一种装饰空间。

纽约大都会艺术博物馆

The Metropolitan Museum of Art

1000 5th Ave，New York，NY 10028

15

The Audience Hall
会客厅

这个会客厅模仿自日本京都（Kyoto）东部南禅寺（Zen monastery of Nanzenji）金地院（Konchi-in）一个 17 世纪的书院（shoin）。虽然书院意味着"学习"或"写作"，但自 16 世纪中叶以来，日本贵族通常将这种布置优雅、精心装饰的房间作为接待来访客人和接受官方公文的会客厅。

作为传统的日本居室典范，这个会客厅的柱、梁裸露，展示着日本香柏（Japanese cedar，也叫日本扁柏、日本柳杉）的自然之美和日本工匠杰出的建造技艺。方格天花板（coffered ceiling）和格子花窗（lattice transoms）则显示了日本榫卯工艺的精良。

这个会客厅包括一个抬起的"床の间"，参差排列的架子用以展示卷轴字画和陈列其他艺术品，精编的榻榻米和拉阖门。日本人通常直接坐在榻榻米上，省却了大多数的家具。

对西方人来说，这样的房间显得十分空旷。但是，如果仔

日式会客厅，作者摄。

细观察，还是有许多精致的细节，如镀铜的门拉扣、莲花形状的钉帽盖（nail-head cover）。

　　由于高级禅师通常也在这样的日式会客厅接见诸如贵族或高级武士等重要客人，会客厅也是禅寺最重要的空间，日本工匠会选择最好的日本香柏（不能有木结疤，要完美无瑕）来建造，并覆以显示其木工绝技的方格天花板。"床の间"挂着禅寺珍藏的卷轴字画，而参差排列的架子（违棚）则陈列禅寺珍藏的陶瓷器。

　　明尼阿波利斯博物馆复制收藏的这个会客厅精美的绘画屏风最为醒目，金碧雅致，低调奢华。由于没有或有很少家具，会客厅即使不大，也显得空阔。没有桌椅板凳的阻碍，来访者端坐在榻榻米上，可以心无旁骛地欣赏室内字画、瓷器，目光流连，自然舒畅。

为了原汁原味再现日本禅寺书院（会客厅）的韵致，这间会客厅由来自日本的工匠建造，安井杢工务店（株式会社，Yasuimoku Koumuten Co., LTD.）制造。

会客厅由罗伯塔·曼基金会（the Roberta Mann Foundation）捐赠，以纪念特德·曼（Ted Mann）。

地址

明尼阿波利斯博物馆

Gallery 222

Minneapolis Institute of Arts

2400 Third Avenue South

Minneapolis，MN 55404

16

The Studio of Gratifying Discourse
书房

这个书房连同太湖石花园来自中国苏州太湖西洞庭山（the West Tung-t'ing Hills，亦称洞庭西山，简称西山）堂里村一个清代大宅。花园墙上一块铭牌记载大宅建于清嘉庆二年（1797）。

除了厅堂，书房被认为是传统上层家庭中最重要的房间。书房和花园给读书人提供一个市井生活之外幽静、修身养性的场所，可读书，写字，作画，鉴赏古董，与朋友谈诗论画，或从事其他怡情养性的活动。

虽然传统的儒家社会规范要求读书人起居生活、出仕为官，要有家庭责任感，遵循道德准则，接受正统教育，服务官僚体系。但道家清静无为的思想又无时不在引诱读书人远离尘嚣，过一种哪怕是暂时的隐居生活，以获得理想的精神慰藉。退隐书房就是一种最好的选择。

自然之美，体现在太湖石花园和读书人书房自然材料的陈

清嘉庆年间书房，作者摄。

设中。精心布置的审美环境，适合沉思冥想；简洁流畅、不事
修饰的硬木家具，太湖石，善本书，淳朴的古董，展示和表达
着读书人的知识追求和个人趣味。

　　明代和清代早期，江南地区的商人和读书人在这样的书房
里创造了一个经济和文化的环境气候，文人艺术得以繁荣。私
家书房和花园对明和清早期一些最重要、最原始的文学艺术的
产生起到了重要的作用。

花园墙上刻着两个字"履和",意为践行中和之道,语出三国魏曹植《冬至献袜履颂》:"玉趾既御,履和蹈贞。"

露丝·代顿(Ruth Dayton)和布鲁斯·代顿夫妇(Bruce Dayton)赠送。

地址

明尼阿波利斯博物馆

Gallery 216

The Minneapolis Institute of Arts

2400 Third Avenue South

Minneapolis，MN

The Swiss Room
瑞士厅

　　这个房间来自瑞士东部阿尔卑斯山区弗利姆斯（Flims）的一个小城堡 [The "Schlössli"（Little Castle）]，室内装饰为典型的巴洛克风格。这个房间名为"the Reiche Stube"（rich room），是嘉宾和贵客接待厅。小城堡建于 1682 年，主人名叫冯卡波（Johann Gaudenz von Capol，1641—1723），为当地显贵、走南闯北的外交家，曾出使意大利、奥地利和英格兰，还是瑞士联邦的一个雇佣军司令。

　　房间的镶板和饰板为核桃木、枫木、西卡莫槭（sycamore）和其他当地树种。木雕装饰元素结合了当地传统和意大利文艺复兴母题。人像柱描绘的是当地的男人、女人以及突厥人、摩尔人，他们集中体现了突厥人进攻欧洲，给当时的中欧地区带来的普遍的恐惧。这些人像柱的两边是一些奇异的动物浮雕。门上方一个漩涡花饰中的狄安娜、门后面带翼的命运之神来自文艺复兴晚期的原型。

瑞士厅，作者摄。

瑞士厅。

小城堡现在是弗利姆斯的一个教区教堂之所。1884 年，其中的"the Reiche Stube"被拆除，1906 年，美国大都会艺术博物馆从德国柏林的"恺撒-弗里德里希博物馆"（the Kaiser Friedrich Museum）购得此房间，将它永久安置在大都会艺术博物馆中。

这个房间最贵重的珍宝是一个陶瓷火炉。火炉高 315 厘米，宽 208.3 厘米。在阿尔卑斯山区，冬季漫长而寒冷，火炉是家庭的必备品。

这个火炉在瑞士陶瓷中心温特图尔（Winterthur）烧造，装饰母题为圣经。火炉瓷片上绘制的人物来自《新约》，故事则来自《旧约》。在火炉下部，画工使用了 1576 年在巴塞尔出版的、由施蒂默（Tobias Stimmer，1539—1584）设计的花样，上部的装饰灵感则来自 1625 年在斯特拉斯堡出版的穆勒（Christoph Murer，1558—1614）的蚀刻画。画工在每一个场景的上部加上圣经的符号，下部为注解，为当代基督徒在圣经事件中寻找教谕。举例来说，在 "Samson and the lion"（参孙和狮子）场景下写的是：*As Samson's lion gave honey after his death, so Christ's death brings us sweet life*（正如参孙的狮子死后嘴里酿蜜，基督的死亡带给我们甜蜜的生活）。（圣经故事，大力士参孙在前往迎娶腓力斯女孩的路上，杀死了一只狮子。狮子死后，参孙看到有一群蜜蜂在狮子的嘴里筑巢酿蜜。于是有了后来参孙关于死狮子的谜语：以他人为食的动物自己成了食物，强者的嘴里跑出甜蜜的味道。）

地 址

纽约大都会艺术博物馆

Gallery 505

The Metropolitan Museum of Art

1000 5th Ave，New York，NY 10028

The Wu Family Reception Hall
吴家客厅

这个客厅来自中国苏州太湖东洞庭山（the East Tung-t'ing Hills，亦称洞庭东山，简称东山）东山镇的吴家。吴家苏州庭院式房子建于 17 世纪早期，这个客厅是一个传统上层之家举办祭祀、庆典活动的地方。

大厅（厅堂）是传统的中国家庭的中心。这个正式的、举办仪式活动的厅堂象征着儒家家庭的团结和延续。男性长者（老人）在厅堂举办仪式，祭祀祖先，接待客人，欢迎朋友。家庭的各种活动也在厅堂举行，如节庆、婚礼、成年礼。在家庭中，厅堂的地位最重要，它反映着家庭的社会地位和经济实力，同时也体现着家庭的文化修养和艺术品位。虽然在厅堂中家具的摆放有一定规范，但家具风格、字画的品质及其他物品的陈列都明确地体现着家庭的财富、趣味和文化修养。

庭院之家的基本格局是用墙隔开的长方形，它由许多结构和院落次第组成，沿中轴线坐北朝南。在苏州，标准的大宅有

吴家客厅，作者摄。

一个入口大门、一个庭院、主要的独立客厅，后面是第二个庭院，及一个两层的居住楼。

明朝（1368—1644），大量有钱的地主和商人在靠近苏州的太湖地区盖起陈设讲究的大宅。但住宅面积大小、装饰布置，甚至地砖图案都有复杂严格的规范，必须与住宅主人的官位和社会地位相匹配。吴家客厅对角线地砖、雕梁、装饰性的云凤嵌板托起的大梁，说明吴家的社会地位和官位比较高。

　　1996 年，明尼阿波利斯博物馆买下这个客厅时，它是吴家大宅唯一幸存的建筑。现在，这个客厅作为博物馆的收藏，主要展示传统的中式家具（主要是明式黄花梨家具），以说明中国明代上流之家的客厅之貌和陈设之规。

　　露丝·代顿和布鲁斯·代顿夫妇赠送。

地址

明尼阿波利斯博物馆

Gallery 218

Minneapolis Institute of Arts

2400 Third Avenue South

Minneapolis，MN 55404

The Zenshin-an Teahouse
善神庵茶室

这个茶室复制自日本京都大德寺（the Zen monastery of Daitoku-ji）中玉林院（Gyokurin-in）"蓑庵（Sa-an）茶室"。"蓑庵茶室"由日本一个富商建于1742年，现在它是日本"重要的文化财"（遗产）。

"蓑庵茶室"的建筑形式是日本茶道大师千利休所推崇的"淳朴乡村式"（rustic style）。千利休（Sen Rikyu，1522—1591）是日本最著名的茶道大师，被誉为日本茶道的"鼻祖"和集大成者，其"和、敬、清、寂"的茶道思想对日本茶道发展的影响极其深远。

"蓑庵茶室"以简朴、内敛著称。受禅师茶道仪式沉寂默然的影响，千利休希望在他主持的北野大茶会［天正十五年（公元1587年）千利休在丰臣秀吉的聚乐第建九间书院及一张半草垫的茶室，实现了自己的美学思想。同年10月千利休主持在京都北野天满宫召开的大茶会，并在聚乐第献茶］上也创造出

"和、敬、清、寂"的气氛。为寻求一个在野的隐居之地，他认为"蓑庵"，或曰"草庵"是举办茶道仪式的理想之所。

据说，"蓑庵"由 Kounoike Ryouei 设计，"侘寂风格"（Wabi-Sabi style）。"侘寂"是日本美学意识的一个组成部分，一般指的是朴素又安静的事物。侘寂描绘的是残缺之美，包括不完美（imperfect）、不圆满（incomplete）、不恒久（impermanent），当然也指朴素、寂静、谦逊、自然……它同佛教禅宗智慧一样，可意会不可言传。

1948 年出生的美国艺术家、美学家李欧纳·科仁

千利休。

（Leonard Koren）曾生活在日本，他在介绍侘寂的一本书《侘寂：艺术家、设计师、诗人和哲学家之书》（"Wabi-Sabi: for artists, Designers, Poets & Philosophers"）中有一段话，阐述了"侘寂"理念运用到设计中，就是简洁并让人安静的设计美学，但**"减至根本，不损其韵；洁净无碍，不妨其生"**（Pare down to the essence, but don't remove the poetry. Keep things clean and unencumbered but don't sterilize)。正是由于这本书，李欧纳·科仁将日本的"侘寂"美学概念带入西方美学体系中，与西方"美"的概念形成鲜明对比。

蓑庵很小，粗糙不平的原木柱子、毛竹、木棍、芦苇、藤条、稻草，这些建筑材料都来自当地的树林和田间。墙壁是毛竹编织的骨架，再往上面敷上混合了稻草的泥巴。这种朴素的建筑结构，能让茶道沉浸在一种冥思寂静的哲学意境中。

"蓑庵"茶室的门很小，所有的客人，无论贵贱，都要跪着膝行爬进"躙口"[the nijiriguchi，日语"躙（lìn）口"，是个只容一人跪爬进去的小洞，里面空间亦颇狭小。这个入口与小屋据说源自《维摩诘经》，维摩诘居士在斗室中与文殊菩萨及

善神庵，作者摄。

四万八千弟子相会，寓意为悟道者的心境之无限广大]，以显示他们的谦逊和社会平等。与贵族阶层的铺张浮华相比，茶室里面装饰简洁，通常只有一束插花、一幅卷轴画，最好是禅师的寥寥禅语。

　　明尼阿波利斯博物馆的这两间日本茶室由日本株式会社安井杢工务店（Yasuimoku Koumuten Co., LTD.）建造。屋檐下一木板上刻着"善神庵"（Zenshin-an），意为"沉思的心隐居处"（Hermitage of the Meditative Heart）。这个名字是原日本京都东福寺住持、临济宗禅师福岛庆道（1933—2011）取的。

地址

明尼阿波利斯博物馆

Gallery 225

Minneapolis Institute of Arts

2400 Third Avenue South

Minneapolis，MN 55404

第二章

外来建筑物

就算那些看似具有原汁原味美国本土风格的小木屋，事实上也是 18 世纪从瑞典传至特拉华州的一种建筑形式。

——路易斯·马姆弗德

（Louis Mumford，1895—1990）

Astor Court
明轩

20

"明轩"（Astor Court，直译：阿斯特庭院）坐落在纽约大都会博物馆，是博物馆重建的一个明式风格的中国庭院，也是中美之间第一个永久性的文化交流项目（中美 1979 年建交）。明轩 1981 年落成，它由来自中国苏州的工匠，采用传统技术、建筑材料、手工工具建造而成。一个中国明式庭院落户异国他乡的大都会博物馆，这得益于博物馆的董事布鲁克·阿斯特夫人（Brooke Astor），得益于她童年时代的一段异国他乡梦幻般的生活。

布鲁克·阿斯特夫人本名罗伯塔·布鲁克·拉塞尔（Roberta Brooke Russell），1902 年 3 月 30 日生于美国新罕布什尔州朴茨茅斯

阿斯特夫人。

（Portsmouth）。她的父亲是曾任美国海军陆战队第 16 任司令的海军少将小拉塞尔（John Henry Russell Jr., 1872—1947），她的母亲姓霍华德（Mabel Cecile Hornby Howard, 1879—1967），她是父母唯一的孩子。由于父亲是职业军人，所以罗伯塔·布鲁克·拉塞尔在童年时代随父母常驻国外，在中国、多米尼加和海地生活过。

1919 年 4 月 26 日，在刚过 17 岁生日不久，罗伯塔·布鲁克·拉塞尔在华盛顿 DC 嫁给了库瑟（John Dryden Kuser, 1897—1964），1924 年 3 月 30 日生下儿子托尼（Anthony Dryden "Tony" Kuser）。但这段婚姻并不幸福，丈夫家暴、酗酒、通奸，布鲁克甚至说这是她"人生最糟糕的日子"（"Worst years of my life"）。她后来说，没有人劝过她别这么早结婚，16 岁的女孩尚未长成，容易一见钟情。1930 年 2 月 15 日，布鲁克和丈夫离婚。

1932 年，布鲁克嫁给第二任丈夫马歇尔（Charles Henry "Buddy" Marshall, 1891—1952），丈夫是一家投资公司（the investment firm Butler, Herrick & Marshall）的高级合伙人，她后来写到这是"一段伟大的爱情婚姻"（"a great love match"）。不过在 1940 年代，丈夫生意不好，布鲁克作为特写编辑，在《住宅与庭院》（House & Garden）杂志工作了 8 年。1942 年，出于对继父的崇敬，布鲁克时年 18 岁的儿子（与前夫所生）还将自己的名字改为安东尼·德赖登·马歇尔（Anthony Dryden Marshall）。但是，随着丈夫马歇尔 1952 年去世，20 年美满的婚姻也就此结束。

　　1953 年 10 月，布鲁克再嫁给第三任也是最后一任丈夫威廉·文森特·阿斯特（William Vincent Astor，1891—1959）。阿斯特时任《新闻周刊》（Newsweek）董事会主席，是美国著名的阿斯特家族最后的富翁，他的父亲就是"泰坦尼克"最著名的遇难者约翰·雅各·阿斯特四世（John Jacob "Jack" Astor IV，1864—1912）。

　　阿斯特家族创始人约翰·雅各·阿斯特（John Jacob Astor 1763—1848），德裔美国皮毛业大亨及财经专家，1848 年去世时遗产有 2 000 万美元，相当于当时美国国民生产总值的一百零七分之一，其财富在美国历史上排在约翰·洛克菲勒、安德鲁·卡内基、科尼利尔斯·范德比尔特之后，位居第四，他遗赠 40 万美元兴建了纽约公共图书馆（New York Public Library）。他的曾孙，即"约翰·雅各·阿斯特四世"，哈佛大学毕业，1897 年出资修建了当时世界上最豪华的阿斯托里亚（Astoria）酒店，后与堂兄威廉·华尔道夫·阿斯特的华尔道夫（Waldorf）酒店合并，成为今天的"华尔道夫酒店"（Waldorf Astoria Hotel）。

　　1912 年 4 月 15 日，约翰·雅各·阿斯特四世同再婚的妻子搭乘"泰坦尼克"返回美国时遇难，其妻获救。约翰·雅各·阿斯特四世留下 1.5 亿美元遗产，依照遗嘱，其中 7 200 万美元留给了长子文森特。另外，给女儿爱丽丝留下了 1 000 万美元的信托基金。

　　所以，到布鲁克嫁给威廉·文森特·阿斯特（曾结过两次婚，但没有子嗣）时，大家都认为布鲁克嫁的是"钱"。由于童年及青年时代家庭变故，威廉·文森特·阿斯特患有严重的忧郁症，即所谓"人格不健全"。布鲁克的朋友露易丝（Louis Auchincloss）说："她嫁给文森特当然是为了钱，如果不是这样，我倒看不起她，只有扭曲的人才会为了爱情而嫁给他。"（"Of course she married Vincent for the money," adding, "I wouldn't respect her if she hadn't. Only a twisted person would have married him for love."）

结婚后，布鲁克·阿斯特夫人尽力照顾丈夫的生活，她称他为船长（Captain），为他唱歌、弹钢琴，逗他乐。她还参与丈夫的地产、酒店生意以及慈善活动。1954—1958 年，布鲁克·阿斯特夫人还重新装修了瑞吉酒店（St. Regis），这是她丈夫的父亲（她的公公）盖的。

1959 年 2 月 3 日，威廉·文森特·阿斯特去世，将所有财产留给了布鲁克·阿斯特夫人，并嘱咐她在人生美好的时刻，将这些钱都花出去，用于慈善。

丈夫去世后，布鲁克·阿斯特夫人全面接手"阿斯特基金会"（the Astor Foundation，成立于 1948 年）。她出任大都会博物馆董事，担任博物馆远东艺术部视察委员会主席，正是在此期间，她萌生了在博物馆建一个中国庭院的想法。当然，这也是她自童年以来的一个梦想。

1980 年，布鲁克·阿斯特夫人在自传《足迹》（Footprints）中，记录了儿童时期 4 年中国生活对她一生的影响：

我感受到大自然万物之间的互相联系——天空、落日、月亮升起、小鸟飞翔、树枝的摆动、窗口的雨声、雪花飘落，我觉得我总是跟它们融为一体。

　　我将这一切归功于我在北京居住的 4 年，从 7 岁开始，我几乎一夜时间就会说出流利的中文。这对我来说，打开了一个完全不同的新天地……我真的觉得中国的生活改变了我，也改变了我的生活。

　　7 岁的时候，我去了北京。冬天，我们住在美丽的城市；夏天，我们就到北京郊外的西山，租住在寺庙之中。作为唯一的小孩，没有别的同伴，而又充满了好奇之心。我很快就认识了所有的僧侣。他们对我都很友善……我经常坐在香火缭绕的庙堂内听他们念经，闻着香的味道，我总觉得在菩萨的背后，还有一个特别的神秘天地……

　　　　　　——陈儒斌，"捐数百万将园林'搬'到纽约

　　　　　　　　——纽约超级名媛与一座苏州园林"

　　1976 年，由阿斯特基金会出资，大都会博物馆购买了一批中国明式家具。如何陈列这些明式家具，让它们与现有的中国字画陈列相得益彰，布鲁克·阿斯特夫人想起了她童年在中国住过的庭院。作为中国传统建筑不可或缺的部分，庭院（北京的四合院）封闭的空间将外面嘈杂的世界隔绝开来，提供了一个静谧安详的处所。布鲁克·阿斯特夫人认为，如果在博物馆里有一个中国庭院，不仅可以为观众提供一个安静的休憩空间，让他们回味一下刚刚看过的中国字画——那些山水画需要沉思默想静心体味——而且可以充当一个过渡空间，为参观者搭起

一个文化桥梁，让他们从相对熟悉的西方艺术，慢慢进入不太熟悉的东方艺术。

1977年，大都会博物馆远东艺术特别顾问同时也是普林斯顿大学教授的方闻先生（Wen Fong）来到中国，与同济大学古建园林专家陈从周教授（1918—2000）一起到苏州考察中国园林。他们确定，苏州网师园的"殿春簃"庭院可作为大都会博物馆中国庭院设计的基础，原因如下：其一，"殿春簃"规模不大，适合博物馆的空间；其二，"殿春簃"自建造以来基本格局没有经过任何改动，"十分简洁，比例和谐"（"utter simplicity and harmonious proportions"）。出生于上海的美国艺术家、舞台设计师，耶鲁大学戏剧学院（Yale School of Drama）教授李名觉（Ming Cho Lee, 1930— ）先生勾画建筑草图，拍摄照片，出了一个"殿春簃"图样和模型，苏州园林局积极配合。1978年底，大都会博物馆与苏州园林局签订协议，为大都会博物馆制作安装"明轩"——"殿春簃"的翻版。

因为是中美第一个文化交流合作项目，中国中央政府十分重视。

明轩的53根建筑立柱需用珍贵木材金丝楠木制作，为此，时任国务院副总理耿飚特批，从四川采伐金丝楠木；

为了保证明轩所用砖瓦质量，苏州特地启用已经关闭一百多年的大清乾隆皇帝的御窑——"陆墓御窑"，还专门批调了几万公斤的砻糠，以保证用传统的工艺来烧制这批砖瓦；

苏州园林局首先按照图纸在东园建造一个真实的"明轩"

样本，经中美专家审查通过，大都会博物馆核准之后，使用同样的材料、按照同样的比例在大都会博物馆重建。

1979 年 1 月，大都会博物馆馆长菲力普·蒙特贝罗（Philippe de Montebello）先生亲临苏州东园实地考察。1979 年 6 月，年近八旬的阿斯特夫人和方闻教授一行特地前往苏州进行现场审核。阿斯特夫人说，我们看了"明轩"样本，感到"非常兴奋"。

经过 5 个月的紧张施工，"明轩"的全套预制构件顺利完成。1979 年底，193 箱建筑构件漂洋过海，驶向纽约。同时，27 名中国工匠和专家（包括一名厨师）抵达大都会博物馆。1980 年 1 月，"明轩"组装工程开始。组装工程经过"美国劳工联合会—产业工会联合会"（AFL-CIO）的特别安排，中美两国工程人员头戴印有两国国旗的头盔。博物馆聘请电影制作人瑟青哲（Gene Searchinger）和员工沟通专家纽曼（Thomas Newman）记录组装工程，他们拍摄的纪录片明式花园（*Ming Garden*）后来还获了奖。

据纪录片记载，当时的中国工匠住在博物馆附近的旅馆，每天清晨 6 点 45 分，他们就进入工地开工。美方工头迪伽默（Joseph DiGiacomo）说，中美两国工程人员的相互交流可不仅仅是趣闻轶事，对建筑技艺的尊重还帮助他们克服了语言和文化方面的障碍。大多数中国工匠从没出过远门，有的年近七旬，除了翻译，没有人懂英语。当记者问到中美两国工程人员是否有意识形态争论时，迪伽默回答说："怎么可能呢？实际情况是，我们得花一个小时搞懂他们想让我们干什么。多么古老

上图：明式花园，作者摄。　　下图：明轩，作者摄。

的工艺，让你终生难忘。"随队还有一位优秀的厨师，为他们准备苏州家乡风味的一日三餐，免除他们的思乡之苦。另外，美国人还在餐厅旁边摆了一个乒乓球台，他们没有忽略是一个小小的乒乓球敲开了中美交流的大门。

经过中国工匠的努力，不到 5 个月，"明轩"全部组装完工。1981 年初，大都会博物馆的苏州园林——"明轩"终于正式对观众开放。阿斯特夫人的心愿成为现实：在纽约就可以欣赏到原汁原味的中国园林，其中的一树一木，一砖一瓦，都来自中国，那个她童年时的梦乡。

除了大都会博物馆，阿斯特夫人主持的"文森特－阿斯特基金会"广泛捐助纽约公益事业，如纽约公共图书馆、自然历史博物馆、中央公园等。贫民窟青年中心的锅炉、教堂的管风琴和流浪者新居的家具，也曾得到她慷慨解囊。阿斯特夫人有一句名言："**金钱如粪土，不撒掉就是废物。**"（"Money is like manure; it's not worth a thing unless it's spread around."）

1960 年至 1997 年，阿斯特夫人通过"文森特－阿斯特基金会"共捐出 1.947 亿美元，受捐机构达 1 025 个。

1997 年，阿斯特夫人关闭了"阿斯特基金会"。

1998 年，为了表彰阿斯特夫人的杰出贡献，美国总统克林顿向她颁发"总统自由勋章"（Presidential Medal of Freedom）。这是美国公民能够获得的最高荣誉之一。

2002 年 3 月 30 日，阿斯特夫人 100 周岁，由戴维·洛克菲勒（David Rockefeler，1915—2017，洛克菲勒家族"族长"）先生主持的阿斯特夫人 100 岁生日晚会在纽约郊外的洛克菲勒山庄举行，洛克菲勒先生邀请了100位名流，一时间名流云集。生日晚会上了本地多家报纸的地方版头版，《纽约时报》还进行了连续报道。

1959年丈夫去世后，虽然有人提出建议，但阿斯特夫人选择不再嫁人。在1980年的一次采访中，阿斯特夫人说："要嫁一个年龄合适，地位相当的人可不容易。坦率地说，我认为我已无人可嫁。再说，我已经习惯了我行我素。不过，我也很享受时不时地打情骂俏。"即使年逾八旬，还是有仰慕者拜倒在阿斯特夫人的石榴裙下，她起居室的桌子上摆满了情郎的照片。

2007年8月13日，布鲁克·阿斯特夫人在纽约家中（Briarcliff Manor）去世，享年105岁。"纽约从此失去了第

阿斯特夫人墓碑。

一夫人"(《纽约时报》网站)。阿斯特夫人安息在"睡谷墓地"
(Sleepy Hollow Cemetery),同丈夫文森特挨在一起。她的
墓碑上刻着她自己撰写的墓志铭:我度过了美妙一生(I had a
wonderful life)。

中国明式庭院

大都会艺术博物馆

the Metropolitan Museum of Art in New York

1000 5th Ave,New York,NY 10028

21

Ceremonial Teahouse: Sunkaraku
(Evanescent Joys)
茶道室（寸暇乐）

这座茶道室建于 1917 年，由日本知名建筑师仰木鲁堂（Ōgi Rodö，1863—1941）建造，其乡村风格或曰"朴拙风格"（artless style）的建筑设计受到 15 世纪艺术家小栗宗湛（Oguri Sotan，又名小栗宗丹，1413—1481，室町时代中期著名画僧，将军足利义政御用绘师）的影响，并结合了 18 世纪的风格元素。

这座茶道室原来坐落在仰木鲁堂东京住宅的院中，1928 年，仰木鲁堂将它卖给了费城艺术博物馆。1957 年，这座茶道室整体搬迁，落户费城艺术博物馆，它也成为仰木鲁堂唯一离开日本的建筑作品。现在，茶道室所在庭院景观由日本最著名的园林设计师尾上松助 [Matsunosuke Tatsui，《日本园艺》（*Japanese Gardens*）一书的作者] 设计。

茶道室外表朴拙，实际上隐含着敏锐的细节和美学愉悦。茶道室的客厅和饮茶室显示了对自然材料的特有兴趣，屋顶用

茶道室，作者摄。

柏木和竹子铺成，上面覆盖着雪松茅草。红松柱子，土色砖墙。
两边房子都朝向庭院。花草，禅塔，竹篱，静谧安宁。

　　饮茶室里的一切设计都是为了愉悦身心，怡情养性。粗糙、
未经加工的立柱提醒着客人，它们来自自然，与自然合而为一，
而精致的茶具则提升了它们对自然和艺术创造力的感悟。

　　茶道室名为 Sunkaraku，翻译成英文为"Evanescent
Joys"，即"寸暇乐"，反映了传统的日本茶道精神：从纷扰

复杂的日常生活中逃离，寻得片刻的快乐自在。也许就是这种氛围，激发了著名的茶道爱好者松平不昧（Lord Fumai Matsudaira，1750—1818，松江藩第 7 代藩主）的灵感，让他为茶道室题写匾额：寸暇乐。

地址

费城艺术博物馆

Gallery 244，Asian Art，second floor (SmithKline Beecham Gallery; Baldeck Garden)

The Philadelphia Museum of Art

2600 Benjamin Franklin Parkway

Philadelphia，PA 19130

Hindu Temple of Greater Chicago
大芝加哥地区印度教神庙

在芝加哥西南 40 公里的地方坐落着一个历史小镇，名为 Lemont（法语"山"的意思）。1840 年这里就设立了一个邮局，1850 年小镇定名雷蒙特（Lemont）。小镇的座右铭为"信仰之村"（Village of Faith），因而宗教气氛浓郁，教堂林立。南北战争期间，这里是北方联邦军最大的一个征兵站，北方联邦要求从雷蒙特征兵 33 人，结果征到 293 人，只有 63 人活着回来。

在小镇对面的山坡上，隔着德斯普兰斯河（the Des Plaines River）坐落着一座印度教神庙，名为"大芝加哥地区印度教神庙"（Hindu Temple of Greater Chicago，HTGC）。

神庙建于 1986 年，主要由两个神殿组成：一是罗摩神庙（Rama Temple）。一是迦尼萨—湿婆—杜尔嘎神庙（Ganesha-Shiva-Durga temple）。

罗摩神庙是典型的"朱罗王朝"（the Chola Dynasty，印度 10 世纪王朝）风格，融合古代与现代，其 80 英尺（约 24 米）

上图：罗摩神庙，作者摄。　　下图：迦尼萨—湿婆—杜尔嘎神庙，作者摄。

高塔是印度教精神的象征。底下是一个大厅，用以举办各种文化活动。

　　迦尼萨—湿婆—杜尔嘎神庙是羯陵伽王朝（the Kalinga dynasty，公元前 1 世纪）建筑风格。

　　印度教是世界上第四大宗教，信众人数次于基督教、伊斯兰教和佛教，主要信众在印度。

　　印度教具有强烈的封闭性宗教特色：不鼓励印度人移民海外，也不鼓励外国人入籍印度；印度人生来即被视为印度教徒，外国人则不被视为印度教徒；没有后天加入印度教的观念，也没有叛教的观念。

建筑风格

朱罗王朝和羯陵伽王朝风格（Chola and Kalinga）

地址

10915 Lemont Road

Lemont，IL 60439

23

Historic Asolo Theatre
阿索罗历史剧院

阿索罗剧院（Asolo Theatre）原本位于意大利威尼斯郊外的阿索罗（Asolo），由意大利剧院经理洛卡泰利（Antonio Locatelli）建于 1798 年，以纪念 15 世纪塞浦路斯女王、同时也是"阿索罗女领主"（Sovereign Lady of Asolo）的凯瑟琳·科纳若。

凯瑟琳·科纳若（Catherine Cornaro，1454—1510）出生在威尼斯一个贵族家庭。1472 年，她嫁给了塞浦路斯国王詹姆士二世（James II）。第二年，即 1473 年，国王去世。1474—1489 年，凯瑟琳成为塞浦路斯女王，1489 年退位，回到威尼斯。为答谢凯瑟琳与威尼斯的合作，威尼斯参议院将阿索罗小镇送给她，她在此建造了豪华的宫殿。至今，凯瑟琳仍被尊为文艺复兴最杰出的女性之一。

阿索罗剧院建成后，意大利伟大的舞台剧女演员爱莲诺拉·杜丝（Eleonora Duse，1858—1924）在此开始她辉煌的演

凯瑟琳·科纳若肖像，
提香，1542 年。

爱莲诺拉·杜丝。

艺生涯。据说，1896 年，杜丝巡演美国到达首都华盛顿时，美国总统克利夫兰（Grover Cleveland，1837—1908）和妻子出席了她的每一场演出。

阿索罗剧院仿威尼斯凤凰剧院（La Fenice）而建，马蹄形，四层包厢。自建成后 132 年，一直是意大利王室及其朋友、达官贵人聚会的场所。但是 1930 年，意大利墨索里尼法西斯政府将剧院拆毁，堆在一起。一个威尼斯收藏家洛伊（Adolph Loewi）买下剧院，作为个人收藏。

1937 年，时任"华兹沃斯艺术博物馆"（The Wadsworth Atheneum，美国最古老的艺术博物馆，位于康涅狄格州哈德福德）馆长的奥斯汀（A. Everett "Chick" Austin），在洛伊的收藏中看到这座被拆毁的剧院，立即喜欢上了它。

1946 年，已经是"约翰和梅布尔·林林艺术博物馆"（The John and Mable Ringling Museum of Art）馆长的奥斯汀同洛伊接洽。1949 年，佛罗里达州政府买下了阿索罗剧院，被拆下的剧院打包装船，运到了佛罗里达萨拉索塔（Sarasota），安置在"约翰和梅布尔·林林艺术博物馆"中。

1952 年，经过重新组装，阿索罗剧院在异国他乡重新开放。剧院入口处挂着凯瑟琳·科纳若的肖像，所有绘画及装饰都原封不动地保存下来。

1958 年 1 月 10 日，阿索罗剧院对公众开放，首演剧目为纽约市歌剧院（New York City Opera）排演的莫扎特的《后宫诱拐》（Wolfgang Amadeus Mozart's Die Entführung aus dem Serail）。

阿索罗剧院。

　　剧院渡海而来，为以巴洛克绘画收藏闻名于世的博物
馆增光添彩；作为歌剧演出、音乐会，演讲，电影放映的
绝佳场所，剧院成为博物馆为美术学生、市民提供服务又
一重要的文化瑰宝。

　　　　　　　　　　——奥斯汀，"约翰和梅布尔·林林艺术博物馆"
　　　　　　　　　　　　　　　　　　　　首任馆长

从此，阿索罗剧院——这座从异国他乡来到美国的、最重要的建筑物——作为歌剧和音乐会舞台，成为墨西哥湾沿岸城市萨拉索塔乃至美国的文化中心之一。

5401 Bay Shore Road

Sarasota，Florida 34243

Japanese Lantern at the Tidal Basin
日本石灯笼（潮汐湖）

24

1853 年，美国海军准将马休·佩里（Matthew C Perry, 1794—1858）率领舰队进入江户湾（今东京湾）岸的浦贺，要求与日本德川幕府谈判，对美国开放门户，史称"黑船事件"。1854 年 3 月 31 日，日本与美国在横滨签订了神奈川《日美亲善条约》，同意向美国开放除长崎外的下田和箱馆（函馆）两个港口，并给予美国最惠国待遇。

1954 年 3 月 31 日，为纪念《日美亲善条约》签订 100 周年，东京市长将这个石灯笼赠送给美国人民，并正式竖立在美国首都华盛顿的潮汐湖（the Tidal Basin）旁边。

这个石灯笼为花岗岩，原本一对，建造于 1651 年，为纪念德川家光（Tokugawa Iemitsu, 1604—1651）去世而建。这对石灯笼原来坐落在东京上野公园（Ueno Park）的东照宫（the Tōshō-gū temple）中。剩下的那个石灯笼还留在原地。

石灯笼高 8.5 英尺（2.59 米），重两吨。点亮石灯笼是每年

马休·佩里。

石灯笼，作者摄。

华盛顿"国家樱花节"的高潮，节日期间还有日本传统文艺表演及樱花节巡游。

The Tidal Basin

Washington DC

25

Japanese Pagoda at the FDR Memorial Park
日本塔（富兰克林·罗斯福纪念公园）

日本塔，作者摄。

1957 年，日本横滨市长平沼亮三（Ryozo Hiranuma，1879—1959）为纪念自己四年前（1953）对华盛顿哥伦比亚特区的访问，将一座石塔作为个人礼物送给了哥伦比亚特区专员卡马利尔（Renah Camalier）。卡马利尔觉得这个礼物应该属于哥伦比亚特区全体人民，就将它立在了潮汐湖岸边的樱花树中。1958 年 4 月 21 日，这座塔作为日本国的礼物正式送给美国，以象征《日美亲善条约》1854 年 3 月

31 日在横滨签订后两国之间的友谊。

这座密檐九层石塔高八英尺（2.43 米），重 3 800 磅（1.72吨），由粗粝的花岗岩雕成，共分五段，叠加而成。石塔是装在五个板条箱中运到美国的，由于没有附带安装说明，安装时还请教了国会图书馆的专家。虽然石塔没有确切的雕凿年代，但历史学家从它的设计和基座四边所雕佛像坐姿推测，石塔特征与日本镰仓时代（Kamakura period，1192—1333）相符。

自下而上，石塔五段的含义分别为：

土（Earth）

水（Water）

火（Fire）

风（Wind）

天（Sky）

 地 址

The FDR Memorial Park (The Tidal Basin)

Washington DC

Korean Bell of Friendship and Bell Pavilion
韩国友谊钟及钟亭

这个钟亭位于加州洛杉矶圣佩德罗（San Pedro）海边一个圜丘上，它是韩国人民为纪念美国独立200周年，而于1976年赠送给洛杉矶人民的礼物，同时也是为了纪念朝鲜战争中的老兵，巩固韩美两国的友谊。

向美国赠送钟亭是由韩裔美国艺术家安必立（Phi lip Ahn，1905—1978，好莱坞星光大道上第一个留名的亚裔美国电影演员）促成的。钟亭于1976年10月3日揭幕，1978年被列入"洛杉矶历史文化纪念地"（Los Angeles Historic-Cultural Monument No. 187）。

大钟高12英尺（3.65米），直径7.5英尺（2.28米），重达17吨，仿韩国历史上的圣德大王（King Songdok）青铜神钟铸造。圣德大王青铜神钟铸造于公元771年，置于浮石寺（Bongdeok Temple），现在位于庆州市国家博物馆（the National Museum of Gyeongju）。

韩国友谊钟及钟亭，作者摄。

大钟在韩国铸造，运到美国。铸造大钟耗资 50 万美元。钟面上有精美的浮雕，共四组，每组由一个手持火柱的自由女神和一个韩国精灵（spirit）组成，每个精灵手持一种不同的象征物：一幅韩国国旗太极图；一束韩国国花木槿花（亦称无穷花，又称无极花）；一束象征胜利的月桂；一只和平鸽。大

安必立。

钟主要成分为铜和锡，还加入了金、镍、铅和磷以增强音色。大钟没有钟锤，以木柱撞击。以前每年敲响四次。2010年开始每年敲响五次，即新年夜；韩美日（1月13日）；美国国庆日7月4日；韩国解放日8月15日；以及每年9月的宪法周。2001年9月11日，为纪念9·11事件一周年，大钟也敲响过一次。

钟亭采用传统的亭式风格建造，由30位韩国工匠在洛杉矶当地建造，共耗时10个月，耗资569 680美元。钟亭由12根朱漆柱子擎起，代表韩国的黄道12宫（the Korean zodiac），由鼠牛虎兔龙蛇马羊猴鸡犬猪12兽守卫。

钟亭位于"天使之门公园"（Angels Gate Park），也称"韩美和平公园"（Korean-American Peace Park），俯瞰大海和洛杉矶港，美军就是从这里出发驶往太平洋。

建筑风格

传统亭式（traditional Pavilion）

地址

Angels Gate Park
3601 S Gaffey Street
San Pedro，CA 90731

27

London Bridge—Lake Havasu City
伦敦桥（哈瓦苏湖市）

　　"伦敦桥"也称"滑铁卢桥"（Waterloo Bridge），是一座横跨在伦敦泰晤士河上的五孔石拱桥。这座桥 1799 年由苏格兰工程师伦尼（John Rennie，1761—1821）设计，由他的儿子督造，建成于 1831 年，以取代建于 1176 至 1209 年的老伦敦桥，也就是著名儿歌《伦敦桥要倒啦》（*London Bridge is Falling Down*）中唱的那座有 600 多年历史的 19 孔老伦敦石桥。

　　"滑铁卢桥"是伦尼最具名望的作品，意大利雕刻家卡诺瓦（Antonio Canova，1757—1822）称它是世界上"最高贵的桥"（the noblest bridge in the world），值得人们专程前往膜拜。1940 年，美高梅电影公司拍摄的电影"*Waterloo Bridge*"（《魂断蓝桥》），由影星罗伯特·泰勒（Robert Taylor）和费雯丽（Vivien Leigh）主演，故事发生地就是这座石拱桥。

　　然而，伦敦桥建成后，每八年就下沉三厘米。而且，到 1924 年，桥的东边比西边低了三到四英寸（102 毫米）。大桥自身巨大的重量，20 世纪繁忙的汽车交通，都让最初的设计者始料不及。伦敦桥已经不堪重负，重新建造一座钢筋混凝土新桥迫在眉睫。但这座已经服役 130 多年的伦敦桥怎么办呢？ 1967年，精于算计的伦敦市政委员会想出了一个好主意：拍卖。

在美国亚利桑那州西部，科罗拉多河蜿蜒而下，并淤积成一个湖——哈瓦苏湖（Lake Havasu）。第二次世界大战期间，这里是美国空军的一个军事基地。战后，美国联邦政府将这块不毛之地给了亚利桑那州。后来，哈瓦苏湖市（Lake Havasu City）的创建者、"麦卡洛克石油公司"（McCulloch Oil Corporation）主席罗伯特·麦卡洛克（Robert P. McCulloch，1911—1977）同亚利桑那州政府达成一项交易，无偿得到这块土地，条件是将这块土地进行开发。问题是，这块土地处于荒漠之中，干燥、炽热，远离旅游景点，周围什么也没有，拿什

横跨泰晤士河的伦敦桥，拍摄时间大约为 1870 年。

么来吸引未来潜在的房地产购买者呢？

罗伯特·普卢默（Robert Plumer）是一位房地产经纪人，他为麦卡洛克工作，当得知伦敦桥要拍卖时，他说服麦卡洛克买下伦敦桥，将桥搬到哈瓦苏湖，以吸引潜在的房地产买主。据说，麦卡洛克最初的反应是："这是我听到的最疯狂的主意"。不过，几经考虑后，麦卡洛克决定参加竞拍。因为他确实需要一个噱头，让别人知道哈瓦苏湖市；而买下伦敦桥，借助媒体的大肆宣扬，让哈瓦苏湖市与伦敦联姻，让全世界都知道这件事，还有比这更妙的噱头吗？ 1968 年 4 月 18 日，他出价 246 万美元，最终买到了伦敦桥。

246 万美元是如何算出来的呢？

麦卡洛克估计拆除伦敦桥石料花费大约为 120 万美元，重建安装费也不会少于这个数，合计为 240 万美元。然后他再加上 6 万美元，使他的竞价更具吸引力——他预计伦敦桥在亚利桑那哈瓦苏湖上重建成功时，他就 60 岁了，一岁 1 000 美元，他要为自己送上 6 万美元寿礼，庆祝自己六十大寿。

伦敦桥开始拆除，每一块石头都编上号。当时，有一艘在英国建造的新货轮正要空驶到美国交付航运公司，普卢默先生同航运公司达成交易，将拆下的伦敦桥装上空驶的货轮，由麦卡洛克承担货轮行驶到美国的相关费用，这比当时的运费要便宜得多。伦敦桥就这样坐着货轮，跨过大西洋，穿过巴拿马运河，进入太平洋，抵达加利福尼亚旧金山的长滩。然后，装上汽车，一车一车地搬运到亚利桑那州的哈瓦苏湖。从伦敦嫁到哈瓦苏湖，"伦敦桥"走了 16 000 多公里。

伦敦桥，作者摄。

1968 年 9 月 23 日，伦敦桥开始重建，伦敦市长参加仪式，并为伦敦桥奠基。重建工程由总部设在图森（Tucson）的松特建筑（Sundt Construction）公司负责。伦敦桥面石块按原来编号精心贴在混凝土桥梁结构上。所以，严格说，重建后的伦敦桥并不完全是原来的伦敦桥，但从外观上看，它们是一模一样的。

1971 年 10 月 10 日，伦敦桥重建完工。有人估计，搬迁和重建伦敦桥大概耗费了 770 万美元（也有说 690 万美元）。落成

伦敦桥，作者摄。

当天，麦卡洛克宣布将伦敦桥无偿献给哈瓦苏湖市。

　　伦敦桥建成后，人们纷纷来到哈瓦苏湖市，看看来自万里之遥的伦敦桥。哈瓦苏湖的土地和房地产价格开始上涨，一些退休的老年人开始选择到这里安度晚年。当初，承诺开发哈瓦苏湖的麦卡洛克，从亚利桑那州政府手中免费拿到了土地，现在，房地产销售赚来的钱不仅弥补了麦卡洛克购买和重建伦敦桥的费用，甚至还更多。

　　一个精明的房地产经纪人，说服一个财大气粗的石油大亨，完成一项惊人的壮举，给一座小城带来无限生机。现在，哈瓦苏湖市，因为有了伦敦桥，每年吸引上百万的游客（许多是英国游客），它已成为继大峡谷后，亚利桑那州第二大旅游胜地。

　　1977 年 2 月 25 日，麦卡洛克逝世于洛杉矶，而罗伯特·普卢默在长期患病后，于 2007 年病逝于科罗拉多斯普林斯（Colorado Springs）。

　　传奇已经落幕，但伦敦桥还将静卧在哈瓦苏湖上……

Lake Hawasu City

Arizona

28

Obelisk in Central Park
方尖碑（纽约中央公园）

在纽约中央公园、大都会博物馆西侧不远处，矗立着一座方尖碑，碑身四面皆刻有埃及象形文字。任何人只要一看到它，就知道这是埃及的方尖碑。在方尖碑底座的铭牌上，有如下一段文字：

克利奥帕特拉的缝衣针

公元前 1600 年，方尖碑首次竖立在埃及赫利奥波利斯。公元前 12 年它被罗马人移到亚历山大。埃及总督将它作为礼物送给纽约市。1881 年 2 月 22 日，经因威廉·H. 范德比尔特的慷慨，斯立于此。

——纽约历史协会　1940

为什么这座方尖碑叫作"克利奥帕特拉的缝衣针"呢?

众所周知，"克利奥帕特拉七世"就是那位"埃及艳后"。

方尖碑，作者摄。

"克利奥帕特拉的缝衣针"是 19 世纪被重新竖立在伦敦、纽约以及巴黎的三座埃及方尖碑的俗名。其中，伦敦和纽约的方尖碑是一对，原来矗立在埃及亚历山大；巴黎的方尖碑来自埃及卢克索，一对中的另一座至今仍在卢克索。虽然这三座方尖碑都来自古代埃及，但它们共用一个俗名——"克利奥帕特拉的缝衣针"却是用词失当，因为它们与"埃及艳后"克利奥帕特拉七世（Queen Cleopatra VII of Egypt，前70—前 30）毫无关系。在埃及艳后的时代，它们已存在了一千多年。伦敦和纽约的方尖碑起源于埃及 18 王朝法老图特摩斯三世（Thutmose III）时期，而巴黎的方尖碑起源于 19 王朝法老拉美西斯二世（Ramesses II）时期。三座方尖碑中，巴黎的这座最早被运出埃及，而且也是第一个获得了俗名"L'aiguille de Cléopâtre"，即法文"克利奥帕特拉的缝衣针"。且分述之：

巴黎方尖碑

巴黎方尖碑坐落在协和广场中央，挨着 1793 年法国国王路易十六（Louis XVI，1754—1793）和王后玛丽·安托瓦内特（Marie Antoinette，1755—1793）上断头台被处死的地点。

巴黎方尖碑原来立在埃及卢克索神庙前，与现存在卢克索的方尖碑（Luxor Obelisk）是一对，方尖碑上刻满了象形文字，主要是颂扬埃及法老拉美西斯二世的丰功伟绩。1826 年，埃及总督穆罕默德·阿里（Muhammad Ali）将这座有着 3 300 年历史的方尖碑作为礼物送给法国 [没有说明原因，也有说穆罕

巴黎协和广场上的方尖碑。

卢克索方尖碑。

默德·阿里是为了感谢法国考古学家商博良（Jean-Francois Champollion，1790—1832）破解了罗塞塔石碑的谜底，揭开古埃及文字的千年之谜］。

巴黎方尖碑高 23 米，重 230 吨。在当时的技术条件下，将这样一座巨型方尖碑从卢克索运到巴黎可谓大费周章，历时数年。方尖碑的底座基石上记载着运输和竖立的艰难过程。1836年 10 月 25 日，方尖碑竖立在协和广场。

方尖碑原来的金字塔顶据传在公元前 6 世纪被盗，1998 年法国政府给方尖碑加上了一个包金金字塔顶。

再说伦敦和纽约的方尖碑。

伦敦和纽约的方尖碑都是红色花岗岩，大约 21 米高，224吨重。它们是依照图特摩斯三世的命令于公元前 1450 年立在古埃及城市赫利奥波利斯（Heliopolis，又名"太阳城"，下埃及首府，位于今开罗东北）的。花岗岩取自尼罗河第一道瀑布的阿斯旺采石场。两百年后，埃及法老拉美西斯二世命令在它上面雕上象形文字，以纪念他的军事胜利。公元前 12 年，在奥古斯都（Gaius Julius Caesar Augustus，前 63 年—14 年，罗马帝国的开国君主，元首政制的创始人）统治时期，罗马人将方尖碑移到亚历山大，立在恺撒瑞姆（Caesareum）——一个由克利奥帕特拉七世建造的神庙，以纪念马克·安东尼（Mark Antony，前 83—前 30）或尤利乌斯·恺撒（Julius Caesar，前 102—前 44）。后来，一座方尖碑倒塌，被埋入泥沙中，一埋就是两千年，这种偶然事件倒让方尖碑上的象形文字得到了比较好的保存而免于风化。

伦敦方尖碑

伦敦方尖碑坐落在泰晤士河北岸维多利亚堤岸公园（Victoria Embankment）。1819 年，为纪念纳尔逊勋爵（Lord Nelson，1758—1805）"尼罗河口海战"（Battle of the Nile）的胜利和拉尔夫·阿培克朗比爵士（Sir Ralph Abercromby，1734—1801）"亚历山大战役"（Battle of Alexandria）的胜利，埃及总督穆罕默德·阿里（Muhammad Ali）将一座方尖碑赠给英国。英国政府虽然欢迎这一举动，但却不愿意出运费将方尖碑从埃及亚历山大运到伦敦。

1877 年（距埃及提出赠送方尖碑过去了 58 年），英国著名的解剖学家和皮肤病学家威尔逊爵士（Sir William James Erasmus Wilson，1809—1884）捐款 10 000 英镑，作为运费。这在当时可是一笔巨款。于是，方尖碑从沉睡了 2 000 年的泥沙中被挖出，装进一个长 28 米、直径 4.9 米的铁桶（iron cylinder）中，这个铁桶由工程师约翰·狄克逊（John Dixon）设计，被戏称为"克利奥帕特拉"，由一艘名为奥尔加（Olga）的船拖回英国，但在途中遭遇暴风雨，几经磨难，1878 年 1 月 21 日方尖碑运抵伦敦。英国人做了一个木头方尖碑模型立在议

伦敦方尖碑。

会大厦外，但这一立碑地点遭到抵制。最后，1878 年 12 月 12
日，方尖碑被竖立在维多利亚堤岸公园。

在方尖碑底座中，英国人还封存了一个"时代文物秘藏容
器"（时间胶囊），封存的物品有：一套 12 张英国美人照片；一
盒发夹；一盒雪茄；几只烟斗；一些儿童玩具；一套英国硬币；
一幅维多利亚女王肖像；几种不同文字版本的圣经；伦敦地图
以及 10 种日报，等等。

纽约方尖碑

纽约中央公园这座方尖碑立于 1881 年 2 月 22 日。而得到
这座埃及方尖碑，对美国人来说，可谓误打误撞。

美国人想拥有一个埃及方尖碑的念头开始于 1877 年 3 月，
当时纽约的报纸报道伦敦方尖碑从埃及运往英国这一新闻。纽
约的报纸说："如果巴黎有一个方尖碑，伦敦也有一个，纽约为
什么不能有一个？"（*If Paris had one and London was to get
one, why should not New York get one?*）报纸报道说，约
翰·狄克逊先生于 1869 年提出，让埃及总督穆罕默德·阿里帕
夏（Mehmet Ali Pasha）将亚历山大那个剩下的方尖碑作为礼
物送给美国，以促进两国贸易。其实，这种报道不准确。狄克
逊就是为伦敦方尖碑运输设计铁桶的那位工程师，他否认了纽
约报纸的报道。但是，1877 年 3 月，基于纽约报纸的报道，纽
约市公园部专员斯特宾斯（Henry G. Stebbins）已开始为方尖
碑运输筹款。当铁路大王范德比尔特（William H. Vanderbilt，
1821—1885）被请求领头筹款时，他干脆慷慨捐赠 10 万美元，

赞助运输方尖碑项目。

斯特宾斯于是通过美国国务院转呈法曼法官（Judge Elbert E. Farman，时任美国驻开罗总领事）给埃及总督两封接受方尖碑的信件。法曼法官意识到纽约的报道搞错了，不过他想也许可以促成此事。于是，1877 年 3 月，法曼法官正式请求埃及总督将亚历山大那座剩下的方尖碑赠给美国，1877 年 5 月，埃及总督书面确认了赠予事宜。但赠予理由是：在欧洲列强——英国和法国——策划操控埃及政府之际，看在美国政府保持友好中立的分上！（1879 年 5 月，大英帝国及法国开始向奥斯曼帝国苏丹阿卜杜勒·哈米德二世施压，以图废黜伊斯迈尔帕夏。6 月 26 日，伊斯迈尔帕夏被废黜，由较为温和、伊斯迈尔的儿子陶菲克帕夏出任新一任埃及总督）

1879 年 8 月，因当地人抗议和法律纠纷，方尖碑起运被暂停了两个月，之后，方尖碑被拖至码头，装进 SS Dessoug 号轮船，1880 年 6 月 12 日轮船起航。7 月初，轮船抵达纽约，然后用 32 匹马将方尖碑从哈得孙河岸拖至中央公园。

1880 年 10 月 2 日，纽约州共济会总导师（Grand Master of Masons）安东尼（Jesse B. Anthony）主持共济会全套仪式，为方尖碑奠基，超过 9 000 名共济会会员参加了第五大道从 14 街至 82 街的游行，有 50 000 人围观。方尖碑官方落成日期为 1881 年 1 月 22 日，那是一个彻骨冷的寒冬。

"纽约方尖碑"在埃及沙漠晴朗的天空下挺立了 3 000 年，没有什么风化。来到美国才 100 多年，在纽约空气污染和酸雨侵蚀下，方尖碑表面布满了凹痕。2010 年，埃及文物专家哈瓦斯博士（Dr. Zahi Hawass）给中央公园保护委员会主席和纽约市长写了一封公开信，指责美国人对方尖碑保护不当。他警告，如果美国人没有能力保护好方尖碑，他将采取必要的措施，将方尖碑运回埃及，以使这件艺术珍品免于被毁。

2014 年夏天，我和儿子再次到纽约中央公园探访方尖碑时，看到方尖碑被团团罩住，正在维修。

方尖碑（Obelisk）

地 址

Central Park

New York

Olana Mansion
奥拉纳公馆

当艺术家、建筑师和作家为自己设计建造房子时，其结果往往标新立异，且具示范性。在美国建筑历史上著名的例子包括托马斯·杰斐逊（美国第三任总统）设计的蒙特切诺（Monticello），华盛顿·欧文（作家）设计的"阳光地带"（Sunnyside），当然还有弗兰克·劳埃德·赖特（建筑师）设计的塔里埃信（Taliesens）。而美国风景画家弗雷德里克·丘奇（Frederic Edwin Church, 1826—1900）为自己设计建造［与建筑师卡尔弗特·沃克斯（Calvert Vaux），合作］的住宅"奥拉纳公馆"（Olana Mansion）则是独树一帜的"波斯风格"（Persian style）。在北美哈得孙河畔出现一座中东波斯式建筑，多少有点匪夷所思。

19世纪中叶，受欧洲浪漫主义（romanticism）的影响，在美国开展了一场艺术运动，出现了哈得孙河画派（Hudson River School）。该画派主要描绘哈得孙河谷及周边风光，创立

奥拉纳公馆，作者摄。

者是美国著名的风景和历史画家托马斯·科尔（Thomas Cole，1801—1848）。

　　1845 年，19 岁的弗雷德里克·丘奇跟随老师科尔来到哈得孙河谷作画，第一次用画笔描绘哈得孙河谷壮美的风光。1860年 3 月 31 日，就在丘奇与伊莎贝尔·卡恩斯（Isabel Carnes）结婚前几个月，他再次来到这里，买下了哈得孙河谷东岸南坡一块 126 英亩（约 0.51 平方公里。1 英亩约合 0.004 0 平方公里，后同）的土地，并盖起了一个乡村度假屋［由亨特

（Richard Morris Hunt）设计］。他还开辟花园、果园，建立工作室。丘奇夫妇把他们的小房子叫作"舒适小屋"（Cosy Cottage），将他们的产业叫作"农场"（the Farm）。

1862 年，丘奇夫妇的大儿子出生。1865 年，女儿出生。但他们田园牧歌般的生活在 1865 年 3 月被无情粉碎，儿子和女儿因患白喉夭折。伤心欲绝的丘奇夫妇在朋友陪伴下前往牙买加旅行四个月，之后回到佛蒙特疗养。1865 年末，丘奇夫妇返回"舒适小屋"，开始新生活。1866 年秋天，儿子约瑟夫（Joseph Church）出生，后来他们又生了一个儿子路易斯（Louis Church）。

1867 年，丘奇夫妇开始到欧洲和中东旅行，历时 18 个月，为创作大型作品寻找灵感。旅行开始前，他们又买下了山顶一块土地，这块土地俯瞰哈得孙河谷，视野辽阔，风景绝佳，丘奇向往已久。现在，他们的地产面积已达到 250 英亩，他开始谋划在山顶建一栋更大的房子，并继续委托建筑师亨特设计。

但是，旅行回来后，丘奇放弃了亨特的设计方案，开始雇用建筑师沃克斯（Calvert Vaux，1824—1895，纽约中央公园设计者之一，其妻子的哥哥也是一位哈得孙河派画家）与自己合作。他要建一个房子，一个他自己设计的房子，而灵感来源就是他的中东之行。

在这次漫长的旅行中，丘奇夫妇游历了欧洲，以及今天的黎巴嫩、以色列、巴勒斯坦、叙利亚、约旦和埃及等地。中东地区的独特文明，尤其是古波斯地区的建筑特点给他们夫妇留下了深刻印象。

回到美国后，丘奇即与建筑师沃克斯密切合作，以实现他更个性化的建筑理想。他负责整体设计和细节刻画，沃克斯更像一个建筑顾问，解决工程方面的问题。丘奇在给朋友的信中写道："我正在建房子，我是主要的建筑师。白天发号施令，晚上制定计划、画施工图。"

1870 年，房子动工建造，1872 年建成，当年夏天，丘奇夫妇一家搬进新居，并在这里招待文学、宗教、艺术和商界名流。1879 年圣诞节，伊莎贝尔·丘奇送给丈夫一套描写古代中东的地理书，之后不久，丘奇夫妇就将新居叫作"Olana"（奥拉纳）。为什么要叫这样一个匪夷所思的名字？这让后来的研究者大为迷惑。

"Olana"是砖石结构，房子内外复杂精细的彩砖、石板、陶片、模印图案都是丘奇自己设计的。维多利亚-波斯-摩尔式建筑风格混搭：维多利亚结构元素；中东不同地区和时代的装饰母题；莫尔式元素与意大利建筑风格对立融合。

所有这些不同装饰母题、不同建筑风格组合在一起，创造出了一种独特的艺术和谐，很难归类。它被称作"波斯-摩尔-折中，意大利-东方-画意"多种风格。诗人约翰·阿什贝利（John Ashbery，1927—2017）这样描述："这种组合让人叹为观止，尽管建筑元素和彩陶装饰繁复，可看上去并不眼花缭乱，而是庄重和富于幻想，就像丘奇的画。"而丘奇自己则这样描述他的房子："波斯，适应欧美。"（Persian, adapted to the Occident）

1888 年至 1890 年，在没有任何建筑师指导下，丘奇又设计建造了自己最后一个画室，即房子的西翼，包括客房和一个玻璃观景塔。

作为一个风景画家，丘奇不仅建造了自己"如画的"房子，

奥拉纳公馆，作者摄。

还一直在美化房子周围的景观。1884 年，他在信中写道："比起在画布上涂改和在画室涂抹风景，我在景观设计上能做得更多更好。"

在丘奇看来，不雅景观需要遮掩，美丽景观需要展现。为了让房子周围和哈得孙河谷宽阔的景观更加入画，1873 年，他开挖了一个人工湖，以倒映奥拉纳的美丽。他将自然景观同精心设计的马车道结合起来，移植大量树木和灌木丛。坐在马车上，移步易景，仿佛电影镜头，人在画中游。最动人心魄的画面就是山顶的景观，站在奥拉纳前面，眼前是陡峭的谷地，哈得孙河宽达 3 公里，对岸卡茨基尔山（Catskills）突起，壮阔的景观，赏心悦目。就像丘奇描绘的尼亚加拉大瀑布、加拿大冰山以及南美的火山，这种场面（scene）抓住了自然的雄伟。对艺术家和他的

奥拉纳上空的云，弗雷德里克·丘奇绘，1872年。

时代来说，这种远景（vista）也抓住了美国这个新兴国家的精髓：开拓性的历史，现实的经济实力，杰出的文学和艺术成就。

奥拉纳建成后，除了到外地过冬，有时在纽约逗留外，丘奇夫妇一家一直住在这里。家里挂着丘奇自己和老师科尔以及朋友海德（Martin Johnson Heade，1819—1904，美国画家）和帕尔默（Erastus Dow Palmer，1817—1904，美国雕塑家）的艺术作品；还有各种家具和装饰艺术品，包括来自中东的地毯、金属工艺品、瓷器、服装，来自墨西哥的民间艺术品和绘画，等等。奥拉纳起居室的装饰风格被认为是美国"美学运动"（the Aesthetic Movement）的主要代表。

丘奇晚年受风湿病折磨，只能用左手画画，但他还是在这里创作了不少作品。1899年，伊莎贝尔·丘奇去世。第二年，即 1900 年，弗雷德里克·丘奇也离世。他们的儿子路易斯·丘奇继承了奥拉纳及其地产。

1901 年，路易斯·丘奇同莎拉·贝克·古德（Sarah Baker Good，人称 Sally，萨莉）结婚。路易斯和萨莉·丘奇夫妇除了将农场面积增大了一点外，维持奥拉纳原样不动。1964 年，萨莉去世，一个侄子继承了奥拉纳及其地产。他打算通过公开拍卖将奥拉纳卖给开发商。以学者戴维 C. 亨廷顿（David C. Huntington，1922—1990）为首的有识之士展开"反开发运动"，运动高潮还上了《生活》杂志（Life magazine）的封面故事。经过两年努力，1966 年，纽约州买下奥拉纳及其地产。时任纽约州长纳尔逊·阿尔德里奇·洛克菲勒（Nelson Aldrich Rockfeller，1908—1979）亲自干预，他后来成为美国第 41 任副总统（即杰拉尔德·福特的副总统），并将奥拉纳更名为"Olana State Historic Site"（奥拉纳州立历史遗址），对公众开放，由"纽约州公园、休闲和历史保护办公室"（New York State Office of Parks, Recreation and Historic Preservation）运营，同时得到一个非营利组织"奥拉纳伙伴"（The Olana Partnership）的帮助。

学者戴维 C. 亨廷顿不仅领头反对开发奥拉纳，他还对弗雷德里克·丘奇的生平和绘画作品进行理论研究，从哈得孙河画派的历史沿革中，让已经默默无闻的弗雷德里克·丘奇重新声名鹊起，获得了应有的荣誉。当然，亨廷顿还对奥拉纳这个匪夷所思的名字颇感兴趣。

亨廷顿认为，"Olana"应是一种古代语言的变体，这种说法在 1890 年代的《波士顿先驱报》（Boston Herald）上就有

报道。1966 年，亨廷顿又捡起这种说法，他认为，阿拉伯单词
Al'ana [意为 "我们的高地"（our place on high ）]，也许可以
转译为拉丁语单词 Olana。艺术史家和弗雷德里克·丘奇研究专
家卡尔（Gerald L. Carr）发现，不能肯定弗雷德里克·丘奇曾
经考虑过这层意思，相反，他相信答案藏在一套 1879 年圣诞节
伊莎贝尔·丘奇送给丈夫的斯特拉波的《地理学》中 [Strabo's
Geographica，斯特拉波，古罗马地理学家、历史学家，著
有《历史学》（43 卷）和《地理学》（17 卷）]。其中有一卷描
写 "城堡豪宅"（fortified treasure-house），名叫 Olana，或是
Olane，它坐落在阿尔塔克撒塔（Artaxata，今亚美尼亚一城市）
靠近阿拉斯河（Araxes River）边，邻近土耳其东部边境和伊朗
西北边境。卡尔认为，丘奇夫妇应该是读过了斯特拉波的《地理
学》后，才将他们的住宅叫作 Olana 的。诗人约翰·阿什贝利
同意这种观点。1997 年，他写道，斯特拉波写到的阿尔塔克撒
塔（Artaxata），就是传说中的 "伊甸园"（Garden of Eden）之
一 [Artaxata 也是古代亚美尼亚王国首都，名称来自古波斯语，
意为 "the joy of Arta"（阿尔塔的欢愉）]。丘奇夫妇定是觉得古
代 Olana 这种牧歌般和城堡式的浪漫很合他们的意。

　　这种解释当然更能契合哈得孙河谷是 "哈得孙河画派" 的
精神伊甸园。而保护 "哈得孙河画派" 的精神伊甸园，即保护
哈得孙河谷景观就显得尤为重要。

　　1876 年，一名纽约记者写道："从他的窗户俯瞰到的景色
为全世界最佳，无与伦比。"（There are no finer views in the
world than he can command from his windows）但是，一百

年后，这种美景受到了挑战。

1977 年，"美国核能管理委员会"（The Nuclear Regulatory Commission）和"纽约州电力局"（the Power Authority of the State of New York）举行听证会，打算在卡茨基尔山（Catskill）南面的锡门顿（Cementon）选址建立一个核电厂。核电厂的冷却塔直径达 250 英尺（约 76 米），其释放出的青烟将遮蔽从奥拉纳眺望卡茨基尔山的视线。反对建核电站的人们拿出弗雷德里克·丘奇绘制的奥拉纳南眺景观画，强调奥拉纳视野的文化和历史价值。1979 年，纽约州电力局宣布放弃在锡门顿建核电站的计划。

1998 年 9 月 14 日，"圣 - 劳伦斯水泥厂"（St. Lawrence cement）宣布要在哈得孙（Hudson）和格林波特（Greenport），靠近哈得孙河岸建一个 220 万吨的燃煤水泥厂。2001 年，"河流看护者"（Riverkeeper，一个非营利的、保护哈得孙河的会员组织）和一个环境联盟委员会，包括奥拉纳，呼吁环境保护部门举行听证会。2005 年 4 月 24 日，由于哈得孙河谷社区和环保人士的强烈抗议，"圣 - 劳伦斯水泥厂"宣布放弃水泥厂计划。

从 1992 年以来，"秀美哈得孙"（Scenic Hudson，非营利的环保组织）和她的环境保护合作者已经保护了奥拉纳视野中超过 2 400 英亩的土地。他们所有的努力都是要让奥拉纳的视野看上去和一百多年前一模一样！

1965 年 6 月 22 日，奥拉纳被列入"美国历史地标"（National Historic Landmark）；1966 年 10 月 15 日，被列入"美国国家历史地名名录"（U.S. National Register of Historic Places）。

从奥拉纳远眺哈得孙河谷，作者摄。

波斯，维多利亚（Persian，Victorian）

Olana State Historic Site

5720 Route 9G

Hudson，NY 12534

paifang (gate) in Chinatown Boston
牌坊（门，波士顿唐人街）

在波士顿市中心的唐人街（Chinatown），面向 Beach 街的街口，有一座中国牌坊。花岗岩构架，绿色琉璃瓦，两只汉白玉狮子蹲在两边，欢迎四海宾朋、八方游客。进入牌坊，只见唐人街的店铺招牌都是中文，沿街饭铺飘出的是中餐饭菜那种浓烈诱人的香味，熙熙攘攘的游客仿佛来到了东方的中国。

牌坊正面上书：天下为公。"天下为公"为孙中山（1866—1925）手书字迹。众所周知。

西汉·戴圣《礼记·礼运篇》："大道之行也，与三代之英，丘未之逮也，而有志焉。大道之行也，天下为公。选贤与能，讲信修睦。故人不独亲其亲，不独子其子。使老有所终，壮有所用，幼有所长，矜寡孤独废疾者，皆有所养。男有分，女有归。货，恶其弃于地也，不必藏于己；力，恶其不出于身也，不必为己。是故谋闭而不兴，盗窃乱贼而不作。故外户而不闭，是谓大同。"

波士顿唐人街。

"天下为公"也是孙中山、廖仲恺的指导思想，意为"天下"是天下人的天下，为大家所共有；天子之位，传贤而不传子；只有实现天下为公，才能使社会充满光明，百姓得到幸福。

牌坊背面上书：礼义廉耻。

《管子》牧民篇："仓廪实，则知礼节。衣食足，则知荣辱。……四维张，则君令行。……守国之度，在饰四维。……四维不张，国乃灭亡。……国有四维，一维绝则倾，二维绝则危，三维绝则覆，四维绝则灭。倾可正也，危可安也，覆可起也，灭不可复错也。何谓四维？一曰礼、二曰义、三曰廉、四曰耻。礼不逾节，义不自进，廉不蔽恶，耻不从枉。故不逾节，则上位安；不自进，则民无巧诈；不蔽恶，则行自全；不从枉，则邪事不生。"

在美国的唐人街，无论是纽约、费城、华盛顿、旧金山、洛杉矶、波特兰，中国牌坊上清晰表述中国传统礼仪道德的几乎没有。波士顿唐人街的这座牌坊，合乎建筑法度，装饰简洁大方，将中国人的政治理想和道德礼仪呈现在世人面前——这就是东方中国的风度。

波士顿唐人街。

建 筑 风 格

中式牌坊

地 址

chinatown

Boston，MA

31

Peacock Room
孔雀厅

　　这个"孔雀厅"位于美国首都华盛顿的弗利尔艺术博物馆（Freer Gallery of Art）内，它最初是英国伦敦一座私人住宅的餐厅。"孔雀厅"的装饰和绘画者便是长期侨居英国、著名的美国画家惠斯勒。

　　一座英国私人住宅的餐厅怎么会落户美国的博物馆呢？

　　故事得从头说起。詹姆斯·阿博特·麦克尼尔·惠斯勒（James Abbott McNeill Whistler，1834—1903）出生在美国马萨诸塞州，他的父亲乔治·华盛顿·惠斯勒（George Washington Whistler，1800—1849）是一名铁路工程师，毕业于"西点军校"（United States Military Academy，West Point），曾在西点军校任绘图助教，并曾受俄国沙皇尼古拉一世之邀出任修建圣彼得堡至莫斯科铁路的顾问工程师。在惠斯勒15岁的时候，他的父亲因霍乱不幸英年早逝。1851年，惠斯勒申请进入西点军校学习，但在校三年成绩很不理想，时任校长罗伯特·李上校（Colonel Robert E Lee）不得不将他除名。惠斯勒在西点军校主要的成就是从美国艺术家韦尔（Robert W. Weir，1803—1889）那里学会了绘图和制作地图。

据说，惠斯勒被西点军校除名是因为他的化学考试不及格——他被要求描述一下硅元素，他张嘴就说："硅是一种气体"，接着他自个儿又补充道："如果硅是一种气体，我有一天就会是将军。"（"If silicon were a gas, I would have been a general one day."）

1855 年，惠斯勒来到巴黎，租住在拉丁区，过着波希米亚艺术家生活。他在"帝国工艺大学"（the Ecole Impériale）和瑞士画家格莱尔（Marc Charles Gabriel Gleyre，1806 —1874）的工作室学习传统绘画艺术。格莱尔对安格尔崇拜有加，除了惠斯勒外，工作室还有莫奈、雷诺阿、西斯莱等。工作室有两条艺术准则让惠斯勒印象深刻，并受用终生，那就是：线条比色彩更重要（line is more important than color）；黑色是色调和谐的基本色（black is the fundamental color of tonal harmony）。

后来，惠斯勒来到英国伦敦发展，也往返巴黎，并画出了他第一幅著名的作品——白色交响乐第一号，白人姑娘（*Symphony in White, No. 1: The White Girl, 1862*），这是一幅他的情人希弗南（Joanna "Jo" Hiffernan，1843—1903）的肖像画。

1864 年，在伦敦，通过"拉斐尔前派"（Pre-Raphaelites Brotherhood）画家但丁·加百列·罗塞蒂（Dante Gabriel

Rossetti, 1828—1882）的引荐，惠斯勒结识了英国航运大亨、慷慨的艺术赞助人弗里德里克·雷兰（Frederick Leyland, 1831—1892），并发展成两人长达十多年的友谊和艺术赞助关系。

弗里德里克·雷兰早年在约翰·比比父子公司（John Bibby, Sons & Co）当学徒，后来成为合伙人，是英国最大的船运大亨之一，拥有 25 条汽船，从事跨大西洋船运。他还是一位艺术品收藏家，收藏了大量康熙青花瓷器以及几位拉斐尔前派艺术家的作品。他同时自学钢琴，是一位业余音乐爱好者。

惠斯勒与雷兰几乎是"一见倾心"。

惠斯勒风流倜傥，外表出众，戴着单片眼镜，一副华丽的纨绔装扮。他与许多法国艺术家交好，如马奈（Édouard Manet）、莫奈（Claude Monet）、德加（Edgar Degas）、诗人马拉美（Stéphane Mallarmé）等，并与英国画家罗塞蒂关系亲密。惠斯勒主张"为艺术而艺术"（"art for art's sake"），并痴迷于东方艺术（主要是日本艺术）。

1863—1865 年间，惠斯勒用印象派手法创作了《玫瑰与银白色的组合：瓷国公主》（*Rose and Silver: The Princess from the Land of Porcelain*）。

这幅肖像画背景有日式屏风、瓷器，画中女子穿着和服，拿着扇子，望着观者，满怀惆怅。模特便是有希腊血统的克里斯蒂娜·斯巴达利（Christine Spartali, 1846—1884）。克里斯蒂娜和她的姐姐玛丽（Marie Euphrosyne Spartali, 1844—1927）都是当时画家争抢的希腊美女模特。肖像画完成后，斯巴达利的父亲拒绝付款，惠斯勒的巨大签名也让另外一个潜在的买家缩了回

白色交响乐第一号，白人姑娘，
1862年，现藏华盛顿国家美术馆。

玫瑰与银白色的组合：瓷国公主。

去。这种签名方式发展到最后成了惠斯勒著名的"蝴蝶式签名"（butterfly-style signature）。1865 年，《瓷国公主》参加了巴黎沙龙展。第二年，惠斯勒的情人希弗南将它卖给了艺术收藏家胡斯（Frederick Huth），1867 年《瓷国公主》又回到惠斯勒手中。几年后，《瓷国公主》被弗里德里克·雷兰收藏。

在此期间，惠斯勒和弗里德里克·雷兰之间的友谊不断发展，关系更加亲密。雷兰委托惠斯勒为他全家画肖像，惠斯勒得以自由进出雷兰的家。

1867 年，雷兰租下利物浦附近的斯皮克府邸（Speke Hall，始建于 1530 年，都铎风格府邸），惠斯勒在这里为雷兰夫人（Frances Leyland，1834—1910）画素描，同她聊天，成了雷兰夫人的闺中密友。雷兰夫人自己也在日记中承认："每每要看剧、应酬，若先生不在就请惠斯勒相陪，毕竟女人出门没有男伴还是不大妥当……"

以雷兰家斯皮克府邸为背景的这幅雷兰夫人像自 1870 年开始反复出现在惠斯勒的作品中。弗里德里克·雷兰的艺术修养和见解还启发着惠斯勒，给他灵感。

1872 年，惠斯勒将他用音乐术语为作品命名归功于雷兰的启发："我要说，我非常感谢你给了我的'月光'一个'夜曲'的名字！你不知道这对批评家是多么大的刺激，随之而来对我是多么大的乐趣——这个名字除了如此吸引人，还极富诗意……"［1866 年，惠斯勒前往南美洲智利的瓦尔帕莱索，回来后，他画了三幅题名"月光"（moonlights）的画，后重新命名为"夜曲"（nocturnes）]

斯皮克府邸大道，1870年，惠斯勒素描，华盛顿弗利尔艺术馆。

也就是从那时起，惠斯勒将他以前画的许多画用音乐术语重新命名，如，"夜曲"（nocturne）、"交响乐"（symphony）、"和声"（harmony）、"练习曲"（study）、"编曲"（arrangement），以强调"音色质地"和"作曲艺术"，淡化叙述（作品）内容。

可以说，弗里德里克·雷兰是从他所热爱的音乐角度理解惠斯勒的绘画艺术。他还对这位画家朋友十分慷慨，订画时经常预付全额酬金，也不介意惠斯勒的懒散和拖拉（惠斯勒画肖像很慢很慢，经常一拖好几年才画完，为他当模特摆姿势很辛苦），他和惠斯勒兄弟般的友谊一时成为美谈。

1869 年，弗里德里克·雷兰买下伦敦肯辛顿区王子城门街 49 号（49 Princes Gate，London）的联排别墅（townhouse）作为新住宅，他聘请建筑师肖（Richard Norman Shaw）对住宅进行重新设计和装修，肖又将餐厅的设计装修委托给了建筑师杰基尔（Thomas Jeckyll，1827—1881）。

杰基尔设计的餐厅为"瓷器厅"（*Porsellanzimmer*, porcelain room）。

前面已经提到，雷兰收藏了大量康熙青花瓷器，在餐厅摆放中国瓷器是当时英国的时尚。雷兰预期中的餐厅装饰效果是与他收藏的青花瓷以及《瓷国公主》相称的英伦风格。

杰基尔在墙上贴上了阿拉贡的凯瑟琳（Catherine of Aragon）嫁给亨利八世时带到英国的 16 世纪石榴玫瑰纹镀金真皮墙纸（墙纸上绘制的是凯瑟琳的纹章——盛开的石榴和都铎玫瑰，象征她与亨利八世的结合），墙纸在诺福克的一座都铎风格府邸贴了几百年，雷兰花了 1 000 英镑将墙纸买下，贴到自己的餐厅中。天花板采用经典都铎式样。四面墙上布满细致的雕花胡桃木架子，用来陈列瓷器。地板上铺红边地毯，与真皮墙纸上的红色花纹呼应。

1876 年，装饰工程几近竣工时杰基尔因病离开，剩下一点扫尾工作。当时，正在作门厅装饰的惠斯勒自告奋勇，愿意完成杰基尔留下的餐厅装饰。考虑到真皮墙纸上的红色玫瑰与《瓷国公主》的色调相冲突，惠斯勒建议用黄色颜料对墙纸进行修饰，雷兰同意了这点小小的改动，然后他就回利物浦去了。

没想到几个月后归来时，雷兰发现惠斯勒把整间餐厅漆成了金色和蓝色，完全遮蔽了他重金购入的古董真皮墙纸。

> 你懂的，画着画着就停不下来了，不用草稿，图案自动在笔下流淌而出。到最后已然渐臻佳境，每一笔都是神来之笔，画完整个房间又发现开始的地方必须加以润色，不然前后不和谐。最终蓝色与金色的协奏曲就这样跃然笔下，一切的一切都消失在创作的愉悦之中……
>
> ——惠斯勒《孔雀厅：艺术与金钱的
> 世纪纠葛——崇真艺客》

雷兰对惠斯勒的"改进"（"improvements"）大为震惊，对惠斯勒索要 2 000 几尼（英国旧金币，合 2 100 英镑）的酬金大为恼火，他同惠斯勒争吵，讨价还价，最后将酬金降到一半，但允许惠斯勒完成最后一幅壁画。

惠斯勒将最后的壁画画成了两只争斗的孔雀，暗示他与雷兰的针锋相对：右边那只羽毛凌乱、模样高傲的孔雀代表雷兰，惠斯勒用颈部的银色羽毛暗示雷兰对皱褶衬衫的喜爱，这只孔雀脚下的硬币象征着雷兰不近人情地从他的酬金中扣除的部分；画的左侧，被欺侮的孔雀代表画家本人，头顶一根孤零零的银色羽毛，象征着画家特有的一簇白发。惠斯勒将它题名为：艺术和金钱：或，这间屋子的故事（Art and Money: or, The Story of the Room）。

1877 年，餐厅装饰完成，题名：蓝色与金色的和声：孔雀

惠斯勒最后一幅壁画，作者摄。

厅（Harmony in Blue and Gold: The Peacock Room），"孔雀厅"由此得名。据说，惠斯勒曾对雷兰说："哎，我让你出名了。当你被人遗忘时，我的作品将长存。不过，在未来每一个晦暗的日子里，人们会记得你是孔雀厅的所有者。"

　　惠斯勒和雷兰的交情算是到头了，但他俩的争端还没结束。1879 年，失去金主的惠斯勒财政每况愈下［惠斯勒与第二位情人富兰克林（Maud Franklin，1857—约 1941）的第二个女儿出生，加重了生活负担］，被迫破产，而雷兰就是他最大的债主。当债权人上惠斯勒家清算财产时，他们看到了惠斯勒画的一张讽刺画，题为：拜金者：不义之财 [The Gold Scab: Eruption in Frilthy Lucre (The Creditor)]——雷兰被画成了人形孔雀魔鬼，

孔雀厅，伦敦
王子城门街49
号，1892 年。

拜金者：不义
之财，惠斯勒，
1879 年，旧金
山美术馆。

坐在他的房子里，弹着钢琴——用的是与
孔雀厅同样的色彩。

剧情还在发展。在惠斯勒与雷兰友谊
破裂、反目成仇之后，雷兰夫人不久便与
丈夫分居，个中缘由不详。

惠斯勒的传记作者伊丽莎白
（Elizabeth）和约瑟夫·彭内尔（Joseph
Pennell，1857—1926）夫妇在《再探那曲
交响乐：关于惠斯勒雷兰夫人肖像画未公
开的研究》（*A Symphony Reexamined: an
unpublished study for whistler's portrait
of Mrs Frances Leyland*）一文中暗示惠斯
勒与雷兰夫人关系过于亲密：

> 在雷兰夫妇位于利物浦附近斯
> 皮克府邸中，惠斯勒是一个"常客"，
> 数周甚至数月与他们待在一起，年复
> 一年。雷兰夫人尤其欢迎惠斯勒，他
> 们两人是否堕入情网不得而知，但罗
> 塞蒂相信是这样的，而且他还帮助散
> 播谣言。几年后，雷兰夫人自己坚持
> 说他们的关系在本质上仅仅是友谊，
> 不过她补充道，如果她是一个寡妇，
> 她就嫁给惠斯勒了。

雷兰夫人肖像，惠斯勒。

惠斯勒画肖像，要求模特长时间保持一个姿势，许多人对此极为抱怨，雷兰就将他摆姿势的过程形容为"圣女贞德受难"，但他的妻子雷兰夫人却是少有的、享受为惠斯勒摆姿势的人。

话分两头。1890 年，美国工业巨子弗利尔首次来到伦敦，他往惠斯勒在切尔西的工作室打了一个电话。从此，惠斯勒和弗利尔走到了一起，开始了他们同样漫长而成果丰硕的友谊。

查尔斯·朗·弗利尔（Charles Lang Freer，1854—1919）出生在美国纽约州金士顿（Kingston），比惠斯勒小二十岁。他早年即投身商业，后在底特律靠制造火车车厢发了大财。在 19 世纪晚期，他被诊断患有神经衰弱症，从此退出商界，开始周游世界，收藏艺术品。他早期收藏欧洲绘画，遇到惠斯勒后，惠斯勒建议他重点收藏东方艺术品。弗利尔崇拜惠斯勒，逐渐成了惠斯勒作品的最大收藏家（1 270 件绘画，包括 70 幅油画、素描、雕塑）。冥冥之中，"孔雀厅"的命运也将发生变化。

1892 年 1 月 4 日，惠斯勒过去的"老朋友"弗里德里克·雷兰去世，"孔雀厅"中的《瓷国公主》被拿到索斯比（Christie's）拍卖，结果卖给了里德（Alexander Reid）；几年后，《瓷国公主》又转手给了伯勒尔（William Burrel）；1903 年 8 月 20 日（即惠斯勒去世后一个多月），弗利尔在伦敦邦德街（Bond Street）以 3 750 英镑（合 18 240 美元）买下《瓷国公主》，将它收藏在自己底特律的家中。

1903 年 7 月 17 日，惠斯勒在伦敦去世，享年 69 岁。也是在这一年，弗里德里克·雷兰家的"孔雀厅"被雷兰的女儿弗洛伦斯（Florence）和女婿、拉斐尔前派画家瓦尔·普林塞普（Val Prinsep）小心翼翼拆下来，送到邦德街的奥巴赫画廊Orbach's gallery）出售。1904 年，弗利尔买下"孔雀厅"（匿名），把它搬到美国，安置在自己底特律的家中。

现在人们可以说，弗利尔先买了惠斯勒的画——《瓷国公主》。然后，为了将画安置在原来的环境中，又买了"孔雀厅"，让它们珠联璧合，再次完整地拥抱在一起。

但不管怎么说，完整的"孔雀厅"从此永远来到了美国。

也许，弗利尔才是真正懂惠斯勒的人。

1895 年，弗利尔准备前往印度，开始他的首次亚洲之旅。惠斯勒问弗利尔，能否想办法为他罹患癌症的妻子碧翠克丝 [Beatrice Whistler（1857—1896），惠斯勒好友Edward William Godwin 的遗孀] 买一只很特别的鸟，一种拥有蓝金色羽毛的印度鸣鸟。弗利尔一口应承下来。抵达加尔各答后，弗利尔买到一只活蹦乱跳的鸣鸟，说服一名英国船长在回国途中予以照顾，并亲自把那只小鸟送到惠斯勒手中……1897 年 3 月 24 日，惠斯勒在妻子去世后不久，伤心地给弗利尔写了一封信："请允许我首先对你说，我亲爱的弗利尔，你的蓝金色小女孩儿真是尽力表现得极其可爱！"惠斯勒写道，在妻子弥留之际，"那只奇怪的野生小精灵站立起来，一直唱个不停，仿佛它之前从未歌唱过——那是一曲太阳之歌！一曲欢乐之歌！也是我的绝望之歌！它唱了一遍又一遍，直到那只小精灵淹没在自己欢快的嗓音里，成为一个永不泯灭的惊奇！"

——《谁在收藏中国：美国猎获亚洲艺术

珍宝百年记》第 154 页

也正是在惠斯勒的指导下，弗利尔的收藏趣味转到了东方艺术，成为美国最大的东方艺术品个人收藏家。到 1906 年，弗利尔已积攒了 30 000 多件东方艺术品。

接下来，就是为这些艺术品找一个永久的家。20 世纪伊始，弗利尔就决定将他的收藏捐出，他的好友、美国参议员麦克米伦（James McMillan）支持他将收藏捐给史密森学会（Smithsonian Institution）。弗利尔来到史密森学会，提出希望在首都华盛顿建一个艺术博物馆来展出他的藏品。史密森学会当时的负责人兰利（Samuel P. Langley）拒绝了这一提议。弗利尔不甘心，他联系总统西奥多·罗斯福（Theodore Roosevelt，1858—1919）以及总统夫人伊迪丝·罗斯福（Edith Roosevelt），伊迪丝说服罗斯福总统支持弗利尔的计划，于是，西奥多·罗斯福总统指示史密森学会接受弗利尔的"礼物"。

1906 年，弗利尔将所有藏品，包括"孔雀厅"捐赠给史密森学会。

为建造一个理想的艺术博物馆，弗利尔花了几年时间考察，最后决定博物馆采用意大利文艺复兴宫殿式。博物馆由建筑师普拉特（Charles Adams Platt，1861—1933）设计，带柱廊的庭院式宫殿反映了弗利尔的艺术和美学观念。

孔雀厅，作者摄。

　　1916 年，博物馆建筑工程开始，1923 年建成对外开放，所花费的 100 万美元全部由弗利尔个人支付。

　　1919 年 10 月 25 日，弗利尔在纽约去世，但他的"孔雀厅"已永久落户美国首都华盛顿的"弗利尔艺术博物馆"。直到 70 年代，弗利尔艺术博物馆还有活生生的孔雀在庭院徜徉，与"孔雀厅"惠斯勒不朽的艺术杰作遥相呼应。

建筑风格

盎格鲁－日本风格（Anglo-Japanese style，现存最好的"美学运动"室内装饰）

地址

The Peacock Room

Freer Gallery of Art

1050 Independence Avenue

Washington DC

Rose Cottage at Greenfield Village, Michigan
玫瑰小屋（格林菲尔德村，密歇根州）

32

在密歇根州的迪尔伯恩（Dearborn），有一个格林菲尔德村（Greenfield Village），这里是美国汽车大王亨利·福特（1863—1947）的"生活史户外博物馆"。游客走进大门，经过约瑟芬·福特纪念喷泉（Josephine Ford Memorial Fountain）和本森·福特研究中心（Benson Ford Research Center），扑面而来的便是一百来座历史建筑。这些历史建筑都是从美国各地也有从国外搬来，依"村庄"的格局在这里重建。户外博物馆的意图就是要展示美国自建国以来人们的"生活"和"工作"。"村庄"的房子从17世纪到现在，许多村民（博物馆解说员）穿着"那时"的服装，从事着"那时"的工作，耕地、缝纫、煮饭。一些匠铺，如制陶、吹玻璃、白铁铺，既展示手艺也出售手工制品。

在格林菲尔德村，有一座不太起眼的科茨沃尔德（Cotswolds）式石头小屋——"玫瑰小屋"（Rose Cottage），在

1930 年以前，玫瑰小屋一直立在英国切德沃思（Chedworth）村，村子位于诺斯利奇（Northleach）镇和切尔滕纳姆（Cheltenham）镇之间一个谷地的深处。1930 年，亨利·福特据说花了 5 000 美元买下玫瑰小屋，将它拆解运到美国，并在格林菲尔德村按原样重建。

玫瑰小屋建于 17 世纪，有 350 年历史，如果它还留在原地，很难说它还能像今天这样稳稳当当地立着，环绕在维多利亚式的花园中。不过，今天在科茨沃尔德地区，一个类似的小屋价值 50 万英镑，而且受官方保护。

亨利·福特为什么会对这种科茨沃尔德式石头小屋感兴趣呢？

亨利·福特（Henry Ford）1863 年 7 月 30 日生于密歇根州格林菲尔德镇（Greenfield Township）的一个农庄。他的父亲威廉·福特（William Ford，1826—1905）生于爱尔兰的科克郡（County Cork），而这个家族起源于英格兰的萨默塞特（Somerset），即科茨沃尔德地区。正是由于家族起源于科茨沃尔德地区，亨利·福特才对"故乡"的风物情有独钟。

科茨沃尔德（Cotswolds）地区位于英格兰西南部，斜跨英格兰六个郡，主要是格洛斯特郡（Gloucestershire）和牛津郡（Oxfordshire）。其中尤以格洛斯特郡的拜伯里（Bibury）村最有名。拜伯里村被威廉·莫里斯（William Morris，1834—1896）描述为"英格兰最美丽的村庄"。

拜伯里村的中心围绕着靠近圣玛丽教堂的一个广场，村庄的热门旅游景点是俯瞰一个水草淀和一条河的阿灵顿排屋

玫瑰小屋（中间）1929年在切德沃思村时的情形。

异地重建后的科茨沃尔德玫瑰小屋。

阿灵顿排屋。

（Arlington Row），那是一排古老的石头小屋，陡峭的屋顶，石
片瓦，建造时间可追溯到 16 世纪。

亨利·福特认为，阿灵顿排屋是英格兰的偶像（Icon of
England）。在一次前往科茨沃尔德的旅行中，他试图买下整个
阿灵顿排屋，把它们运回密歇根，安置在他的格林菲尔德村中
（当然没有成功）。

拜伯里村还作为电影外景地，拍摄了电影《星尘》
（*Stardust*）和《BJ 单身日记》（*Bridget Jones's Diary*）。

不过，亨利·福特买到了"玫瑰小屋"，他还买了一个科茨沃尔德铁匠铺，同样弄到了美国，安置在格林菲尔德村中。这个铁匠铺在科茨沃尔德连续不间断经营了 300 年。

建筑风格

科茨沃尔德（Cotswolds）

地址

20900 Oakwood Blvd

Dearborn，MI 48124-4088

33

SAITO, Hirosi memorial (Japanese Pagoda)
斋藤博纪念塔

　　斋藤博（Hirosi Saito，1886—1939）是日本外交家，毕业于东京帝国大学法律系，日本著名的美国问题专家。35 岁成为西雅图领事，两年后成为纽约领事，参加 1919 年巴黎和会和 1922 年华盛顿会议。1934 年从荷兰公使调任驻美大使，尽力改善因"九一八事变"而恶化的日美关系。斋藤博向美国国务卿科德尔·赫尔（Cordell Hull，1871—1955）建议，划分日美在太平洋的势力范围，被拒。1937 年 12 月 12 日，美国救助外国难民的战舰"帕奈号"（USS Panay）在长江被日军炸沉后，他不等本国训令直接在电台呼吁和平解决事端。近卫文麿内阁时代，他一度是外务大臣的热门人选。"珍珠港事件"前一直活跃在美日外交舞台。1939 年 1 月 26 日，斋藤博客死美国。美国总统富兰克林·罗斯福下令用巡洋舰 USS Astoria (CA 34) 号将他的遗体从安纳波利斯（Annapolis）护送回日本横滨。

　　1940 年 10 月，为答谢美国人民的友情和慷慨，斋藤博

斋藤博纪念塔，作者摄。

的遗孀和孩子将一座石塔赠送给美国海军学院，以纪念斋藤博在担任驻美大使期间（1934—1939）为改善日美关系所做的工作。这座石塔放置在马里兰州安纳波利斯海军学院卢斯厅外（Luce Hall on the U.S. Naval Academy）。

这座花岗岩密檐石塔共十三层，基座四面的梵文代表四尊佛。塔上铭文为："大日本帝国香川县小豆郡丰岛村　雕刻者奥村佐吉。"

"珍珠港事件"爆发后，日美关系恶化，有人建议搬走石塔。不过，在整个第二次世界大战期间，石塔一直留在原地，没有遭到人为毁坏。

地址

Holloway Road (West side of Luce Hall，US Naval Academy)
Annapolis，Maryland

Statue of Liberty
自由女神像

一尊雕像就是一座建筑，一座建筑就是一尊雕像，这就是"自由女神像"——法国人送给美国独立 100 周年的礼物。

在很长时间里，英国人一直是美国人的敌人，而法国人一直是美国人的朋友，虽然也有许多法国人认为美国人不够朋友，没有在"普法战争"（1870—1871）中出手相援。

在美国独立及建国历程中，法国人一直在帮美国人；而在后来的第一次世界大战和第二次世界大战中，美国人又一直在帮法国人。贯穿法国人和美国人的相互帮助和并肩作战的，是他们对"自由"（liberty）的追求。

且从头表起。

1775 年 3 月 23 日，帕特里克·亨利（Patrick Henry，1736—1799，美国杰出的政治家、演说家，被称为"美国革命之舌"，《独立宣言》的主要执笔者之一，美国独立后首任弗吉尼亚州州长，被誉为"弗吉尼亚之父"）在独立革命前夜的一次演说中，喊出了"不自由，毋宁死"（Give me liberty, or give me death!）。

自由女神像。

1775 年 4 月 18 日，在波士顿附近的列克星敦和康科德，殖民地爱国者打响了反抗英国的枪声，揭开了独立战争的序幕。

1775 年 6 月 14 日，北美各殖民地代表决定建立大陆军，次日任命乔治·华盛顿（1752 年加入共济会）为大陆军总司令。

1776 年 5 月，在费城召开第三次大陆会议，坚定了战争与独立的决心。7 月 4 日大陆会议发表独立宣言，宣布一切人生而平等，人们有生存、自由和追求幸福的权利，宣言同时宣布 13 个殖民地脱离英国独立，美利坚合众国——美国诞生了。

美国爆发的独立战争，吸引了大西洋彼岸一个 19 岁的法国年轻贵族的注意，他就是拉法耶特侯爵吉尔伯特·德·莫蒂勒（Marquis de Lafayette，Gilbert du Motier，1757—1834）。拉法耶特认为"美国的独立，将是全世界热爱自由人士的福祉"。拉法耶特不顾法国国王路易十六的阻拦，自己购买了一条船"Victoire"号，于 1777 年 4 月 20 日离开法国，驶向美国。经过近两个月的航行，于 6 月 13 日抵达南卡罗来纳的乔治敦（Georgetown，South Carolina）。短暂停留后，他来到费城，自愿不要任何报酬参加美国独立战争。起初，美国人没拿这个法国年轻贵族当回事，但拉法耶特的共济会会员身份让他在费城畅行无阻，刚刚抵达巴黎的美国特使本杰明·富兰克林（共济会会员）也敦促大陆会议接纳这个法国年轻人，于是大陆会议于 7 月 31 日授予拉法耶特少将军衔。

1777 年 8 月 3 日（亦说 8 月 5 日），来费城向大陆会议汇报军情的华盛顿见到了拉法耶特，两人几乎是"一见如故"，华盛顿为这个年轻人的热情所感动，也很看好这位共济会小兄弟。

THE FIRST MEETING OF WASHINGTON AND LAFAYETTE.
Philadelphia. August 3ᵈ 1777.

拉法耶特初见华盛顿。

而对于幼年丧父的拉法耶特来说，年长自己 25 岁的华盛顿俨然就是一位父亲，他跟在华盛顿身边，充当助手。

首次参战的拉法耶特身先士卒，他腿部受伤，仍顽强战斗。华盛顿称赞他"作战勇敢，富于军事热情"（bravery and military ardour）。后来他多次参加战斗，表现英勇，并曾一度返回巴黎，组织了 6 000 名法国援军来到北美参战。华盛顿对他赞赏有加，两人情同父子。在反映美国独立战争的很多绘画中，经常会在华盛顿的身边看到一位年轻人，那就是拉法耶特。

1779 年 12 月，拉法耶特的妻子给他生了一个儿子，他给儿子取名"乔治·华盛顿·拉法耶特"（Georges Washington Lafayette），以表示对华盛顿的无限崇敬。

　　虽然后来法国、西班牙加入美国独立战争，加快了美国打败英国的进程，迫使英国于 1783 年 9 月 3 日与美国在凡尔赛宫签订"巴黎条约"，正式承认美利坚合众国，但是，历史只记住了那些著名的英雄人物，譬如拉法耶特。

　　鉴于拉法耶特对美国独立战争作出的巨大且独特的贡献，拉法耶特两次被授予"美利坚合众国荣誉公民"（他的后代同样享有这个称号）。在拉法耶特逝世后，时任美国总统安德鲁·杰克逊下令给予拉法耶特等同约翰·亚当斯和乔治·华盛顿同样规格的礼遇：24 响礼炮的每一声代表美利坚一个州的哀悼（当时美国 24 个州），国旗降半旗 35 天，军官戴上黑纱六个月。拉

拉法耶特和华盛顿。

法耶特在美国受到广泛的纪念——1824 年，美国政府在白宫的对面设立了拉法耶特公园；他的肖像至今还和华盛顿一起挂在美国众议院内；在美国的很多地方，都有以拉法耶特的名字命名的街道，甚至不少地方的城市直接以拉法耶特命名。

法美两国的友谊还在继续。而谱写法美友谊新篇章的是法国雕塑家弗雷德里克·奥古斯特·巴托尔迪（Frédéric Auguste Bartholdi，1834—1904）。

巴托尔迪作为一名少校联络官，参加了 1870 年的普法战争，为保卫家乡阿尔萨斯的科尔马（Colmar）而战。普法战争中法国惨败，他的家乡阿尔萨斯落入德国人之手。故乡的沦落对巴托尔迪产生了巨大的影响，使他对独立（independence）、自由（liberty）和自决（self-determination）有了自己更深刻的理解。1875 年，巴托尔迪加入巴黎的阿尔萨斯-洛林共济会（the Freemasons Lodge Alsace-Lorraine），成为一名共济会会员。

早在 1870 年或更早，巴托尔迪就有塑造一个巨大雕像（自由女神）送给美国、以纪念美国独立 100 周年的想法。他和朋友、法国政治活动家和法学教授拉沃拉叶（Édouard René de Laboulaye，1811—1883）讨论过雕像应该是个什么样子才能最好地阐释美国**自由**这一理念。

其实，一些国家已经有了自己人格化的女神，如英国的 Britannia（不列颠尼亚）、法国的 Marianne（玛丽安娜）。在美国早期历史上，作为国家文化象征的人格化女神其一是 Columbia（哥伦比亚），其艺术形象比较著名的有意大利出生的美国画家康士坦丁·布伦米迪（Constantino Brumidi，1805—

康士坦丁·布伦米迪设计的国会大厦石膏壁画，哥伦比亚（左）和印第安公主（右）。

国会大厦穹顶上的自由女神，克劳福德设计。

1880）设计的国会大厦石膏壁画；其二是 Liberty（自由女神），即古罗马特别是在奴隶制盛行地区广泛崇拜的自由女神 Libertas，代表作品即美国雕刻家克劳福德（Thomas Gibson Crawford，1814—1857）设计的国会大厦穹顶上的自由女神。

而巴托尔迪的法国同胞、浪漫主义绘画大师德拉克洛瓦的名画"自由引导人民"早已深入人心。

在 18—19 世纪，艺术家惯于使用"自由女神"（Libertas）作为象征，以唤起人们的共和理念（republican ideals）。1848 年法兰西第二共和国的国玺（Great Seal of France）就是自由女神的形象，国玺的另一面是国家箴言"自由、平等、博爱"

自由引导人民，1830 年，德拉克洛瓦。

法国国玺。

（ LIBERTÉ, ÉGALITÉ, FRATERNITÉ ）。

巴托尔迪和拉沃拉叶都觉得应避免采用德拉克洛瓦的"自由引导人民"那种激进浪漫的形式，要开掘自由的内涵和尊严。自由更是精神上的追求，应超越形式上的暴力。巴托尔迪倾向于让女神身着完整的长礼袍，而不是裸露身体；手持代表进步的火炬，而不是暴力的枪刺。他理想的女神雕像要呈现一种爱好和平的形象。

最终定稿的"自由女神"据说借用了巴托尔迪母亲的脸庞、妻子的手臂。而且很明显，借用了 1848 年法兰西第二共和国国玺的设计元素。

1879 年 2 月 18 日，巴托尔迪设计的"自由女神像"（自由照耀世界）获得了美国的设计专利，专利号为：D11,023。

自由女神面部，1885 年。

不过，尚未从美国内战中完全恢复的美国人对法国人的这份厚礼并不是很热情，因为法国人只负责制作雕像，雕像巨大的基座还得美国人自己掏钱建造，这可不是一笔小数目。况且，耸立在哥伦比亚特区（首都）的华盛顿纪念碑因内战停工多年，还差点烂尾呢。而且，内战后，大多数美国人倾向于用现实主义的而不是象征意味的艺术作品（自由女神像）来刻画美国历史事件和英雄人物。还有一种感情上的因素——他们觉得，美国的公共艺术品应该由美国人来设计，先前选择意大利出生的康士坦丁·布伦米迪来装饰国会大厦就已经招致严厉批评，尽管布伦米迪是"归化"的美国公民。《纽约时报》甚至说，"在当前财政情况下，真正的爱国者是不会同意在一个女铜像身上花钱的"。故而，在美国筹资建造"自由女神像"基座举步维艰。

好在富有远见卓识的著名报人约瑟夫·普利策（Joseph Pulitzer, 1847—1911）在他的《纽约世界报》（*New York World*）上号召大家捐款，他带头捐了 250 美元。他承诺，不论捐款数目多少，他都会在报纸上印上捐款者的姓名。随后，捐款源源不断到来，多数捐款不足 1 美元。最后，普利策募集到了超过 10 万美元，补足了建造基座所需资金。

1886 年 10 月 28 日，"自由女神像"在纽约举行落成仪式。克利夫兰总统参加了落成典礼。当天，纽约还举行了盛大的游行。

"自由女神像"很快便成了纽约地标，纽约人、美国人后来才慢慢体会到"自由女神像"对于他们、对于美国乃至对于全世界的重大意义。

自由女神像落成，油画，现藏纽约市博物馆。

> 我看到自由女神像，对自己说，"女神啊，你如此美
> 丽！你张开双臂，迎接所有来到这里的外乡人。请给我一
> 个机会，让我证明我值得你这样做"。
>
> ——一个希腊移民

　　法美两国之间的友谊通过"自由女神像"可谓达到了巅峰。
接下来，该是美国人报答法国人的时候了。

　　1917 年，第一次世界大战的第四个年头，面对德军孤注一掷
的进攻，法国岌岌可危。当年 4 月，美国对德宣战。6 月，美国
远征军总司令约翰·潘兴将军（General John J. Pershing，1860—

第一次世界大战时美军进入巴黎。

1948）踏上法国土地。在美国独立日，即 7 月 4 日，潘兴将军的助手、陆军中校斯坦顿（Colonel Charles E. Stanton）在拉法耶特墓前，吟诵道："我们所有的热血和财富都属于你，站在你荣耀的墓前，我们以我们的衷心和荣誉发誓，一定要夺取战争的胜利。拉法耶特，我们来了！"（Lafayette, we are here!）——美国人没有忘记，在当年为独立而奋战的最艰难时刻，是法国给予了关键的支持，甚至直接决定了美国独立战争的胜负。第一次世界大战后，美国国旗便永久地立在拉法耶特墓前，每年的独立日，法-美都要举行联合换旗仪式。即使在第二次世界大战期间，巴黎被德国占领，美国国旗也一直立在拉法耶特墓前。

第二次世界大战期间，巴黎沦陷，德军占领法国。1943年，乔治·巴顿将军（General George S. Patton, 1885—1945）在前往科西嘉的途中，当被问及怎样评价"自由法国"（Free French，戴高乐将军领导的法国抵抗组织）已经解放了

第二次世界大战时的诺曼底登陆，罗伯特·卡帕摄。

拿破仑的故乡时，巴顿发誓美国人一定会解放拉法耶特的故乡。（General George S. Patton promised that the Americans would liberate the birthplace of Lafayette.）

所以，坊间才有美国两次救了法国的说法。

1984 年，"自由女神像"被联合国教科文组织确定为世界文化遗产。它作为人类精神的杰作，具有极高的象征意义——激发人们沉思、辩论，捍卫诸如自由、和平、人权、废除奴役、民主、平等等理念。

地址

Liberty Island

Manhattan，New York City，

New York，U.S.

35

The Ancient Spanish Monastery
古代西班牙修道院

这座修道院原来坐落在西班牙北部塞戈维亚（Segovia）附近的萨克拉梅尼亚（Sacramenia），始建于 1133 年，1141 年完工。这座修道院是献给圣母的，原名"圣母、天后修道院"（The Monastery of Our Lady, Queen of the Angels）。1174 年，当克莱尔沃（Clairvaux）的"西多会"（Cisterian，天主教隐修院修会之一）僧侣伯纳德（Bernard）封圣后，修道院便改成了他的名字。作为一名"西多会"僧侣和潜修者，以及克莱尔沃修道院的创立者和院长，"克莱尔沃的圣伯纳德"（St.Bernard of Clairvaux, 1090—1153）是他那个时代最有影响力的教会人物之一，故"西多会"僧侣占据这个修道院达 700 年之久。1830 年代，西班牙发生社会动荡，修道院被占领、出售，后沦为谷仓和马厩。

1925 年，美国报业大亨威廉·伦道夫·赫斯特（William Randolph Hearst, 1863—1951）买下了这座修道院的回廊及附属建筑。赫斯特一直在欧洲搜寻古董艺术品和建筑，以装饰他在加利福尼亚圣西蒙（San Simeon）的豪宅"赫斯特城堡"（Hearst Castle）。当他发现这座废弃的修道院时，一时心血来潮，便掏钱买下。他让人将修道院拆下，一块石头一块石头，用干草包好，打包，装箱，做好编号，总共拆下了近36 000块石头，装在11 000个板条箱中用船运回美国。

圣伯纳德。

然而，不幸的是，当时西班牙塞戈维亚地区爆发口蹄疫，美国农业部担心被传染，将来自西班牙的这批货物全部隔离，并烧毁了包裹石块的干草。重新打包时，原来板条箱的编号弄乱了，很多石块装错了箱。此时，遭遇大萧条打击的赫斯特报业集团，财政上遇到困难，赫斯特一度拍卖了自己从欧洲收集的古董艺术品。结果，这些从西班牙修道院拆下的石头，就堆在纽约布鲁克林的仓库中，一堆就是26年，无人问津。

1952年，也就是赫斯特去世一年后，两位实业家艾基蒙（W. Edgemon）和摩斯（R. Moss）花了19 000美元买下这些石头，花了80 000美元将它们运到佛罗里达。然后，又花了150万美元，用了19个月，将这些石头重新拼装成修道院。1953年的《时代周刊》杂志将这项工程称为"历史上最大的拼图游戏"（the biggest jigsaw puzzle in history）。

尽管如此，还是有一些石头没有拼上，它们至今仍堆在后

修道院，作者摄。

院中，还有一些石头用在了现在教堂大厅的建筑中。

1964 年，小彭特兰上校（Robert Pentland, Jr），他同时还是一位百万富翁、银行家、慈善家、圣公会教堂赞助人，买下这座修道院将它献给了佛罗里达主教。

现在，作为著名的文化和宗教遗存，这座修道院仍是北美地区最重要的修道院，也是西半球最古老的建筑物。它不仅是一处旅游胜地，还是举办婚礼的圣地。它那宁静的花园，12 世纪的罗曼式建筑，不仅可以让你冥思祈祷，还可以让你触摸着中世纪的石头，在佛罗里达感受中世纪的神秘生活。

虽然不是严格意义上的博物馆，但这里永久陈列的物品对于参观者了解中世纪修道院的文化和宗教特征不无裨益。

这些陈列品包括：

修道院，作者摄。

* 建造这座修道院的共济会成员的印迹

* 西班牙国王阿方索七世（Alfonso VII）真人大小雕像

* 彩色玻璃窗

* 中世纪法式祭坛

*16 世纪西班牙枢车

* 小礼拜堂

* 修道院赞助家族的盾徽

地 址

The Ancient Spanish Monastery

16711 West Dixie Highway

North Miami Beach，FL 33160

36

The Baha'l Temple
巴哈伊教灵曦堂

    巴哈伊教创始人为伊朗人米尔扎·侯赛因·阿里·努里（Mirza-Husayn-Ali-Nuri，1817—1892），被称为"巴哈欧拉"（Bahá'u'lláh），意为"上帝之荣耀"，由此产生"巴哈伊教"的教名。巴哈伊教的最高宗旨是创建一种新的世界文明，真正实现人类大同。其基本教义可概括为"上帝唯一""宗教同源"和"人类一体"。

    位于美国伊利诺伊州威尔米特（Wilmette）的这座灵曦堂是巴哈伊教现存最古老也是美国唯一的巴哈伊灵曦堂。它由巴哈伊教徒、加拿大法裔建筑师布尔热瓦（Jean-Baptiste Louis Bourgeois，1856—1930）设计。布尔热瓦早年在巴黎留学时，还曾前往意大利、希腊、埃及和伊朗旅行。1886 年回到美国芝加哥后，还曾同著名建筑师路易斯·沙利文（Louis Sullivan，1856—1924）一起工作过。他设计的这座灵曦堂融合了多种建筑风格，成为他最著名的作品。

灵曦堂，作者摄。

　　这座灵曦堂通体洁白无瑕，细致的网眼外墙由石英水晶和白色水泥混凝土镶板拼成。灵曦堂通高 42 米，内部圆穹空间直径 22 米，穹殿共 1 192 个座位。

　　因为"9"是十进制的最后一个数字，巴哈伊教相信"9"象征着完美（perfection）和结束（completion）；"9"还是单词 Bahá［阿拉伯语中"荣耀"（glory）之意］的数值（value），所以，这座灵曦堂在建筑方面体现了许多"9"元素。例如，穹殿有 9 个入口，内有 9 个壁龛、9 个穹瓣，花园中有 9 个喷泉。在穹顶正中，是一句阿拉伯铭文，它是巴哈伊教的象征，即"最伟大的名字"（the Greatest Name），这句铭文翻译过来就是："啊，最为荣耀者之荣耀"（O Thou Glory of Glories）。

在建筑装饰细节方面：穹殿入口上方和壁龛上是巴哈伊教创始人巴哈欧拉语录铭文；其他宗教的象征符号，如基督教十字，犹太教大卫星，伊斯兰教新月以及印度教、佛教的万字符。在每根柱子的顶部装饰着九角星，象征巴哈伊教的信仰。

灵曦堂于 1920 年代初开始建造，其间因资金原因建建停停，1953 年终于完工。同年 5 月 2 日举办献礼，约 3 700 人参加。一些大人物，如最高法院大法官道格拉斯（William O. Douglas，1898—1980）和后来的大法官马歇尔（Thurgood Marshall，1908—1993）都发来了贺信。

1978 年，灵曦堂被列入"美国国家历史地名名录"，它早已成为一处旅游胜地，被伊利诺伊州旅游局称为"伊利诺伊七大奇迹"之一。

建 筑 风 格

多种建筑风格混合（a mixture of many different architectural styles）

地 址

100 Linden Avenue
Wilmette，IL 60091

The Cloisters
修道院博物馆（纽约大都会博物馆分馆）

"修道院博物馆"坐落在纽约曼哈顿北部"特赖恩堡公园"［也译"翠亨堡公园"（Fort Tryon Park）］中，俯瞰哈得孙河（the Hudson River）。博物馆占地4英亩，收藏了丰富的欧洲中世纪艺术品和建筑物构件，尤其是罗曼到哥特时期［the Romanesque（约1000—约1150）through the Gothic period（约1150—1520）］。来此参观的学生和中世纪艺术爱好者无不把这里作为一个朝圣地；更多的游客来到这里，享受从中世纪修道院俯瞰哈得孙河的惬意，欣赏修道院独特的建筑和花园设计理念——融合室内和室外，连接过去和现在——在时光中穿梭，在空间中流连……

修道院博物馆的历史始于乔治·格雷·巴纳德（George Grey Barnard，1863—1938），一个美国雕塑家和中世纪艺术品收藏家。

巴纳德曾在芝加哥美术学院（the Art Institute of Chicago）

和巴黎美术学院（The Académie des Beaux-Arts）接受专业训练。1905 年到 1913 年，他和家人住在法国枫丹白露附近的一个小村子里，为美国宾夕法尼亚州议会大楼做建筑立面设计。同时，他也兼做艺术品买卖以补贴家用。不久，他变成了一个精明的艺术品收藏家，短短几年，他便收集到了大量的中世纪艺术品。其中最著名的藏品便是来自法国南部四个修道院的回廊（Cloister）。这些回廊日后将构成"修道院博物馆"（The Cloisters）的核心。

巴纳德对收集中世纪艺术品产生兴趣始于他早年（1890年代）在"纽约艺术学生联盟"（New York's Art Students League）给学生徒劳地讲述中世纪石头雕刻的美丽［英国艺术评论家约翰·拉斯金有专著《威尼斯的石头》（The Stones of Venice）］。他发现一个蕴含哥特精神的中世纪博物馆或许更有用。

巴纳德开始收集中世纪艺术品也恰逢其时。

20 世纪之交，欧洲中世纪建筑构件对收藏家来说还是触手可及的。16 世纪的宗教战争以及后来的法国大革命，导致大量中世纪修道院遭破坏和劫掠，许多建筑构件，包括回廊、柱头、柱子、拱等都离开了原来的修道院，流落到私人手中，以装饰他们自己的家和花园；还有的被人遗弃在田间地头。据说，就是在这样的情况下，巴纳德花了 3 000 美元收集到了四个修道院的回廊。

1913 年，巴纳德打算购买取自圣米歇尔修道院（Saint-Michel-de-Cuxa）的至少十个拱。这桩交易惊动了当地居民，更惊动了巴黎的那些官僚，他们已经对美国人巴纳德之前购买修道院回廊的事十分恼火。结果，当年 12 月末，就在法国参议院通过一项法律禁止历史建筑遗迹出口前夕，巴纳德将他所有的收藏装船运回了纽约。

接着，巴纳德在他位于曼哈顿北部的家里建造一个"回廊博物馆"（Cloisters Museum）以容纳他的收藏。1914 年 12 月，博物馆开放。

四年以后，第一次世界大战结束之时，巴纳德的精力又转到了另一项雄心勃勃的计划上，那就是建一个国家和平纪念馆，以展示世界建筑成就。这个计划没能实现，但它耗费了巴纳德太多钱，以至于他不得不将"回廊博物馆"拿出来拍卖。1925 年，由小洛克菲勒（John D. Rockefeller, Jr., 1874—1960）出钱，大都会博物馆买下了巴纳德的收藏。第二年 5 月，巴纳德的"回廊博物馆"作为大都会博物馆的分馆重新开放。

故事的发展进入到另一个重要人物小洛克菲勒身上。早在 1917 年，小洛克菲勒就买下了曼哈顿北部华盛顿堡（Fort Washington）地区 66.5 英亩的地产，并雇用小奥姆斯特德（Frederick Law Olmsted, Jr., 1870—1957，美国著名景观建筑师，其父为纽约中央公园设计者）和奥姆斯特德兄弟公司（the Olmsted Brothers firm）将这块地产设计建造成一个公园，即今天的"特赖恩堡公园"。1935 年，小洛克菲勒将公园捐赠给纽约市，条件是公园里辟出 4 英亩地皮留作建造未来的"修道院博物馆"。

为保证未来的修道院博物馆有一个良好的景致，小洛克菲勒还将博物馆对面、哈得孙河另一边，属于新泽西州的帕利塞德（New Jersey Palisades）700 英亩土地买下来，确保其原始景观保持不变。这块土地现在叫作"Palisades Interstate Park"（帕利塞德州际公园）。今天，游客站在修道院博物馆，能看到静静流淌的哈得孙河，河岸那边郁郁葱葱的森林，在晴好的日子，壮观的美景还能延伸到下游的乔治·华盛顿大桥（George Washington Bridge），上游的塔潘奇伊大桥（the Tappan Zee Bridge）。这一切无疑要归功于小洛克菲勒的远见卓识。

1931 年，建筑师科伦斯（Charles Collens, 1873—1956）受雇设计新的修道院博物馆，与他一起工作的还有佩尔顿（Henry C. Pelton）（纽约河畔教堂设计师），布雷克（Joseph Breck, 1885—1933，大都会博物馆副馆长兼装饰艺术馆馆长）以及罗里默（James J. Rorimer, 1905—1966)（后被任命为修道院博物馆馆长）。科伦斯主要负责监督博物馆的设计和建造，以确保建筑细节与中世纪时代特征准确相符。

小洛克菲勒最初设想的新修道院博物馆是一个城堡样子的、类似英格兰的肯尼沃斯城堡（Kenilworth castle），但他很快就意识到，修道院收藏的主要是中世纪艺术品，需要一种中世纪宗教建筑风格。为此，建筑师科伦斯和同伴布雷克以及罗里默遍访法国南部无数的中世纪修道院建筑遗存，寻找设计灵感。

最后形成的设计方案并不是任何一个中世纪建筑的翻版，而是结合了众多中世纪修道院的特征，将宗教的、世俗的空间按时间顺序进行精心的融合——巴纳德从法国买来的四个回廊与博物馆后来从欧洲买来的修道院小礼拜堂及门道（Chapel

修道院博物馆，作者摄。

from Notre-Dame-du-Bourge at Langon，1934 年；Chapter House from Notro-Dame-de-Pontaut，1935 年；Doorway from Notre-Dame at Reugny，1934 年）的完美结合。

新修道院博物馆 1935 年开始施工，1938 年 5 月 10 日建成开放。法国卢浮宫馆长巴赞（Germain Bazin）称赞它是"美国博物馆学的皇冠"。

重建的三个回廊（Cuxa，Bonnefont，Trie）都带有花园（庭院）。花园中种着与回廊的法国故乡同样的花草、树木、药用和食用植物，这里早已成为植物和园艺爱好者流连忘返的乐园。

小洛克菲勒一直密切关注着新修道院博物馆的建设，向馆长和建筑师提出建议，并捐出更多的个人收藏品，其中最著名的便是 1937 年捐出的 6 幅独角兽（Unicorn）挂毯。1952 年，

修道院博物馆，作者摄。

他的捐赠达到高潮，他的慷慨保证了博物馆在未来不断扩充收藏品。

1958 年，西班牙政府和美国政府达成协议，永久出借西班牙塞戈维亚（Segovia）附近一个残破教堂东端的半圆形后殿，即丰蒂杜埃尼亚圣马丁教堂后殿（Apse from San Martin at Fuentiduena）给修道院博物馆，于是，这处中世纪教堂遗迹也不远万里落户美国。经过空间调整，丰蒂杜埃尼亚小教堂（Fuentiduena Chapel）良好的音响效果，使它成为演奏音乐的理想场所。

1974 年，修道院博物馆被列为"纽约城市地标"（New York City landmark）；1978 年，"美国国家历史地名名录"将"特赖恩堡公园和修道院博物馆"一起列为"美国历史地区"（historic District）。

99 Margaret Corbin Drive，Fort Tryon Park

Manhattan，New York City

The Frontier Culture Museum
边疆文化博物馆

众所周知，美国是一个移民国家。在欧洲人尚未踏上美洲大陆前，北美的原住民是印第安人。1607 年 5 月 4 日（儒略历，公历 5 月 14 日），英国殖民者在现在弗吉尼亚州的詹姆士敦（Jamestown）建立了第一个永久定居点（殖民地），当时叫作"詹姆士堡"（James Fort），从此开启了欧洲"旧世界"到北美"新世界"开拓殖民的历程。在"旧世界"人们眼中，大西洋彼岸的"新世界"就是"边疆"。在英国人之后，德国人、爱尔兰人以及西非的黑人（奴隶）相继到来。他们在新大陆拓荒殖民、独立、建国，慢慢形成了今天美国的模样。

那么，美国的前世是怎样的情形呢？

在弗吉尼亚州西部斯坦顿（Staunton），有一个户外、生活史博物馆，即"边疆文化博物馆"，它也是弗吉尼亚州的一个教育机构。博物馆有 10 栋永久性的农舍，其中 5 栋从国外直接搬来（外来建筑），在当地复建。博物馆的目的就是借此普及美国早期移民起源于"旧世界"的知识：早期移民在他们的祖国是如何生活的？他们怎样来到北美新大陆？他们在北美新大陆拓荒早期共同开创的生活方式怎样塑造了美国的成功？

"边疆文化博物馆"就是通过这些"生活史"展示千千万万移民来到北美新大陆殖民的历程以及他们为自己和后代开创的生活方式。从 17 世纪到 18 世纪，来自英国、德国、爱尔兰及西非的移民，他们大部分是农民和手艺人，他们或自愿来到新大陆，寻求更好的生活；或被奴隶贩子掳掠而来，被迫在农场和种植园劳作。不管他们如何到来，最后他们都变成了美国人，都为北美殖民地和美利坚合众国的建立作出了贡献。

"边疆文化博物馆"分为两部分：旧世界和美利坚。

"旧世界"——展示来自英国、德国、爱尔兰和西非的移民们在祖国的乡村生活和文化（展示的农舍来自"旧世界"）

"美利坚"——展示殖民者及其后代的生活，这种生活方式在一百多年的变化以及这种边疆生活如何塑造了美国今天的生活方式。

一、17 世纪英国农舍（1600s English Farm）

英国人在北美的殖民始于 1607 年詹姆士敦的建立，接下来的一百年，其他英国殖民地相继在大西洋沿岸建立起来，成为后来的美国。到 1700 年，几乎有 25 万英国人住在这些殖民地，其中多数出生在英国或是英国移民的后代。弗吉尼亚是英国第一个北美殖民地，整个 17 世纪，大约有 12 万英国人移民

这栋英国农舍 1692 年建于英格兰中西部的伍斯特郡（Worchestershire）。
当它即将被拆毁时，被"边疆文化博物馆"买下，一砖一瓦搬到美国，完
好复建。作者摄。

来到这里。一些殖民者获得土地，建立烟草种植园，由白人契
约雇工（white indentured servants）和黑人奴隶劳作。殖民
定居点逐渐向西部山麓地带（piedmont，介于东部大西洋沿岸
和阿巴拉契亚山脉之间的山麓地带）蔓延。到 18 世纪中期，盎
格鲁－弗吉尼亚人（Anglo-Virginians）穿过蓝岭山（the Blue
Ridge），开始在弗吉尼亚谷地定居。

　　在英国的北美殖民地，由于英国殖民者数量众多，英国文
化和传统也占据主导优势。在弗吉尼亚，这种文化很快显示出
南部英格兰特征，表现为由殖民地"绅士"（gentlemen）主导
的父权和等级社会。随着其他种族人群的到来以及美国独立战

争时期政治民主制的出现，这种传统文化逐渐式微。而留在美国人视野里的是英语、法律、政府、道德以及个人自由的理想。这是英国人对美国文化的贡献。

二、18 世纪德国农舍（1700s German Farm）

德国人是定居在北美殖民地、最大的非英语的欧洲人团体。自 1683 年到 1776 年，大约有 12 万讲德语的移民来到北美殖民地，其中大部分来自神圣罗马帝国西南部地区，尤其是莱茵中部和北部的巴列丁奈特（Palatinate）、巴登（Baden）和符腾堡（Württemberg）。德国移民主要的入境口岸是费城，从那里散布到各地。许多早期移民定居在费城附近宾夕法尼亚东

这栋农舍起源于 17 世纪晚期，来自德国巴列丁奈特（Palatinate）地区。作者摄。

南部地区，其他的人越过萨斯奎汉纳河（Susquehanna River），向南进入马里兰。后来，德国殖民者进入阿巴拉契亚山脉大谷地（the Great Valley of the Appalachians）。到 1730 年代，他们穿过波托马克河（the Potomac River）进入弗吉尼亚北部谷地。随着德国定居者及其后代不断向南、向西迁移，他们所到之处，给美国文化留下了鲜明的印迹。

德国移民带着他们的语言和文化来到北美殖民地的穷乡僻壤。在许多地方，包括弗吉尼亚谷地，传统的德国文化仍然顽强地挺过了 19 世纪中期。陶瓷，装饰华美的彩绘家具以及宾夕法尼亚或"肯塔基"来复枪是德国移民最杰出的贡献。德国人认为他们在北美找到的"自由"（freedom）更重要，虽然"自由"（liberty）对他们个人来说是比政治更重要的东西，而且相较于为公众服务他们更珍惜社区的独立。这是德国人对美国文化的贡献。

三、18 世纪爱尔兰农舍（1700s Irish Farm）

来自爱尔兰最北端省份阿尔斯特（Ulster）的新教徒于 1718 年开始移民北美殖民地。美国独立战争时期，超过 10 万阿尔斯特移民来到美国，成为 18 世纪从英国诸岛移民北美的最大、单一移民潮。在美国，这些移民及其后代被称作"苏格兰－爱尔兰人"（"Scotch-Irish"，让人想起他们起源于苏格兰和爱尔兰），以区别于 19 世纪中叶移民美国的爱尔兰天主教徒（Catholic Irish）。大多数阿尔斯特移民来到宾夕法尼亚殖民地，

这栋农舍至少起源于18世纪早期，来自爱尔兰阿尔斯特（Ulster）地区。作者摄。

他们与定居在东南部的德国移民争夺土地，许多爱尔兰移民家庭越过阿巴拉契亚山脉大谷地定居在宾夕法尼亚西部、马里兰、弗吉尼亚和北卡罗来纳山麓地带。18 世纪末，他们的文化在北美殖民地讲英语的穷乡僻壤占据主导地位。

在美国，在西部边地新开发的定居点，人们经常能见到阿尔斯特移民，他们在穷乡僻壤充当了北美原住民（印第安人）和东部殖民定居点之间的缓冲。早期阿尔斯特定居者建立的、只有一个房间的小屋成为爱尔兰房屋的样板，建筑材料从石头到原木不一。阿尔斯特移民重视教育和宗教，他们在定居点建学校、大学、长老会教堂。一些阿尔斯特移民成为穷乡僻壤的政治领袖，他们提出"天生自由"（natural freedom）理念，即尊重个人自由和享受不受打扰的权利（individual liberty and the right to be left alone）。阿尔斯特移民及其后代也是率先支持美国独立的人。这是爱尔兰人对美国文化的贡献。

四、18 世纪爱尔兰铁匠铺（1700s Irish Forge）

就像他们那些阿尔斯特农民主顾一样，爱尔兰铁匠也随着阿尔斯特苏格兰移民一起来到北美大陆，在新世界支起炉膛，打铁谋生。18 世纪的铁匠是一些生意人，虽然他们也可能耕种土地，但他们在当地经济生活中的主业是打铁，从生活用品到生产工具的打制和修理，他们在北美殖民地发展过程中，一直发挥着重要作用。

这个铁匠铺来自北爱尔兰阿尔斯特地区弗马纳郡（Fermanagh），起源于1740年代。作者摄。

五、18世纪西非农舍（1700s West African Farm）

从17世纪到18世纪，将近25万非洲人被掳掠到北美殖民地，充当种植园劳工、家佣和技工。虽然这些黑奴来自非洲广大地区，不同的种族部落，但绝大多数来自西非大西洋沿岸腹地。非洲黑奴遍布北美殖民地，但南卡罗来纳和弗吉尼亚人数最多。

从18世纪早期开始，弗吉尼亚烟草种植园大量输入非洲黑奴。从使用白人契约雇工转到使用黑奴对殖民地烟草种植经济产生了深远影响。基于种族的奴隶制度不久变成了弗吉尼亚生活的中心特征，非洲黑奴以及他们在弗吉尼亚出生的子女被视

整个西非村子被一道黏土墙围住，入口处精心雕刻的木门来自非洲，是一件复制品。作者摄。

为主人的财产，被剥夺了与白人殖民者一样的自由和机遇。大约百分之四十输入到弗吉尼亚的黑奴来自西非沿岸的比夫拉湾（the Bight of Biafra），黑奴中许多人是住在今天尼日利亚高地的伊博人（Igbo）。"边疆文化博物馆"的西非农舍就代表了18世纪比夫拉湾高地自由的伊博人在故乡的生活场景。

被掳掠到北美殖民地的非洲黑奴带着他们的知识和技能，应对新的环境，并将技能传给下一代。无论他们身在何处，他们都对当地殖民地的经济增长和主人的财富贡献了力量。一旦被允许，他们就在制作陶器、编筐、木工以及纺织方面发挥影响。他们对美国文化最显著和持久的影响是饮食、音乐、民间艺术和宗教崇拜。秋葵荚和黑眼豌豆是从非洲引进美国的最常见的食物。班卓琴、蓝调音乐和爵士乐也起源于非洲。总之，非洲人对美国的贡献巨大。

　　通过"边疆文化博物馆"户外农舍"生活史"的展示，人们大致可以窥见或想象"**美国**"的前世，以及它的现在和将来。

农舍（Farm house）

地址

1290 Richmond Avenue

Staunton，VA 24401

The New York Chinese Scholar's Garden
寄兴园

在纽约史丹顿岛（Staten Island）上有一个"避风港文化中心"（Snug Harbor Cultural Center），始建于 1833 年，原名"海员避风港"（Sailors' Snug Harbor），为退休年迈海员的养老住所，现改为文化中心。文化中心有一个植物园，即"史丹顿岛植物园"（Staten Island Botanical Garden），而"寄兴园"就位于植物园内。

在植物园内兴建一个中式园林的想法来自植物园总裁休伯（Frances Paulo Huber）。1984 年，休伯提出要在植物园建一个真正的中式园林。随后在各方面的协调合作下，经过十几年的努力，"寄兴园"于 1999 年建成开放，成为美国首个完整的中国古典园林。

"寄兴园"仿苏州园林"留园"而建，首席设计师为中国古建园林专家陈从周的弟子邹宫伍。寄兴园由中国中外园林建设总公司承建，苏州园林设计院设计，中国对外园林建设苏州公

休伯，避风港文化中心档案。

司施工，所有建筑材料配件在苏州加工制造。精美的太湖石选自太湖地区。1998 年春，所有建筑材料从中国运到纽约进行现场组装，40 名来自中国苏州的能工巧匠不辞辛劳埋头苦干，六个月便工程告捷。

寄兴园虽然没有苏州留园那么大，但是两进院落中的小桥、湖水、绿竹无不浸透着江南文化的韵味。白墙黑瓦、细长而上翘的屋角以及鹅卵石铺就的小径，处处散发着留园的风韵。

寄兴园的设计透着一个"雅"（elegance）字。

在传统的中式园林设计中，在进入主园时，必先经过一条窄窄的小径，这是沉思和冥想之所在。园林设计要借助它的"景"（views）和"意"（concepts）创造出"和谐"（harmony），在一个封闭的区域创造出无限的空间。

寄兴园。

- 借景：将空间扩大到花园以外
- 藏景：移步易景，悬念迭出，惊喜不断
- 对景：由月亮门和花窗框定

中国传统文人深受儒家入世精神影响，以天下为己任；但道家的与世无争、清静无为又常诱使他们归隐遁世。私家花园无疑是调和文人窘境的最佳处所——走出花园，介入社会，服务国家；退隐花园，寄兴山水，悠游天地。透过一个小小的花园，可以一窥中国传统文人的美学趣味和精神寄托。

中式园林（Chinese garden）

地址

Snug Harbor Cultural Center & Botanical Garden

1000 Richmond Terrace

Staten Island，NY 10301

40

The Temple of Dendur
丹铎神庙

这座埃及神庙大约建于公元前 15 年，由罗马帝国皇帝奥古斯都（Emperor Augustus of Rome）委托埃及总督佩特罗尼亚（Petronius）建造，献给伊西斯（Isis，古埃及的母性与生育之神，主司生命与健康，是美神与战神的结合体），欧西里斯（Osiris，埃及神话中的冥王，掌管阴间的神，同时也是生育之神和农业之神，他与妻子伊西斯生了荷鲁斯）以及当地努比亚部落酋长两神之子皮德斯（Pediese）和皮奥（Pihor）。

神庙用砂岩建造，浮雕装饰。神庙基座装饰着纸莎草和莲花，从尼罗河中长出，象征哈皮（Hapy，尼罗河泛滥之神）。

在神庙的大门上方和神庙入口处的上方，有翼的太阳（Winged sun）浮雕代表着天空之神荷鲁斯（Horus，古埃及神话中法老的守护神，是王权的象征。他的形象是一位隼头人身的神祇）。

在入口门廊的天花板上，鹰隼的形象不断重复。在外墙上，奥古斯都皇帝的形象被刻画为一个法老，在向神祇伊西斯、欧西里斯和他们的儿子荷鲁斯献祭。在神庙的第一个房间重复着这一主题，表现了奥古斯都皇帝在祈祷和献祭。在神庙中间房间，伊西斯的圣殿在神庙尾部，没有装饰。但在门框和后墙上的浮雕表现了年轻的神祇皮奥和皮德斯对伊西斯和欧西里斯毕恭毕敬的膜拜。

神庙规模虽不大（6.55 米 ×13 米），但却精心设计出了两根前柱，一个献祭厅，一个带壁龛的圣殿。在后墙中还建了一个地下墓室，一个石头房子代表皮德斯和皮奥的墓穴，这两人据说淹死在尼罗河中。

19 世纪，欧洲的旅游者在神庙的外墙上刻画涂鸦，其中最著名的、永久性的刻画留在了神庙入口左边齐眼处——"A L Corry RN 1817"——它是英国海军军官及后来的海军少将科里（Armar Lowry Corry）留下的"到此一游"的标记。

神庙原来坐落在埃及古镇 Tutzis 旁的尼罗河左岸，北距阿斯旺（Aswan）77 公里。20 世纪六七十年代，埃及政府在苏联帮助下，修建阿斯旺大坝（Aswan Dam），尼罗河在这里形成了一个湖——纳赛尔湖（纳赛尔时任埃及总统）。随着阿斯旺大坝的建成，湖区 22 处重要的努比亚考古和历史遗迹、神庙将被淹没水底。为此，联合国教科文组织发起了"拯救努比亚运动"（the UNESCO Nubia Campaign），将一些重要遗址迁出，如将阿布辛贝大神庙（the Abu Simbel temples）切割迁移到地势较高的纳赛尔湖岸。其他一些小型神庙或纪念碑则被埃及政府赠予帮助拯救努比亚文物的外国政府。如德波神庙（the

丹铎神庙在原址上。

Temple of Debod）赠予西班牙政府（坐落在马德里），塔法神
庙（the Temple of Taffeh）赠予荷兰政府（坐落在荷兰莱顿）。

　　1963 年，"丹铎神庙"被拆除。1965 年，为感谢美国政
府的帮助，埃及政府以"丹铎神庙"相赠，代表美国接受这
一珍贵礼物的是美国第一夫人杰奎琳·肯尼迪（Jacqueline
Kennedy）。神庙被分成 642 块，总重量超过 800 吨，其中单块
最大重量为 6.5 吨。它们被装在 661 个板条箱中，由货轮运到
美国，耗资 950 万美元。

　　在美国，多家机构为得到"丹铎神庙"展开激烈竞争，被媒体戏称为"Dendur Derby"（丹铎比赛）。首都华盛顿的史密森学会（the Smithsonian Institution）提出将神庙立在波托马克河（Potomac River）岸边；波士顿美术馆（the Boston Museum of Fine Arts）提出将神庙立在波士顿查尔斯河（the Charles River）岸边。这些提案都被否定了，因为神庙的砂岩结构不宜暴露在户外，任凭风吹雨打。伊利诺伊州开罗的博物馆（Museums in Cairo, Illinois）以及田纳西州孟菲斯的博物馆（Museums in Memphis, Tennessee）也参与了竞争，但这两个城市只是起了个埃及名字，与埃及实不相干。最后，1967

这个展览厅由建筑师罗希（Kevin Roche）和丁克洛（John Dinkeloo）设计，神庙前的倒影池象征尼罗河，神庙后的斜坡墙象征原址上的峭壁，玻璃屋顶以及北墙上的漫射光模拟了努比亚的日照。作者摄。

年 4 月 27 日，"总统委员会"将神庙送给了纽约大都会艺术博物馆（纽约能得到这座神庙得益于杰奎琳·肯尼迪的帮助）。1978 年，神庙在大都会艺术博物馆的赛克勒翼（the Sackler Wing）重建落成，对外开放展览。

地 址

纽约大都会艺术博物馆

Gallery 131

The Metropolitan Museum of Art in New York

1000 5th Ave，New York，NY 10028

41

Yin Yu Tang
荫余堂

　　"荫余堂"是一座典型的中国徽派建筑,坐落在美国马萨诸塞州波士顿附近塞勒姆(Salem)的"碧波地博物馆"(the Peabody Essex Museum)内,而它原来坐落在中国安徽省徽州地区休宁县黄村。一座中国徽派建筑怎么会漂洋过海来到美国呢?

　　一切皆因机缘巧合。

　　"荫余堂"没有确切的建造时间,大约建于1800年至1825年间,由黄姓富商第28代或第29代的第七房建造,此后有8代黄家子孙居住。1982年,黄家第35代黄锡麒(Huang Xiqi, 1941—　,1962年屯溪师范毕业)带着一家离开"荫余堂",搬到自己工作的小学去住,将房子托付给邻居照看,而他每个月都会回来看看,清明回来上坟祭祖。

　　到了1996年,久未住人的"荫余堂"日趋衰败,远在上海的黄家第34代、黄锡麒的伯父黄振鑫(Huang Zhenxin,

1914—　）回到黄村，本有叶落归根之意，无奈年事已高，故乡物是人非，于是，黄家老小商量决定将"荫余堂"卖掉。

而此时，一个痴迷中国文化和古建筑的美国学者白玲安（Nancy Berliner）正在徽州黄村游历。

> 非常偶然，他们来的那天，决定卖房子的那天，我正好在黄村，我也在看老建筑。我进了这个房子，他们问我，你喜欢不喜欢这个房子，我说我很喜欢，他们说你要不要买这个房子，然后我说，哟，这个概念不错，在博物馆有这么一个老房子，可以多了解中国文化……
>
> ——白玲安

白玲安，美国哈佛大学哈佛－燕京学社著名汉学家费正清（John King Fairbank，1907—1991）的学生，曾在北京中央美术学院学习，通晓汉语，热爱中国文化、艺术、建筑。当时她是一个独立学者，在她一年中的第二次来黄村时，碰巧黄家正准备出售"荫余堂"。而休宁县文物局正寻求一家美国文化机构合作，推广徽州的传统建筑，以引起国际社会的重视。

1997年5月，作为保护和推广徽州传统建筑的中美文化交流项目的一部分，黄山市政府和美国方面达成协议，将"荫余堂"搬迁到美国塞勒姆碧波地博物馆，易地重建。

在白玲安的推动下，"荫余堂"搬迁计划得到富达投资公司（Fidelity）及其基金会的支持。

"荫余堂"开始拆解前，黄家后人从各地赶来，最后一次祭拜了祖先，祈祷祖宗保佑"荫余堂"在异国他乡顺利重建。随即，"荫余堂"开始一块瓦、一块砖、一块石料、一个个木构件地拆卸、标记、装箱。共计 50 000 多块瓦，10 000 多块砖，972 块石料，2 735 个木构件，还有无数的家具、居家用品，一共装了 19 个集装箱，由上海出关，经过两个多月的海上漂泊，于 1998 年中国新年的那一天抵达美国波士顿。

搬迁工程项目负责人是美籍华人、白玲安的助手王树凯。

为保障"荫余堂"的重建，碧波地博物馆组建了"荫余堂"项目组——一个由博物馆专家、建筑保护专家、慈善基金会多方代表组成的委员会，并制定了"荫余堂重建和保护指南"（the Yin Yu Tang Re-erection and Preservation Guidelines），具体指导重建工程。每块砖瓦、每个构件，都经过仔细检查，精心修复加固，从徽州地区请来的石匠、木匠，与美国当地建筑师、结构工程师、木构专家通力合作。2002 年 7 月 22 日，"荫余堂"在碧波地博物馆隆重举行"上梁仪式"，一切都遵照徽州地区的风俗进行。最终，经过六年艰苦卓绝的工作，耗资 1.25 亿美元，2003 年 6 月 21 日，"荫余堂"搬迁重建工作大功告成，正式对外开放。

"荫余堂"——荫求祖荫，余祈富余，三个字里包含了它的主人多少世代相传、生生不息的愿望。

自古及今，徽州地少人多，男儿生下来便注定要外出谋生，所谓"前世不修，生在徽州。十三四岁，往外一丢"。徽州人或读书取仕，或外出经商，但凡发了财，便在家乡买地盖房，叶落归根。徽派建筑，粉墙黛瓦，四面围合，中间天井采光、通风，天井"四水归堂"。在徽州人心目中，水不仅象征财富，也

荫余堂，作者摄。

预示着人丁兴旺。"荫余堂"虽然不是徽州地区最奢华、最著名的徽派建筑，但它作为徽州地区普通民居的代表，承载了黄家八代人的希冀，完整地保留了两百多年徽州地区的社会变迁和家庭生活气息——第一次世界大战时的报纸，美人月份牌，毛主席像和学雷锋招贴画等。时光凝固，记忆尘封。

> 走进这所房子就像真的走进中国，在天井里抬头一看，就仿佛是看到了中国的一方天空，而房子里展出的生活器具，会觉得房子的历代主人就站在参观者身边。
>
> ——白玲安

2004年1月19日，春节前夕，"荫余堂"后人、黄氏家族一行 20 多人从中国飞抵美国，并于 20 日参观了碧波地博物馆，探望他们的老家"荫余堂"，此行包括黄氏家族的大家长，时年 90 岁的黄振鑫。"荫余堂"第 35 代、36 代后裔代表黄炳根（黄振鑫之子）、黄秋华（黄锡麒之女）成为当地无人不晓的明星。春节期间，大提琴家马友友、琵琶演奏家吴蛮等世界顶尖音乐家在"荫余堂"举办了多场专题音乐会。据说，马友友在天井中演奏前，和大家一一握手，他说，天太冷，多握握手，便温暖了。黄秋华说："当时我觉得自己穿越时空了，因为我们的房子在我的记忆当中已经被拆掉了，这时候突然展示在我面前，真是让我激动。当时，马友友就在我家庭院里拉大提琴，多美妙的音乐啊，我的眼泪情不自禁地就流下来了。"

正所谓：粉墙黛瓦碧波地，错把他乡作故乡。

受到美国人万般宠爱的"荫余堂"如果不是搬到了美国，结局会怎样呢？

> 如果他们没卖给我们，随便卖给别人，我估计房子会拆掉，有人可能会把这些老窗户买走，剩下的别人会盖新房子……休宁县的县长也来了，然后他回到黄村，看到黄村立了一些新房子，他认为这些新房子都得拆……
>
> ——白玲安

"荫余堂"远走他乡，得以保全，这是一个孤例。以前没有，或许以后也不会再有。

1997 年 9 月 21 日，也就是"荫余堂"搬迁合约签订后 4

个月，安徽省人大通过《安徽省皖南古民居保护条例》，1911年以前"具有历史、艺术价值的民用建筑"均在保护之列，未经政府部门批准，不得拆除或买卖。此后的安徽省《徽州文化生态保护实验区总体规划》中，明令禁止购买徽州古民居进行整体搬迁等行为，并规定徽州古民居一律不准流出古徽州地区。

也就是说，"荫余堂"这样的故事，也许就是一曲绝唱。但是，进入博物馆，受到永久保护，就是"荫余堂"最好的宿命吗？

人们都知道，古建筑之美，既是构筑之美，也是怀旧之美，还有只属于当地的聚落之美。它所包含的价值里，有相当一部分是由它所依存的自然环境和它周围其他的民居来体现的。"荫余堂"失落的，正是最后一种美。她到达陌生的彼岸，而彼岸，并不属于她和她的记忆。她成了笼中"金丝雀"，她的建筑之美，"不及林间自在啼"；她的徽州之梦，终究遗落在了异国他乡。

徽派建筑（Huizhou Architecture）

Yin Yu Tang

The Peabody Essex Museum

161 Essex Street

Salem，MA 01970

外来建筑模仿物

第三章

唯一让我们变得伟大的方法，如果可能的话，就是不可模仿，而不可模仿就存在于对希腊的模仿之中。

——温克尔曼

（Johann Joachim Winckelmann，

1717—1768）

42

Almas Temple (DC)
钻石神庙（哥伦比亚特区）

　　"Almas"在阿拉伯语中，是"diamond"（钻石）之意，这座名为"钻石神庙"的建筑位于华盛顿市中心，面对"富兰克林广场"（Franklin Square）。它是"古代阿拉伯隐修贵族圣地"（Ancient Arabic Order Nobles of the Mystic Shrine，简称 A.A.O.N.M.S，也叫作 the Shriners，慈坛社）华盛顿总部所在地。

　　"古代阿拉伯隐修贵族圣地"（慈坛社）是"共济会"（Freemasonry）的附属组织，1872 年在纽约成立，成员仅限于共济会"导师"（Master Masons），即正式会员。

　　共济会会员共分为 33 个级别，用度的符号"°"表现，但只有 1° 到 3° 涉及等级概念：1° 会员被称为"学徒"（Entered Apprentice），不是正式会员；2° 会员被称为"技工"（Fellow Craft），不是正式会员；3° 会员被称为"导师"（Master Mason），是正式会员。

2010 年,"慈坛社"更名为"慈坛国际"（Shriners International），该组织的一个显著特点是成员佩戴褐红色的圆帽，另外就是他们开办的慈善儿童医院——"慈坛儿童医院"（Shriners Hospitals for Children）。这种儿童医院专门收治 18 岁以下脊椎损伤、烧伤、脆骨症、兔唇以及腭裂等有整形问题的儿童，不收取任何费用。目前在美国、加拿大和墨西哥共有 22 家"慈坛儿童医院"。

慈坛社会员佩戴的褐红色的圆帽。

慈坛社会员来自各行各业，著名人物包括：美国总统哈定（Warren G. Harding），杜鲁门（Harry S Truman，荣誉会员，他同时还是神殿骑士团骑士，共济会员），福特（Gerald R. Ford），罗斯福（Franklin D. Roosevelt），美国联邦调查局首任局长胡佛（J. Edgar Hoover），电影演员约翰·韦恩（John Wayne），克拉克·盖博（Clark Gable）等。

1929 年，"钻石神庙"成员波茨（Allen H. Potts）在华盛顿 K 街建造了一座"神庙"，摩尔复兴式。"神庙"外立面仿西班牙格拉纳达阿尔罕布拉宫（Alhambra，建于 1338—1390 年，

"钻石神庙"，作者摄。

阿尔罕布拉宫。

是世界闻名的摩尔式宫殿）。

1990 年，"神庙"所在地块卖做商业用途，新的"钻石神庙"在现在位置重新建造。由于"神庙"立面是历史地标，所以，原来"神庙"上的彩陶瓦被一块块小心揭下来，编上号，再重新贴上。这是华盛顿硕果仅存的马赛克彩陶立面。虽然名为神庙，但它不是宗教建筑。

2009 年，著名作家、小说《达－芬奇密码》作者丹·布朗出版的第三部小说《失落的符号》（*The Lost Symbol*）中就有"钻石神庙"的描写。小说故事发生在华盛顿，描写的就是共济会。

摩尔复兴式（Moorish Revival style）

1315 K Street，NW

Washington DC 20005－3307

Arlington House (Custis-Lee Mansion)
阿灵顿之家

  "阿灵顿之家",又名"卡斯蒂斯-李大厦"(Custis-Lee Mansion),是一座希腊复兴式建筑。它坐落在阿灵顿高地上,俯瞰着波托马克河(the Potomac River)和首都华盛顿。它记录了罗伯特·李将军(Robert E. Lee,1807—1870)及其岳父母一家在此居住三十年的欢乐,更见证了美国南北战争造成的伤痛。

  1778 年,美国开国总统乔治·华盛顿(George Washington)的继子约翰·派克·卡斯蒂斯 [John Parke Custis,乔治·华盛顿夫人玛莎(Martha Dandridge Custis Washington)与前夫 Daniel Parke Custis 所生四个孩子中的老三] 在波托马克河边购买了 1 100 英亩的土地。1781 年,约翰·派克·卡斯蒂斯逝世后,他的儿子,即玛莎的孙子乔治·华盛顿·派克·卡斯蒂斯(George Washington Parke Custis,1781—1857)于 1802 年决定在父亲留下的阿灵顿高地(Arlington Heights)上建一座房子。起初,他

"华盛顿一家"，现藏华盛顿国家美术馆。

想将房子命名为"Mount Washington"（华盛顿山庄），后在家族
成员建议下改名为"Arlington House"（阿灵顿之家）。

房子由英国建筑师哈德菲尔德（George Hadfield，1763—
1828）设计（他同时负责监督美国国会大厦的建造工程），建筑
设计采用希腊复兴式，模仿古希腊"波塞冬神庙"（the Temple
of Poseiden at Paestum, Italy）。1802 年和 1804 年，房子的北
翼和南翼完工，但中间主体部分和前廊则在 13 年后才完工。前

廊由 8 根直径 1.5 米的圆柱撑起，十分壮观。圆柱为多利亚式，只是因经费原因没有开凹槽。

乔治·华盛顿·派克·卡斯蒂斯娶了菲茨休（Mary Lee Fitzhugh），他们生了四个孩子，但只有一个女儿玛丽（Mary Anna Randolph Custis，1808—1873）活到成年。卡斯蒂斯夫人的一个表姐经常到阿灵顿之家做客，看着玛丽长大。这位夫人有一个儿子，名叫罗伯特·李（Robert E. Lee），与玛丽年龄相仿，而她丈夫亨利·李（Henry Lee，1756—1818）就是乔治·华盛顿手下最有名的轻骑兵将军，外号"小马亨利"。乔治·华盛顿去世时，就是亨利·李致的悼词。这两家可谓素有渊源。

1831 年 6 月 30 日，在从"西点军校"毕业两年后，罗伯特·李中尉便娶了玛丽（罗伯特·李因此成为乔治·华盛顿夫人玛莎的曾孙女婿）。他们一共生育了三男四女 7 个孩子。李夫妇和岳父母住在一起。

罗伯特·李婚后三十年大部分时间都在外面服役、作战，但只要回到家，回到阿灵顿之家，便充分享受这里的田园生活。

房子南面是李夫人的花园，也是孩子们的乐园。北面是菜园，种着四季瓜果蔬菜。房子后面是黑奴的住处。

1857 年，李的岳父卡斯蒂斯去世，遗嘱将阿灵顿之家留给他唯一的女儿玛丽，为她终生拥有，并传给她的长子乔治·华盛顿·卡斯蒂斯·李（George Washington Custis Lee）。遗嘱还规定，五年内让黑奴获得自由。作为遗嘱的执行人，罗伯特·李将军于 1862 年让黑奴获得了自由。

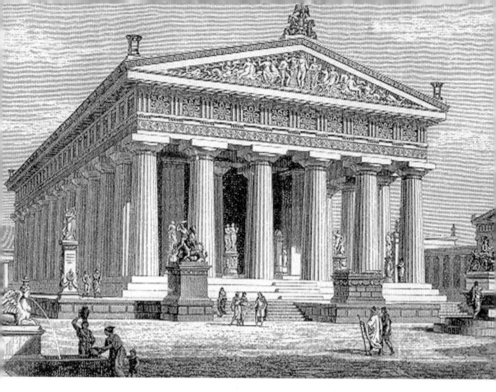

上图：波塞冬神庙插图。　　下图：阿灵顿之家，作者摄。

随着 1861 年美国南北战争的爆发，身为弗吉尼亚人的罗伯特·李将军没有接受林肯总统的建议出任北方联邦军司令，而选择担任南部邦联军司令，为家乡而战。处于战争前沿的阿灵顿之家的命运从此发生了不可逆转的改变。

希腊复兴式（Greek Revival）

地址

Arlington Cemetery

Arlington，Virginia

附 录

阿灵顿国家公墓的诞生
——一个恶毒然而绝妙的主意

罗伯特·李将军（Robert E. Lee）1807 年 1 月 19 日出生在弗吉尼亚州，1825 年进入西点军校。1829 年，在全班 45 名同学中以名列第二 [仅次于查尔斯·梅森（Charles Mason），即后来的首席大法官和美国专利局长] 的成绩毕业。且在校四年，没有任何不良记录，是地地道道的绅士军人。

毕业后，李即开始其职业军人生涯，并在"美墨战争"

（1846—1848）中表现卓越。1852年，李被任命为西点军校校务总管（Superintendent，相当于普通大学的校长，但职权更大）。起初，李对出任他称之为"蛇坑"的西点军校校务总管一职犹豫不决，但"战争部"的命令他不得不服从。在任职期间，李的大儿子乔治·华盛顿·卡斯蒂斯·李（George Washington Custis Lee）也进入西点军校，并以全班第一的成绩毕业。

1861年美国南北战争爆发前，李已在联邦军队服役32年，军衔至上校。

随着共和党总统林肯上台，美国南部各州纷纷宣布脱离"美利坚合众国"（联邦），并成立了以杰斐逊·戴维斯[Jefferson Davis，1808—1889，民主党总统富兰克林·皮尔斯（Franklin Pierce）时期的战争部长，密西西比州参议员]为总统的"美利坚联盟国"（邦联）。李虽然不赞成南方的脱离，并认为南方的行为是对合众国国父的背叛，但也反对北方的武力相向，希望以和平方式解决争端。

在痛苦中挣扎的李经过三天的思考，1861年4月19日，他拒绝了林肯总统让他出任"保卫首都华盛顿"的联邦军司令（少将军衔）。4月20日，他从联邦军队中辞职。4月23日，他接任家乡"弗吉尼亚军团"司令一职，开始为保卫家乡而战。

李将军前往里士满就职后，李夫人及家眷仍住在阿灵顿之家中。李将军惦记着妻子的安全，让她把家中值钱和重要的东西转移到安全的地方。李夫人将阿灵顿之家托付给贴身女仆格

罗伯特·李将军（油画），作者翻拍自"阿灵顿之
家"博物馆。

雷（Selina Norris Gray）照看，便离开了家。李将军离开阿灵顿之家后，再也不曾回来过，李夫人在 1873 年去世前回来看过一眼，但早已物是人非。

1861 年 5 月，北方联邦军占领了阿灵顿之家，并将那里作为"东北弗吉尼亚军团"（Union's Army of Northeastern Virginia）司令部。虽然一些重要文物转移到安全地方，但阿灵顿之家中许多东西仍遭到北方联邦士兵抢劫。周围成片的大树遭到砍伐。为此，李夫人贴身女仆格雷还和占领军司令据理力争。

1864 年，北方联邦政府以房屋所有者李夫人没有"亲自"前来缴纳财产所有税为由，将阿灵顿之家没收。根据当时新的

阿灵顿之家，1861 年前。

"内战法"（new Civil War law），房屋所有者必须自己亲自前来"哥伦比亚特区"（首都）缴纳所有税，而李夫人坐着轮椅被困在里士满。1864 年 1 月 11 日，联邦政府将阿灵顿之家拿来公开拍卖，结果一个税务官"竞拍"成功。据说，阿灵顿之家被拍了 26 800 美元，算是冲抵李夫人的税款。

　　战争前期，南方邦联军在李将军及其他将领指挥下，打得北方联邦军手足无措，屡屡换将，最后林肯总统启用尤利西斯·格兰特将军（Ulysses S. Grant，1822—1885，1839 年 17 岁时进入西点军校）指挥北方联邦军，而格兰特将军又重用手下将领谢尔曼（William Tecumseh Sherman，1820—1891，1836 年进入西点军校）。格兰特将军的铁血雄心和谢尔曼将军的"焦土政策"逐渐扭转了北方的败局。

　　1864 年，华盛顿地区和弗吉尼亚州亚历山大（Alexandria，VA）的军人墓地已经用完，林肯总统命令他的军需官蒙哥马利·梅格斯将军寻找新的墓地，以埋葬联邦军阵亡士兵。梅格斯将军一下子就相中了李将军的家——"阿灵顿之家"所在地。从此，阿灵顿之家便走上了从温馨家园到寂寞坟场的万劫不复之路。

　　蒙哥马利·梅格斯（Montgomery C. Meigs，1816—1892）出生在佐治亚州，1832 年进入西点军校。他曾在李手下服役，李是他的长官。1853 年至 1859 年，他参加了国会大厦参众两院扩建工程，负责工程监督，而他的顶头上司就是时任战争部长（Secretary of War）的杰斐逊·戴维斯（1824 年进入西点军校，李的学长，但毕业成绩较差，全班 33 人中名列 23 位）。

戴维斯笃信"美国天命论"（Manifest Destiny），作为国会大厦扩建总负责人，他要利用"国会大厦建筑艺术"（the Capitol art）来强化和提升他的这一信念，而第一步就是找一个与他有同一信念的人来具体实施他的理想，这个人就是蒙哥马利·梅格斯上尉（Captain Montgomery Meigs）。

梅格斯上尉对得到这个职务十分兴奋，他发誓美国人拥有的国会大厦将"堪与希腊帕特农神庙媲美"（rival the Parthenon）。

美国南北战争爆发后，蒙哥马利·梅格斯将军（1851年5月14日，他被任命为上校。第二天，5月15日，他就被提升为准将，出任军需将军）对罗伯特·李将军和杰斐逊·戴维斯背叛联邦，投身南方十分痛心，十分痛恨。他们一个曾是他的长官，一个是他的恩师（梅格斯将军的一个弟弟也投奔了南方邦联）。可谓师友反目，兄弟成仇。

蒙哥马利·梅格斯出任联邦军需将军后，在筹措粮草、武器弹药、运输方面表现出的忠诚、高效、竭尽全力、认真细致的品格为他赢得了荣誉。他建立了一个高效、庞大的战争供应网，源源不断地向前线供应粮草弹药。当然，他也有办法找到墓地，及时、体面地安葬大批阵亡的联邦官兵。

蒙哥马利·梅格斯将军相中罗伯特·李将军的阿灵顿之家所在地作为军人墓地还有一个地理位置的考虑。梅格斯曾几次去李家做客，他很清楚阿灵顿高地（Arlington Heights）地势高朗，俯瞰首都华盛顿，没有水患之忧，做墓地再好不过。

北方联邦政府没收阿灵顿之家与蒙哥马利·梅格斯将军

选择这里作为军人墓地几乎同时发生，他们是否有什么呼应关系，不得而知。但即使到了今天，人们依然认为，罗伯特·李的"阿灵顿之家"演变成为"阿灵顿国家公墓"（Arlington National Cemetery），蒙哥马利·梅格斯将军扮演了决定性的角色。将这里作为军人公墓当然是个绝妙的主意，但得到这块土地的方式来自他那颗"冷酷的心"，多少有点恶毒。

起初，阵亡的联邦官兵埋在离阿灵顿之家比较远的东北角上 [靠近自由民墓地（freedmen's cemetery）]，但梅格斯将军命令立即将阵亡官兵埋在阿灵顿之家旁边。当时，住在阿灵顿之家的德吕西（René Edward De Russy）准将反对将阵亡官兵埋得离他的司令部这么近，他要求将人埋在西边远一点的地方，即现在公墓的第一区（Section 1）。但是，梅格斯将军坚持军官必须埋在阿灵顿之家旁边。在他的命令下，1864 年 5 月 17 日，第一位阵亡的联邦军官埋在了阿灵顿之家李夫人花园中。随后，又有 44 位军官埋进了花园。

梅格斯将军最大的手笔是在李夫人花园里掘了一个长宽六米、深六米的大坑，以埋葬在"奔牛溪战场"（the battles of Bull Run）阵亡的 1 800 名无名士兵遗骸。这也是"阿灵顿国家公墓"的第一个无名士兵墓。梅格斯将军亲自设计了墓碑。

一些历史学家说，梅格斯将军要求将阵亡官兵"埋得离阿灵顿之家越近越好，这样李一家就永远也别想再住在里面了"。据说，一些掘墓的士兵不忍心将墓挖得离阿灵顿之家这么近，便往外挪远点。但梅格斯将军发现后，又命令将墓穴挖得靠近些。梅格斯将军还命令在墓地周围建起白色的尖桩栅栏，以示不容侵犯。

梅格斯将军的尖刻和怨恨一刻也没有停息。1864年10月3日，梅格斯将军的大儿子约翰·罗杰斯·梅格斯（John Rodgers Meigs，1841—1864）中尉（1863年以全班第一的成绩毕业于西点军校）在前线阵亡。当时，他与另外两名士兵遭遇南方的三名骑兵，梅格斯中尉当场中弹身亡，另外一位被俘，还有一位逃脱。逃脱的那位士兵报告长官说，梅格斯中尉根本没来得及掏枪，就被冷血地杀死了。由于他来自梅格斯将军这样显赫的家庭，经新闻报道渲染，引起了广泛的争议。梅格斯将军始终相信他的儿子是被俘后，被冷血谋杀的。他为此悬赏1 000美元，要凶手的人头。他还雇了一个私人侦探进行调查，直到战争结束。

这不得不让人琢磨，是不是因为梅格斯将军对南方邦联的极度怨恨、渴望复仇让他得到了报应？ 梅格斯中尉去世后，被埋在乔治城的橡树岭墓地（Oak Hill Cemetery in Georgetown in Washington DC），林肯总统和战争部长斯坦顿（Edwin M. Stanton）出席了葬礼。后来，梅格斯将军将他儿子的墓迁到阿灵顿国家公墓（第一区），他亲自为儿子设计了墓碑和雕像：一个年轻士兵躺在泥泞的地上，左轮手枪丢在一边，地上满是马蹄印，暗示他是被马踩死的。

1865年4月9日，经过四年鏖战，南方邦联的罗伯特·李将军正式向北方联邦的格兰特将军投降。美国南北战争结束。

梅格斯中尉墓，作者摄。

李将军签署投降书（油画）。作者翻拍自"阿灵顿之家"博物馆。

五天以后，即 1865 年 4 月 14 日晚上，在福特剧院看戏的林肯总统被同情南方的著名演员布思（John Wilkes Booth，也有人说他是南方的间谍）枪杀。逃走时，布思还在高喊"Sic semper tyrannis"[拉丁短语，即"Sic semper evello mortem tyrannis"的简略，意思是"我总是将死亡带给暴君"（Thus always I bring death to tyrants）]，也有人听到他喊的是"南方复仇啦"（The South is avenged）。

1865 年 12 月，战争结束半年了。罗伯特·李将军的弟弟史密斯·李（Smith Lee）来查看阿灵顿之家。他发现，如果将围绕花园的坟墓迁出，阿灵顿之家还是可以重新住人的。但心怀怨恨的梅格斯将军，即使在战后，仍然命令将更多的阵亡士兵埋在阿灵顿之家周围。他要在政治上使迁出坟墓变成不可能。

他做到了。经过梅格斯将军十几年的经营，罗伯特·李将军夫妇钟爱的"阿灵顿之家"无可挽回地变成了"阿灵顿国家公墓"。

历史记载，梅格斯将军感情强烈，脾气暴躁，不可理喻。

战后，罗伯特·李将军来到列克星敦，为战友"石墙杰克逊"守灵，并出任"华盛顿大学"（后更名为华盛顿-李大学）校长。他说，现在要做的最重要的事就是南北和解和重建南方。他和夫人没有选择要回战时被北方没收的财产，担心重启分裂。

1870 年 10 月 12 日，罗伯特·李将军去世。李将军死后，他的大儿子，也就是阿灵顿之家的继承人乔治·华盛顿·卡

梅格斯将军。

亚特兰大郊外石头山（stone mountain）崖壁浮
雕：杰斐逊·戴维斯；罗伯特·李；"石墙杰克
逊"（从左至右）。作者摄。

斯蒂斯·李（南部邦联军少将）在亚历山大巡回法院（the Alexandria Circuit Court）起诉美国联邦政府，要求收回"阿灵顿之家"及其财产。12 年后，1882 年，美国最高法院以 5 比 4 最终裁决：1864 年没收李家财产的行为是"非法的"，"阿灵顿之家"及其周围 1 100 英亩土地必须返还给李家。[United States v. Lee，106 U. S. 196 (1882)]

第二年，卡斯蒂斯·李将"阿灵顿之家"及其周围地产以 15 万美元卖给了美国联邦政府（相当于 2011 年的 350 万美元），战争部长罗伯特·托德·林肯（Robert Todd Lincoln，林肯总统的大儿子）出席了签字仪式。

此时，那些成千上万的阵亡官兵在李家土地上已经沉睡了 19 年。

南北和解和重建之路才刚刚开始。

林肯遇刺后两年的 1867 年 3 月，美国国会通过了兴建林肯纪念堂的法案。1913 年由建筑师亨利·培根（Henry Bacon，1866—1924）提出设计方案。1915 年，于林肯的生日那天（2 月 12 日）破土动工，1922 年 5 月 30 日竣工。竣工仪式由第 29 任总统哈定（Warren G. Harding）主持，林肯唯一在世的儿子，就是那位战争部长罗伯特·托德·林肯出席仪式。从通过法案到最后竣工，隔了 55 年，历经 12 任总统。设计师亨利·培根为此于 1923 年，获得了全美建筑协会颁发的设计金奖。

1920 年，弗吉尼亚州议会（the Virginia General Assembly）将"亚历山大县"（Alexandria County）更名为"阿灵顿县"（Arlington County），以纪念罗伯特·李将军，同时也是为了

林肯纪念堂。

避免"亚历山大县"与"亚历山大"这个独立的城市称呼上的混乱。

　　20 世纪初，长期被南方视为英雄的罗伯特·李开始得到北方的"拥抱"。在国家和解的气氛下，美国现在将李将军视为一位伟大的将军，他在战后为医治国家创伤尽心竭力，堪称表率。1925 年，来自密歇根州的国会议员克拉姆顿（Louis Cramton）发起提案，要求将"阿灵顿之家"恢复到 1861 年李家离开时的样子，以纪念李将军。1933 年，"国家公园管理局"（The National Park Service）接手管理，国会将其命名为"卡斯蒂斯·李大厦"（the Custis Lee Mansion）；1972 年，国会重新将其命名为"阿灵顿之家，罗伯特·李纪念馆"（Arlington House，The Robert E Lee Memorial）。

　　1909 年，罗伯特·李将军戎装雕像进入国会名人堂（国会名人堂共 100 位美国名人雕像，每个州两名，弗吉尼亚州另外一位名人雕像就是乔治·华盛顿，1934 年进入国会名人堂）。

　　南北和解之路还没有走完。

　　"阿灵顿国家公墓"坐落在弗吉尼亚州的阿灵顿高地上，与首都华盛顿隔河相望，这条河就是波托马克河。在这条河上修一座桥，方便人们前往公墓，特别是向"无名士兵墓"（the Tomb of the Unknown Soldier）献花，十分必要。但是，从提

国会名人堂中的罗伯特·李将军。作者摄。

出建桥动议，到桥梁设计，起个什么名字，却大费周章，前后历经 46 年。

1886 年 5 月 24 日，国会第一次提出在波托马克河上修一座桥，并责成战争部研究建桥可行性。当年底，战争部提交了一个宽 7.3 米的大桥设计方案。次年，战争部建议将桥取名为"林肯-格兰特纪念大桥"（Lincoln-Grant Memorial Bridge）。而国会再次通过一个决议，要求提交新的设计方案。1887 年底，战争部提交了一个"尤利西斯·S. 格兰特将军纪念大桥"（General Ulysses S. Grant Memorial Bridge）方案。

新的大桥设计方案由佩尔茨（Paul J. Pelz，1841—1918，国会图书馆两位建筑师之一）提出，为一座悬索钢铁和石拱大桥，中央是两座高塔，两边都有外堡，罗曼复兴式结构。国会责成"美国工兵部队"（the United States Army Corps of Engineers）对波托马克河床进行勘测，1898 年勘测报告发表。

但是，由于大桥计划是为了纪念格兰特将军的，国会又一次阻挠为大桥建设筹款。

佩尔茨设计的横跨波托马克河大桥方案。

之后，又有人提出一个类似的设计方案，但遭到参议员霍尔（George F. Hoar）的反对，大桥仍无法开工，此方案也不了了之。

1913年，国会通过"公共建筑法案"（the Public Buildings Act），成立一个"阿灵顿纪念大桥委员会"（an Arlington Memorial Bridge Commission），专门负责大桥设计并向国会报告。这大概是首次明确将大桥取名为"阿灵顿纪念大桥"。

1921年11月11日，阿灵顿国家公墓的"无名士兵墓"（the Tomb of the Unknown Soldier）落成。前往参加落成仪式的总统哈定（Warren G. Harding）由于交通拥堵，被堵在路上3个小时。当时，波托马克河上只有一座大桥，即现在的第14街大桥，无法负担繁重的交通（上游的大桥正在建造中）。哈定总统下定决心，这样的事绝不能再发生了。

"阿灵顿纪念大桥委员会"最初的设想是将大桥建在纽约大道（New York Avenue）的终点、西北区32街上，即现在大桥的上游，但遭到"美国艺术委员会"（the United States Commission of Fine Arts）的反对。后来由总统哈定主持一个联席会议，最终决定大桥桥址选在林肯纪念堂和"阿灵顿之家"一条视线之间。

1923年，"美国艺术委员会"推荐的由麦金、米德和怀特（McKim, Mead and White）建筑公司设计的方案获得青睐。1924年，该方案对外公布。

经过几年的建设，阿灵顿纪念大桥终于在1932年1月16日，赶在美国开国总统华盛顿诞辰200周年前通车。而主持通

阿灵顿之家（左上角）—阿灵顿纪念大桥（中间）—林肯纪念堂（右下角）。

车典礼的已经是总统胡佛（Herbert Hoover，1874—1964）。

新建成的大桥是新古典主义的石拱桥，与美国联邦建筑的新古典主义风格一脉相承。它被认为是美国最美的石拱桥。而它最终以现在的面貌、现在的名字出现，要得益于政治家们长期的争吵——这座大桥应该是一座纪念大桥吗？如果是，它要纪念谁？又要纪念什么？

人们说，"阿灵顿纪念大桥"，一头连着"林肯纪念堂"，一头连着"阿灵顿之家"，无论从字面意义上，还是从象征意义上，至少在视觉上，它将曾经对立、分裂的南北方连在了一起，实现了南北方的重新统一（reunification）。

Blessed Trinity Roman Catholic Church (Buffalo)
神圣三一罗马天主教堂（水牛城）

　　这座红砖教堂由建筑师欧克利（Chester Oakley, 1893—1968）和沙尔摩（Albert Schallmo）设计，建于 1923—1928 年。它是 12 世纪伦巴第-罗曼式（Lombard-Romanesque）建筑在美国最纯粹的一种复制 [模仿意大利伦巴第大区帕维亚（Pavia）的主教堂]，是"水牛城保守得最好的秘密"（one of Buffalo's best kept secrets），是水牛城皇冠上的明珠。

　　1906 年，科尔顿主教大人（Charles Henry Colton, 1846—1915）在纽约州水牛城郊区设立并建起了一座神圣三一教堂（Blessed Trinity），首任神父是弗吕格（Rev. John Pfluger），信徒主要是附近的德国-爱尔兰移民。1907 年，教区合并，该教区在勒罗伊大道（Leroy Avenue）由盖斯尔（Gesl）家族捐赠的农场上建起了一个教堂、主日学校和社区大厅的一体式建筑。1916 年，第二任神父弗里顿（Rev. Albert Fritton）到来时，主日学校的注册人数达到 300 人，教区扩大，迫切需要再建一个更大的教堂。

在经济大萧条的前夜，在水牛城的工人阶级社区，复制一座纯粹的 12 世纪意大利伦巴第-罗曼式教堂，在水牛城丰富多彩的建筑历史上堪称迷人的一章。这完全得益于弗里顿神父、建筑师沙尔摩和欧克利以及圣文德学院［St. Bonaventure College（神学院）］院长普拉斯曼神

弗里顿神父。

父（Rev. Thomas Plassmann）之间的密切合作。

弗里顿神父早年在奥地利因斯布鲁克（Innsbruck）学习神学时，就到访过意大利北部伦巴第大区，深为伦巴第-罗曼时期的红砖教堂所震撼。他要复制一座伦巴第-罗曼式教堂的想法与建筑师沙尔摩和欧克利要在有生之年用一种"纯粹的建筑风格"（pure architectural style）建造至少一座教堂的愿望不谋而合——这座教堂要将散布在欧洲大地、所有的基督教象征元素结合起来。弗里顿神父委托建筑师沙尔摩和欧克利画了大量的"伦巴第-罗曼式风格"教堂设计图。1922 年，150 位教区居民聚在一起，讨论新教堂设计规划图，弗里顿神父预言新教堂"将是水牛城最好的教堂之一。我们将为之骄傲，城市将为之骄傲，上帝将为之骄傲"。

新教堂最初预算约为 225 000 美元，1923 年 8 月 7 日教堂奠基。

为了使这一教堂"不同凡响"，建筑师探访和深入研究了意

大利伦巴第大区首府帕维亚的三座中世纪教堂，以期真正掌握中世纪教堂建造的方法和技艺。

A. 建造这座教堂所使用的大部分材料就像中世纪的伦巴第教堂一样，都是手工制造

哈佛红砖（Harvard bricks）——在中世纪，伦巴第地区大多数红砖制造不使用模子（molds）。伦巴第地区的优质黏土和水混合，人工脚踩（后使用马）达到合适的黏密度后，手工切成砖块，晾干、码放、火烧，堆在外面的砖烧成炭黑色，里面的呈红棕色。这种中世纪"非模式"（unmolded）制砖法被新罕布什尔州埃克塞特（Exeter）的法国制砖匠后裔继承了下来。水牛城教堂使用的这种手工"哈佛红砖"全部来自这些法国制砖匠后裔之手，非常坚硬，不透水。红砖模样不齐，颜色深浅不一。

砌筑这种模样不齐的"哈佛红砖"对于现代砌砖匠和中世纪伦巴第砌砖匠来说，一样复杂和富于挑战。早在罗马时代，古代的砌砖匠就发明了一种砌砖法，名为"opus spicatum"，字面意思为"spiked work"（穗状法），即红砖、陶瓦和石头的交叉人字砌筑。

水牛城的这座教堂砖墙厚达两英尺（60厘米），红砖交叉砌筑，纵向排布，红砖的"头"暴露在外，墙面便呈现不规则的图形，古朴生动。为了达到中世纪伦巴第教堂外墙效果，建筑师欧克利亲自示范，他先砌筑了几圈，待砌砖匠逐步掌握了

教堂红砖外墙，作者摄。

这种技艺后，便允许他们发挥个人想象，设计砌筑图案。另外，伦巴第红砖教堂的典型特征，如盲拱（Blind arches）、壁柱条（pilaster strips）和枕梁（corbels）——罗曼时期为欧洲许多教堂采用——也应用在了水牛城的这座教堂上。

陶瓦陶片（Terra Cotta）——水牛城的这座教堂的门、窗、柱、拱都使用了陶片陶瓦，数量之大，也许是美国教堂建筑中使用陶片陶瓦最多的教堂。陶片陶瓦除了装饰目的，还是结构元素。同中世纪伦巴第教堂装饰用陶片陶瓦一样，完全用手工制造的陶瓦陶片来自宾夕法尼亚州的克拉姆利恩（Crum Lynne）。建筑师欧克利每 10 天就坐火车前往陶瓦厂，亲自监督陶瓦陶片的烧制。所有这些陶瓦陶片在经过精心的设计后，入窑烧两个星期，运到水牛城，再由两个人花了两年时间精心

教堂主入口，作者摄。

拼出装饰图案。教堂主入口全部采用陶片陶瓦装饰，精美卓绝，无与伦比。

B. 建造这座教堂完全遵循中世纪伦巴第教堂建筑设计和技艺

平面设计——就像中世纪教堂一样，水牛城这座教堂的平面设计富于象征意味。前厅代表基督的个人生活（the private life of Christ）；正厅和十字形翼部代表基督的公共生活（the public life）；圣所（高坛）代表基督的圣餐生活（the Eucharistic life）；穹顶代表基督的荣耀生活（the glorified life of Christ）。由此，教堂各部分的装饰设计便遵循同样的象征意义。

桶形拱顶——伦巴第人开发了肋拱，使后来的哥特式教堂得以发展。水牛城之前已有了许多哥特式教堂，于是建造者决定回到伦巴第时代早期，那时桶形拱顶大行其道。这座教堂的桶形拱顶是水牛城当地最大和最好的，设计式样来自罗马凯旋门。教堂天花板取法梵蒂冈的圣彼得大教堂，甚至四个福音书作者（福音传道者）的画像和圣经金句都来自圣彼得大教堂。

大穹顶——许多伦巴第教堂都有穹顶，它们借鉴了拉文纳（Ravenna）和米兰（Milan）的拜占庭教堂。但伦巴第人可不是没有独创性的拷贝者，他们总是能在其中加入自己的创造性元素。拜占庭教堂的穹顶里外都是圆的，而伦巴第教堂穹顶里面是圆的，外面是八角形的亭子（octagonal box），顶着一个塔（cupola）。为了与中世纪圣像装饰保持一致，水牛城这座教堂穹顶上部装饰的是"九天使合唱团"（Nine Choirs of Angels），下部是希伯来圣经（Hebrew Bible）和新约圣徒（New Testament saints）。教堂的门、窗周边的花饰设计也深受拜占庭的影响。

C. 无处不在的基督教象征

大多数参观者都会惊诧于水牛城这座教堂无处不在、眼花缭乱的基督教象征符号和图案。当年，建筑师请普拉斯曼神父列出一套复杂的、类似中世纪的基督教象征符号系统。这些符号涉及自然（动物、爬虫、花）、科学（河流、风、日历、季节、艺术、工艺、贸易）、历史以及道德（信仰、美德、恶习、人生意义），包罗万象，数不胜数。普拉斯曼神父说，他想让这座教堂成为"石头圣经"（a Bible in stone），通过丰富的基督教象征符号一代一代地传达上帝的福音。

这座"惊人的"教堂花了五年时间才建成，费用比预先的估算翻了一番，耗尽了教区积蓄，并迫使教堂申请了两笔贷款，每笔贷款均为 15 万美元，合计 30 万美元，这在当时可是一笔巨额债务。

1928 年 6 月 3 日，特纳主教大人（William Turner, 1871—1936）为新教堂揭幕，举行奉献礼。

然而，荣耀过后，沉重的债务压得弗里顿神父喘不过气来。

弗里顿神父自己开了一个菜园，饲养黑鸡（mimorca），好让自己从巨额债务的忡忡忧心中稍微分点神。但是，随着 1929 年华尔街股票市场大崩盘，大萧条到来，弗里顿神父的债务危机更加糟糕。

1933 年 4 月 26 日，弗里顿神父去世，享年 59 岁。龙格（Albert Rung）神父接任，巨额债务落在他的肩上，教堂每个月的还款额为 1 491 美元，利息还没算在内。整个 30 年代和 40 年代早期，主日学校的注册人数在下降，直到 1945 年，情况才有所好转。

1953 年，教堂才还清了所有债务。当年 9 月 26 日，教堂

上图：教堂外观，作者摄。　　下图：帕维亚大教堂。

举办"焚烧贷款文件仪式"(Mortgage burning),随后举办盛大弥撒,祝福弥撒持续了五个小时,水牛城的电视上作了报道。

"神圣三一罗马天主教堂"的建筑特色吸引了人们的关注,科恩(Kern)教孩子和成人艺术鉴赏,他专门研究这座教堂,写了64页带插图的手册介绍这座美丽迷人的教堂。1977年,"水牛城保护委员会"(the Buffalo Preservation Board)正式确认"神圣三一罗马天主教堂"为水牛城的城市地标。1979年,"神圣三一罗马天主教堂"被列入"美国国家历史地名名录"。

"神圣三一罗马天主教堂"在建筑及装饰艺术上具有重大意义:

• 它是12世纪伦巴第–罗曼式建筑在美国最纯粹的复制("美国制造",所有的建筑材料和工匠都来自美国),继承了拜占庭装饰风格

• 不可思议的细节装饰和基督教圣像

• 使用了非模式化(unmolded)的中世纪风格的红砖

• 大量使用陶瓦、陶片装饰,共有2 000多种图案设计,这些图案有不同的象征意义和故事

• 玫瑰花窗直径13英尺(约4米),无与伦比

• 圣坛上方的彩色玻璃窗由20 000多块彩色玻璃组成,300多种不同色彩

• 556组地砖上有24种不同的基督教十字,另外158组地砖上则是不同的象征图案

建造这座教堂当时耗费了531 000美元,约合今天的630万

美元。如果照原样重建这座教堂，将耗资 425 000 000 美元。

　　然而，实际上，今天是不可能重建这座教堂的，因为工匠和技艺已经失传。

伦巴第－罗曼式（Lombard-Romanesque）

地址

317 LeRoy Avenue

Buffalo，NY

45

Bridge of Sighs

叹息桥

在宾夕法尼亚州阿勒格尼县（Allegheny）县治所在地匹兹堡（Pittsburgh），有一座气势恢宏的花岗岩大楼，这就是阿勒格尼县政府大楼（Allegheny County Courthouse）。这座大楼由美国著名的建筑师理查森（Henry Hobson Richardson，1838—1886）设计，建于 1883 年到 1888 年，整个工程当时耗资超过 225 万美元。

县政府大楼围绕一个庭院建造，保证了大部分房间都有充足的采光和新鲜空气。庭院三边的建筑高四层，一边的塔楼高高耸立，巍峨壮观。同理查森设计的其他建筑一样，屋顶陡起，每个角上都有竖式窗。

在美国，县政府大楼通常都包括有法院，所以也叫"法院大楼"（Courthouse）。法院要审判犯人，犯人被判刑后就要被关押、坐牢，所以就要建监狱。

阿勒格尼县法院大楼附属监狱就建在旁边。监狱更像一座

阿勒格尼县政府大楼，作者摄。

城堡，高高的围墙，厚重的尖塔，狭窄的窗户，被关在里面的犯人插翅难逃。

　　法院大楼和监狱之间隔着一条马路，名叫"罗斯街"（Ross Street），由一座"叹息桥"相连，桥的造型直接取材于意大利威尼斯的"叹息桥"。

　　威尼斯叹息桥由孔蒂诺（Antoni Contino）设计，建成于1600年，早期巴洛克式风格。封闭式的拱桥由石灰岩构造，呈

叹息桥，作者摄。

房屋状，上部穹隆覆盖，封闭得很严实，只有向运河一侧的石梁上开有两个小窗。叹息桥横跨在宫殿河（Rio di Palazzo）上，连接威尼斯公爵宫的审讯室和老监狱。

"叹息桥"（Bridge of Sighs，意大利语为 Ponte dei Sospiri）的名字是 19 世纪时，由英国诗人、"风骚的浪漫主义文学泰斗"拜伦勋爵取的。在诗人的成名作《恰尔德·哈洛尔德游记》（Childe Harold）中，拜伦勋爵写到了初见叹息桥的振奋：

> I stood in Venice，on the Bridge of Sighs；
>
> A palace and a prison on each hand；
>
> I saw from out the wave of her structure's rise

As from the stroke of the enchanter's wand.

L<small>ORD</small> B<small>YRON</small>-C<small>HILDE</small> H<small>AROLD</small>

> 我站在威尼斯　叹息桥上
>
> 一边是宫殿　一边是牢房
>
> 掠波远望　屋宇高耸
>
> 仿佛魔术师挥动魔棍　出现了幻象
>
> ——拜伦《恰尔德·哈洛尔德游记》

　　试想一下，囚犯在总督府接受宣判后，从总督府经由叹息桥走向死牢，他们面临的将是永别俗世，叹息桥有如隔绝生死

威尼斯叹息桥，尹可陶摄。

阿勒格尼县法院大楼，作者摄。

两世，所以从密闭的叹息桥走过时，从桥上的窗口望出最后一眼美丽的威尼斯，不禁一声长叹。

威尼斯当地有一个传说，日落黄昏，当圣马可钟楼敲钟时，如果恋人们在叹息桥下的刚朵拉上亲吻对方，将会得到天长地久的永恒爱情。这个传说使得叹息桥成为世界上最具浪漫色彩的桥之一。在电影《情定日落桥》（*A Little Romance*，也译《小小罗曼史》）中，美国女孩罗伦（Lauren）和男友丹尼尔（Daniel）在朱利斯（Julius）的帮助下，不惜从法国巴黎离家出走来到意大利威尼斯，就为了日落黄昏叹息桥下的一个吻！

建筑师理查森想必十分熟悉威尼斯叹息桥的传说。理查森自己认为，阿勒格尼县法院大楼是他最好的作品。整个建筑群用巨大、粗糙的花岗岩建造，呈现出一种厚重（heavy）、稳固（stable）和庄严（dignified）的外观。其设计风格和样式产生了广泛的影响，类似的建筑有：明尼阿波利斯市政厅（Minneapolis City Hall），伊利诺伊大学厄本那—香槟分校的奥尔特盖尔德厅（Altgeld Hall on the campus of the University of Illinois at Urbana-Champaign），印第安纳州里士满韦恩县政府大楼（James W. McLaughlin's Wayne County Courthouse in Richmond, Indiana）以及加拿大多伦多的老市政厅（Old City Hall in Toronto）。

1974 年，这座建筑被列入"美国国家历史地名名录"，成为"美国历史地标"。2007 年，美国建筑学会（the American Institute of Architects）向 2 000 人出示由 2 500 位建筑师挑选出的 247 张建筑图片，结果阿勒格尼县法院大楼位列第 35 位，仅次于美国最高法院，超过美国所有其他法院成为人们喜爱的建筑。

顺便一提，匹兹堡和中国的武汉市是姊妹城市。

建筑风格

其他、罗曼式（Other，Romanesque）

地址

436 Grant Street

Pittsburgh，Pennsylvania

46

Ca' d'Zan
约翰之家

这座恢宏的宫殿般建筑名为"Ca' d'Zan",威尼斯地方方言,意思是"House of John"(约翰之家)。它是美国马戏大王约翰·林林(John Ringling)和妻子梅布尔·林林(Mable Ringling)在佛罗里达州萨拉索塔湾(Sarasota Bay)的住宅。

约翰·林林 1866 年 5 月 31 日出生在美国艾奥瓦州麦格雷戈(McGregor),兄弟五个,他们拥有并经营着一个马戏团,号称"世界上最伟大的秀"(The Greatest Show on Earth)。靠着经营马戏团和投资,约翰·林林成为美国当时最富有的人之一,财富接近两亿美元。约翰的妻子梅布尔 1875 年 3 月 14 日出生在俄亥俄州乡下。他们怎样相遇相爱,至今只能猜测,人们只知道他们在 1905 年 12 月 29 日结婚,当时新郎约翰 39 岁,新娘梅布尔 30 岁。他们的婚姻生活十分幸福,尤其两人都热爱旅行、艺术和文化。

1911 年,约翰和妻子梅布尔在萨拉索塔湾买了 20 英亩临

约翰之家，作者摄。

海土地。1912 年他们在萨拉索塔过冬，当时这里还是一个小镇。他们在当地很活跃，不断购买房产，他们拥有的房产一度

梅布尔。

超过萨拉索塔总房产的百分之二十五。几年以后，这对夫妇决定盖一座大房子。他们聘请纽约建筑师鲍姆（Dwight James Baum，1886—1939）来做设计。

梅布尔有一个文件包，里面装满了他们夫妇出国旅行带回的插图、素描、明信片、照片。在意大利旅行时，梅布尔迷恋上了威尼斯建筑的优雅（grace）和恢宏（grandeur）。梅布尔梦想的家是威尼斯哥特式的宫殿，而萨拉索塔湾（Sarasota Bay）就像是流过威尼斯的运河。梅布尔把这些图样提供给建筑师。遵循梅布尔的心愿，建筑师鲍姆主要模仿了威尼斯公爵宫（Doge's Palace）以及黄金宫（Cá d'Oro），建筑细节还借鉴了约翰和梅布尔夫妇喜爱的威尼斯达涅利酒店（Hotel Danieli）以及鲍尔宫酒店（the Bauer-Grunwald hotel），而中心塔（高82 英尺，约 25 米）则模仿了西班牙塞维利亚的"吉拉尔达塔"（Sevilla La Giralda，Spain）。

　　梅布尔的梦幻之家建造工程开始于 1924 年，两年后完工，共耗资 165 万美元（相当于现在的 2 100 万美元），建筑面积

威尼斯公爵宫，尹可陶摄。

36 000 平方英尺（约 3 344 平方米），有 41 个房间、15 个卫生间。梅布尔亲自监督房子建造的每一个细节，从瓷砖颜色到陶瓦图案的拼接。她还设计了大部分的地面景观，包括她的玫瑰园以及秘密花园。房子虽然叫作 Ca'd'Zan（约翰之家），但正如一位作家后来所言，它其实是"约翰写给梅布尔的情书"（John's love letter to Mable）。

约翰之家用 T 形赤陶砖、混凝土、红砖建造，外敷灰泥和赤陶，彩釉瓷砖装饰。面对萨拉索塔湾的露台用进口和美国产的大理石铺装。屋顶的桶形古董瓷砖是约翰从西班牙巴塞罗那收购的。当时，巴塞罗那为拓宽街道，推倒了许多古建筑。约翰买了两大船古董瓷砖运回美国，用于建造约翰之家。

梅布尔的梦幻之家建成后不久，它就成了豪华音乐会，园艺以及盛大晚宴聚会的举办场所。这种"盖茨比式"（Gatsbyesque）的聚会（来自小说《了不起的盖茨比》）通宵达旦，管弦乐队在停靠在大理石露台外的游艇上演奏，嘉宾云集，如纽约州州长史密斯（Al Smith）、喜剧家/哲学家罗杰斯（Will Rogers）、纽约市市长沃克（Jimmy Walker）、著名制作人齐格菲（Florenz Ziegfeld）和他的妻子碧莉·伯克（Billie Burke），也就是《绿野仙踪》（The Wizard of Oz）里的那位好女巫格林达（Glinda）的扮演者。

约翰之家这座令人目眩的宫殿是对"美国梦"的致敬，反映了意大利的奢华与优雅，被认为是美国"镀金时代"最后的豪宅——56 个房间充斥着艺术品和古董家具（如价值 35 000 美元的拿破仑三世风格卧室家具），威尼斯哥特式建筑风格，结

"约翰之家"大厅，作者摄。

"约翰之家"临海湾的一面，作者摄。

"约翰之家"空中鸟瞰。

合了公爵宫的庄严和黄金宫的优雅，萨拉索塔湾就是门前的（威尼斯）大运河（Grand Canal）。作为一个威尼斯迷，梅布尔甚至还有一条刚朵拉（gondola），停在码头上，经常由佣人载着她和友人沿着萨拉索塔湾漫游，宛如穿行在威尼斯大运河上。

 建筑风格

威尼斯哥特式（Venetian Gothic style）

地址

5401 Bay Shore Road

Sarasota，FL 34243

附 录

约翰·林林和梅布尔·林林的收藏传奇

20 世纪初，同"镀金时代"许多美国有钱人一样，约翰和梅布尔夫妇每年都会去欧洲旅游。约翰还借机在欧洲为自己的马戏团物色演员，同行的除了妻子梅布尔外，还有助手、慕尼黑的艺术品经纪人伯乐（Julius Bohler）。

约翰开始收集艺术类书籍和艺术品，他收集得越多，便越发痴迷。他如饥似渴地购买和阅读艺术类书籍，最终他收集的 85 000 册艺术类书籍便成为"林林艺术图书馆"（Ringling Art Library）的基础。

除了书籍，约翰还收集古典大师的作品，如鲁本斯（Rubens）、凡·代克（van Dyck）、委拉斯开兹（Velázquez）、丁托雷托（Tintoretto）、格列柯（El Greco）、庚斯勃罗（Gainsborough）、普桑（Poussin）以及其他艺术家的作品。

除了欧洲，约翰和梅布尔夫妇还经常光顾纽约的拍卖场，购买家具、壁毯及绘画。尤其值得一提的是梅布尔，她热衷于在拍卖场上买东西，出价总是比估价高得多。在 1924 年古尔

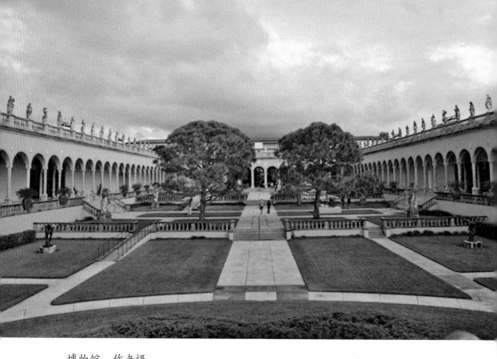

博物馆，作者摄。

德家产（the George J. Gould estate）拍卖会上，一个 10 美元的电话，她竞价到 75 美元买下，被人称为"炫耀骚包的买家"。在梅布尔的记事本上，她不仅记着要买什么，而且还记着要把买的东西摆放在约翰之家的什么位置。

在约翰之家完工后，1927 年，约翰开始模仿意大利佛罗伦萨乌菲齐美术馆（Uffizi Gallery），建造一个艺术博物馆，来展示他们夫妇收藏的艺术品。

博物馆围绕一个宽 150 英尺（45.7 米），长 350 英尺（106.7 米）的庭院展开。21 间艺术品陈列室（Galleries）沿三边分布，凉廊环绕，西边是一个半圆形的高台，站立着复制的米开朗琪罗大卫铜像。

博物馆是佛罗伦萨设计风格，柱子来自希腊，墙基来自意大利，门拱和门道来自欧洲。数百座进口的古董大理石雕像装饰着博物馆。

1929 年 12 月，博物馆基本完工。原定 1930 年 2 月开馆，结果推迟。1930 年和 1931 年举办过两次简短的预展。1932 年 1 月 17 日，博物馆开始对公众永久开放。

由于罹患糖尿病和艾迪森氏病（Addison's disease），梅布尔于 1929 年 6 月 8 日去世，她没能等到博物馆开馆的那一天。但在博物馆的章程上，梅布尔是博物馆馆长和博物馆集团副总裁。

约翰和梅布尔夫妇对旅行、艺术、文化的共同爱好，对意大利和萨拉索塔的热情，成就了这座"约翰和梅布尔·林林艺术博物馆"（The John and Mable Ringling Museum of Art），至今它仍是萨拉索塔、佛罗里达乃至美国的骄傲。约翰说，他希望博物馆"提升人们的教育和艺术欣赏水平，尤其是在年轻人中"。

梅布尔去世后，约翰一蹶不振，再也没能从痛苦中恢复过来。1936 年 12 月 2 日，约翰去世。由于 30 年代末的大萧条和经济危机，据说，约翰去世时，几乎不名一文，银行账户上仅有 311 美元。他在遗嘱中将所有房产、艺术品收藏全部捐给佛罗里达州人民，包括之前设立的 120 万美元的房屋维修基金。

Castello di Amorosa (Napa)
爱之城堡（纳帕）

这座城堡位于加州纳帕溪谷（Napa Valley）卡利斯托加镇（Calistoga）南部，是美国唯一、正宗的中世纪意大利托斯卡城堡和葡萄酒庄，于 2007 年 4 月正式放下吊桥，开门营业。

城堡名为 "Castello di Amorosa"，意大利语，翻译成英语即为 "castle of love"（爱之城堡）。城堡坐落在占地 171 英亩的山坡上。城堡主人沙托（Dario Sattui）是一个在纳帕溪谷经营酒庄历经四代的意大利家族酿酒师和商人。他拥有和经营着"维沙托酒庄"（"the V. Sattui Winery"），这个酒庄由沙托的曾祖父 1885 年在旧金山创立，位于纳帕溪谷的圣海伦娜（St. Helena），传到他手里是第四代。

在遍访意大利和欧洲的葡萄酒庄并研究中世纪城堡数十年后，1994 年，沙托开始建造这座城堡。城堡仿照正宗 13 世纪托斯卡城堡建造——高大的围墙；5 个护卫塔；107 个房间，其中 90 个用于酿酒和储存；一个大厅，里面装饰着高两层、由意

上图：爱之城堡，作者摄。　　下图："维沙托酒庄"，圣海伦娜，作者摄。

"维沙托酒庄"徽标。

大利画家绘制的巨幅壁画；一个有 500 年历史的壁炉；一个庭院；一座吊桥；一个地牢；一个刑讯室；一个骑士室；一个中世纪教堂；一个巨大的橡木桶酒窖，古代罗马十字拱顶；还有游客品酒室；延伸到山脚下与城堡相连的还有一条长 270 米的迷宫。

城堡建筑面积超过 12.1 万平方英尺（11 200 平方米），地下四层，地上四层，建造时间历经马拉松式的 15 年。石匠、铁匠和木匠都是使用古代中世纪工艺技术。建筑材料包括 8 000 吨当地开采的石料（铺路石不算）、屋顶陶瓦以及 85 万块从欧洲进口的红砖。刑讯室里有一个 300 年历史的"铁处女"（iron maiden），据沙托说，他花了 13 000 美元从意大利皮恩扎（Pienza）购得；而大厅的壁画则由两个意大利画家历时一年半完成。

由于纳帕县严格的规定，城堡及周围场地不能出租用于婚礼和招待活动，但可以出租给公司聚会及基金会筹款。2012 年 5 月，纳帕县在审查了城堡的交通停车和建筑物用途代码规程

上图：城堡庭院，作者摄。　　　下图：城堡大厅，作者摄。

（building code compliance）后，以没有使用许可为由，勒令城堡教堂停止每周一次的弥撒活动。

建 筑 风 格

意大利中世纪托斯卡城堡（medieval Italian Tuscan castle）

地 址

4045 North St. Helena Hwy

Calistoga，CA 94515

Chapel in the (South Dakota) Hills
山中教堂（南达科他州）

48

这个木板教堂位于南达科他州拉皮德（Rapid）市郊，建于
1968 年至 1969 年，建筑师为施皮茨纳格尔（Spitznagel）及其
伙伴。1969 年 7 月 6 日正式落成。

这个教堂是挪威著名的"博尔贡木板教堂"（Borgund
Stave Church，Norway）的精准翻版。博尔贡木板教堂建于
1150 年前后，被认为是至今保存最好的木构教堂。

为了精确复制博尔贡木板教堂，挪威古迹部（The
Norwegian Department of Antiquities）提供了整套博尔贡木
板教堂建筑蓝图，教堂木雕由挪威木刻家和拉皮德当地居民克
里斯第森（Helge Christiansen）共同完成。挪威木板教堂使用
的是冷杉，拉皮德的这座木板教堂使用的是来自太平洋沿岸西
北地区的道格拉斯冷杉（Douglas fir）。

教堂旁边有一个地道的原木屋，由来自挪威的移民、淘金
者尼尔森（Edward Nielsen）建于 1876 年。当时美国黑山地区

山中教堂，作者摄。

（the Black Hills）掀起淘金热，木屋里保存着一些19世纪由挪威人和斯堪的纳维亚人从家乡带过来的物品。

　　还有一个游客中心，名为食品仓库（Stabbur），茅草屋，则是在挪威建造，在拉皮德当地组装的。游客中心也是一个纪念品店，主要卖些斯堪的纳维亚主题的纪念品。

　　2012年8月7日，这座木板教堂被列入"美国国家历史地名名录"。

　　木板教堂（Stave church）

地址

3788 Chapel Ln.

Rapid City，South Dakota

挪威博尔贡木板教堂，J. P. Fagerback 摄。

49

Chateau Laroche (Loveland Castle)
岩石城堡

这座风格质朴的"中世纪"城堡坐落在俄亥俄州小城洛夫兰（Loveland）的小迈阿密河（the Little Miami River）边。城堡名字来自法国西南部的一个岩石城堡，因而它有一个法式名字：Chateau Laroche（岩石城堡），但当地人习惯于叫它"洛夫兰城堡"（Loveland Castle）。这座城堡现在是当地一个童子军组织——"金色小径骑士团"（Knight of the Golden Trail，KOGT）所在地。它的建造者就是"金色小径骑士团"创始人安德鲁斯先生（Sir Harry Andrews），而且是

安德鲁斯先生。

他倾一人之力、独自完成的!

　　故事得从很久、很久以前讲起。安德鲁斯先生出生于1890年，第一次世界大战爆发后，年轻的安德鲁斯作为一名军医在一个战地医院工作。

　　不幸的是，安德鲁斯染上了致命的脑脊髓膜炎（流脑），同时染病的还有来自美国新泽西州迪克斯军营（Camp Dix, New Jersey）的7 000名士兵。一动不动的安德鲁斯被送入停尸房，他的档案袋被标上"死亡"字样，送回华盛顿。

　　安德鲁斯在停尸房躺了很久，然后又被送回医院解剖。医生打开他的嘴，从上颌取下一些组织做细菌培养。一个医生说，"让我们来试试这新鲜玩意儿，看能不能让他的心脏跳起来"。这"新鲜玩意儿"就是肾上腺素。一根针管刺破安德鲁斯的心脏，医生按压安德鲁斯的胸部。然后，安德鲁斯的心脏重新跳了起来。

　　安德鲁斯双目失明，四肢瘫痪，没有人指望他能活下来。

　　过了几周，安德鲁斯竟然坐了起来，还能吃东西。他体重只有89磅（约40公斤），护士一天喂他六次，有时他的体重一天就能长几磅。安德鲁斯的视力慢慢恢复，不过得戴眼镜。医生从他身上抽血，获得脑膜炎抗体。安德鲁斯便变成了一个抗体血库，以拯救其他患病的士兵。

　　后来，安德鲁斯发现自己被送到了法国西南部多尔多涅地区的一个军事医院，这个军事医院就设在拉罗什城堡（the Chateau Laroche，岩石城堡）中。在医院里，安德鲁斯是一个行政管理人员。

在安德鲁斯被宣布死亡后，其未婚妻就嫁给了别人。六个月后，当安德鲁斯被宣布还活着的时候，一切都已经太晚了。

1918 年的欧洲满目疮痍，被美国总统伍德罗·威尔逊抨击为暴力、混乱和沦丧。安德鲁斯则称之为"地狱"。不过，这个28 岁的年轻人倒还比较活跃，他教美国大兵法语，积极参加青年基督教联盟 [YMCA, Young Men's Christian Association, 该联盟由乔治·威廉斯（George Williams）1844 年创立于伦敦，致力于将基督教原则用于实践，让青年人拥有健康的体魄、敏锐的头脑，焕发出精神] 的活动。曾在科尔盖特大学（Colgate University，位于纽约州的汉密尔顿市，始建于 1819年，美国著名的私立文理学院）学习的安德鲁斯战后还在法国图卢兹大学（Toulouse University）学习建筑。

像大多数的美国大兵一样，在欧洲游荡了一段时间、参观了不少城堡的安德鲁斯带回来一些寻常纪念品，他的护士帽。战地餐具。一些明信片。不过，由于他对建筑的爱好，他还带回了某些不寻常的想法，并逐渐成为一个中世纪迷。

安德鲁斯一生从事过不少工作。他曾在辛辛那提地区几个学校教书，第二次世界大战期间，做过记者和防御工作，最后从标准出版公司（the Standard Publishing Co.）退休。在公司里，他负责收发邮件。而他热衷的工作是在主日学校教童子军游泳、钓鱼、划船、露营等，且一教就是三十多年。就是在教童子军的时候，他萌生了建一座中世纪城堡的念头。

开始，安德鲁斯只是带着十来个童子军在小迈阿密河边及林地活动，搭帐篷宿营。时间一长，帐篷难免损坏，童子军装备难免丢失或被盗。

1927 年，辛辛那提当地一家报纸《辛辛那提调查报》(the Cincinnati Enquirer) 为了扩大发行量，搞了一个推广活动：如果有人全额订阅一年的《辛辛那提调查报》报，他就会得到小迈阿密河岸的一块土地。结果，安德鲁斯两个童子军的家长订了全年的报纸，得到两块土地，他们将这两块土地赠给了安德鲁斯和他的童子军。

有了自己的地盘，安德鲁斯童子军的活动就更有模有样了。为了解决帐篷损坏问题，安德鲁斯召集童子军从河床上捡来石头，由他搭了两个石头小房，他称之为"石头帐篷"。就在这里，安德鲁斯正式将他的童子军命名为"金色小径骑士团"。

根据圣经"十诫"和中世纪骑士传统，安德鲁斯成立"金色小径骑士团"的目的是拯救现代文明，使其免于堕落和退化，就像贵族骑士将欧洲从中世纪黑暗中拯救出来一样。安德鲁斯认为，骑士当然要有自己的城堡，于是，1929 年 6 月 5 日，岩石城堡正式开建。而这一建就建了 50 年。

因经济大萧条（1929—1933）以及第二次世界大战，安德鲁斯并没有真正开始建造他的城堡，直到退休后，他才全力以赴。据说，安德鲁斯的城堡模仿自法国北部和英国的城堡，是一座 16 世纪中世纪城堡五分之一比例的复制品。到底是哪座城堡呢？安德鲁斯没有说，也没有建筑图纸留下。总之，安德鲁斯独自从小迈阿密河床上捡来石头，慢慢地垒，慢慢地砌。这是他自己的城堡，他自己设计，独自建造，一个人在小迈阿密河边忙碌。

25 年后的 1955 年"阵亡士兵纪念日"（Memorial Day），城堡的几个房间建好了，安装了必要的生活设备，安德鲁斯便搬进了城堡。之后，城堡一直在慢慢地长大，直到今天的模样。

据统计，安德鲁斯的岩石城堡共用掉 2 600 包水泥。他从小迈阿密河中共捡了 56 000 桶石头（5 加仑的桶，每桶 65磅），自己手提到城堡。石头不够时，他就自己造水泥砖，所有的砖都是以废弃的一夸脱大小的纸质牛奶盒为模子。估计城堡所用建筑材料重达 8 000 吨，安德鲁斯自己完成了 98% 的工作，计 23 000 小时的重体力活，12 000 美元现金。一些童子军帮他打下手，但城堡的每一块石头都是安德鲁斯自己亲手垒上去的。

现在的岩石城堡占地 1.5 英亩，有厨房、卫生间、起居室、办公室、餐厅、卧室、阳台、搏击台、车库、杂物间、地牢、露台和花园。城堡也有很多现代生活设施，自来水、化粪池、燃油锅炉、电器、下水道、电话等。

"岩石城堡"受到当地媒体的广泛关注，安德鲁斯成了名人，在当地以及克利夫兰、路易斯维尔和匹兹堡的电视台至少露脸 50 次。无数的电台、报纸和杂志报道过安德鲁斯和他的城堡。据安德鲁斯自己说，有 50 多位女士，包括寡妇和老淑女，提出希望和他结婚，住进城堡。安德鲁斯好像没有动心。

当申请军队抚恤金时，安德鲁斯得向五角大楼（美国国防部）证明他没有阵亡。他领了 23 年的抚恤金，1979 年他的抚恤金停了，后来他就靠社会保险金过活。

1981 年 3 月 14 日早上，安德鲁斯在城堡中烧垃圾，当他

岩石城堡，作者摄。

想把火踩灭时，火把他的裤子烧着了；当他用手扑火时，袖子又烧着了。闻讯赶来的游客用毯子扑灭了他身上的火，但安德鲁斯仍被严重烧伤。4月16日，安德鲁斯去世，享年91岁，遗嘱将岩石城堡留给他的童子军——"金色小径骑士团"。

　　当年的小童子军如今早已成了白发苍苍的爷爷，他们作为志愿者，看护着城堡，向游客讲述安德鲁斯的传奇。如果有人打听安德鲁斯的故事，他们就说，安德鲁斯完全可以和第一次世界大战时期的传奇人物"约克中士"（Sergeant York，美国第一次世界大战时期最传奇的士兵之一，他带人袭击德军机枪阵地，缴获32挺机枪，打死28名德军，俘虏132人，获得荣誉勋章）、"艾迪"（Eddie Rickenbacker，美国第一次世界大战时期最杰出的王牌飞行员，击落敌机26架，获得荣誉勋章）甚至"红男爵"（Red Baron，第一次世界大战时期德国顶尖的王牌飞行员，被称为"王牌中的王牌"，击落敌机80架）相提并论呢!

建 筑 风 格

中世纪城堡（medieval castle）

地 址

12025 Shore Road

Loveland，Ohio 45140

附 录

一个男人的家就是他的城堡

俗话说，"一个男人的家就是他的城堡"（"a man's home is his castle"）。有些男人把这句话看得很重——毕竟拥有城堡的男人凤毛麟角——没有城堡，不妨自己动手建造一个，西班牙的瑟拉芬·维拉兰先生就是这样一个男人。

瑟拉芬·维拉兰（Serafin Villarán，1935—1998）出生在西班牙北部布尔戈斯省（Burgos）塞伯勒罗斯市（Cebolleros），他生平最大的梦想就是拥有一座属于自己的中世纪城堡。但他只是一个很普通的人，一个当地工厂的电焊工，城堡对于他还只是一个梦。

西班牙布尔戈斯省塞伯勒罗斯城堡。

直到 1977 年，那年维拉兰先生 42 岁。

他突然灵机一动，何不自己动手建造一座中世纪城堡？他虽然没有任何建筑经验，但还是决定追逐梦想，自己动手建造一座城堡，作为自己和家人的新家。

他在一个山顶老酒庄买了一小块地，然后从附近尼拉河和特鲁巴河（rivers Nela and Trueba）拣来鹅卵石，将这些鹅卵石和着混凝土，像燕子衔泥筑巢似的慢慢垒他的城堡。

维拉兰先生的城堡没有任何预先设想的蓝图，他想建造的城堡模样主要依赖于他自己的想象，有时还会从西班牙城堡游览手册中寻找灵感。

维拉兰先生至少耗时 20 年，艰苦奋斗，最后终于亲手建成

维拉兰先生（1935—1998）。

了一座 5 层楼高的中世纪风格城堡，他给这座城堡取名"洞穴城堡"（Castillo de las Cuevas，Castle of Caves）。城堡上不但有几个圆形塔楼，塔楼上还有碉堡城垛。城堡建筑面积 3 200 平方英尺（约合 297 平方米）。

维拉兰先生于 1998 年离开了人世，当时"洞穴城堡"的外部已经竣工，但内部装修工作还没有完成。维拉兰先生的儿子路易斯·瑟拉芬（Luis Serafin）和女儿约兰达（Yolanda）深知城堡对于父亲未竟梦想的意义，他们决定完成父亲的城堡建造计划，每年都要投资至少 2 000 欧元用于城堡的建造和装修工作。

如今，这座中世纪风格城堡已经成了当地一个旅游景点，很多游客都会来"洞穴城堡"参观，并为它的建造过程而感叹。据路易斯和约兰达称，尽管他们欢迎游客来参观这个现代版的"中世纪城堡"，但并不想将城堡开发成一个收费旅游景点，游客可以免费参观。姐弟两相信，这也是他们父亲的愿望。

50

Drayton Hall
德雷顿府

约翰·德雷顿（John Drayton，1715—1779）出生在南卡罗来纳一个大种植园家庭，他是托马斯·德雷顿（Thomas Drayton）和安·德雷顿（Ann Drayton）夫妇的第三子。由于不可能继承出生时家族的房产，即现在的"木兰庄园"（Magnolia Plantation and Gardens），1730 年代，约翰·德雷顿就在附近购买了一块 350 英亩的地产。1738 年，他开始建造德雷顿府，1742 年完工。

德雷顿府是美国最早和最好的帕拉迪奥式建筑（Palladian architecture）典范。人们或许要问，谁设计了这座府邸？研究表明，德雷顿府的建筑师很可能就是她自己的主人——约翰·德雷顿本人。

在购买这块地产前，约翰·德雷顿早年的生平不详，现在
还不能确定他是否去过欧洲，是否在国外受过教育。不过，德
雷顿府的建筑、考古记录以及博物馆的藏品都表明了它与英国
的紧密联系以及 18 世纪启蒙运动从欧洲传到了美国。德雷顿府
的建筑设计深受 16 世纪意大利帕拉迪奥式建筑经典的影响。帕
拉迪奥式建筑 17 世纪传到英国，受到英国热捧，随着介绍帕拉
迪奥式建筑书籍的出版，帕拉迪奥式建筑 18 世纪又传到了北美
殖民地。

德雷顿府，1890 年。

　　档案资料表明，德雷顿家族有自己的图书馆，他的个人收藏除了天文学、鸟类学、园艺学、景观设计等以外，还有18世纪英国出版的建筑方面的书。德雷顿府的设计参考了这些书籍，例如威廉·肯特（William Kent，1685—1748）编辑的《伊尼戈·琼斯的设计》（《Designs of Inigo Jones》，伊尼戈·琼斯是英国古典主义建筑学家，会意大利语，拥有安德烈·帕拉迪奥的《建筑四书》），詹姆斯·吉布斯（James Gibbs，1682—1754）的《建筑之书》（《A Book of Architecture》，出版于1728年，伦敦）。考虑到这些书籍的昂贵和阅读使用这些书籍所要求的教育程度，约翰·德雷顿的藏书也显示了他的富有和学识。

　　德雷顿府最突出的建筑特征是它的双层柱廊，这种双层柱廊与1551年安德烈·帕拉迪奥设计的、坐落在威尼斯附近的纳罗别墅（Villa Cornaro）十分相像（1570年，帕拉迪奥出版了他的《建筑四书》，里面有纳罗别墅插图及说明。1996年，纳罗别墅成为"维琴察市和维内托帕拉迪奥别墅"世界文化遗产的组成部分）。德雷顿府的楼层平面图也是帕拉迪奥式的，很可能直接取材于詹姆斯·吉布斯的《建筑之书》里面第38号插图。

　　德雷顿府建成后，一直在约翰·德雷顿家族中传承，一共传了7代，没有中断，它成为德雷顿庞大种植园王国的核心。约翰·德雷顿一生共拥有100多个不同的种植园，遍布南卡罗来纳和佐治亚，面积大约为76 000英亩。在这些种植园中，黑奴、美洲原住民及其后代辛勤劳作，种植水稻和靛青（靛蓝）

纳罗别墅。

出口到欧洲，饲养牛、猪贩运到加勒比产糖区。美国南方种植园传统如今定格在德雷顿府、周围景观以及传承至今的收藏品上。从总体上说，德雷顿府是北美殖民时期最重要的种植园之一，它近乎完好地留存至今，成为美国南方种植园历史、建筑设计和保存的典范。

　　1974 年，德雷顿家族后人将德雷顿府卖给了"美国国家文物保护基金会"（National Trust for Historic Preservation）。条件就是，要好好地爱她、照顾她、保存她⋯⋯不要尝试改变她。

　　基金会给予了郑重的承诺。

　　如今，德雷顿府仍然是它建成时的样子，它躲过了美国独立战争和南北战争的炮火，而且德雷顿家族历经 7 代 230 多年

德雷顿府。

没有对房子结构和外观作任何改变，没有安装电、自来水、暖气、空调等现代化设施。参观德雷顿府的人们会听到导游（建筑学者）耐心讲解保存历史文化遗迹的两个不同的观念：恢复（Restoration）和保存（Preservation）。

"恢复"是保护历史古迹的典型方法，即将老房子维修和恢复成当年的状态，添加那个时代的家具和画像，营造出房子当年的气势。参观者会看到老房子，华丽的家具，餐具和灯饰，感觉就像主人还住在房子里一样。

而"保存"则是不对老房子作任何结构、外观的改变，保存它的原状，保存时间留在它上面的历史信息和岁月气息。

所以，参观者现在看到的德雷顿府，没有经过刻意的美化，一如她二百多年前的容颜。

> 德雷顿府是一个让时间停止不动的地方。初次见到她我的感觉无以言表。她是对过去时光的致敬，我们只希望尊重她，而不是改变她。世上有无数恢复一新美丽的地方，但德雷顿府的奇特就在于，你能听到微风掠过柱廊、穿过房间、跨过阿什利河（Ashley River）的波浪，那种静谧，那种时间的流淌。这是十八世纪？十九世纪？还是二十一世纪？我不知道。我只知道这里是我们历史的一部分，是我们内心的一部分，是我们变得更好的地方。

德雷顿府的后面是一条河——阿什利河，是种植园主人和客人在河边漫步的地方。几年前，河对面的那块土地挂牌出售。

一个商业集团打算把土地开发成滨河住宅公寓。听到这个消息后，基金会很震惊。他们向公众集资，成功买下了河对面的那块土地。现在那块土地被空置，就是为了保持当年种植园遥望对岸的幽静景观。

1960 年 10 月 9 日，德雷顿府被列入"美国历史地标"；1966 年 10 月 15 日，被列入"美国历史地名名录"。南卡罗来纳历史和档案部（The South Carolina Department of Archives and History）认为德雷顿府"毫无疑问是美国现存所有种植园府邸中最好的之一"。

乔治–帕拉迪奥式（Georgian-Palladian style）

地 址

3380 Ashley River Road
Charleston，SC 29414

51

Edsel and Eleanor Ford House
埃德塞尔和埃莉诺·福特府邸

埃德塞尔·福特（Edsel Ford，1893—1943）是美国汽车大亨亨利·福特（Henry Ford，1863—1947）的儿子和唯一的孩子，他也是福特汽车公司总裁（1919年直至1943年去世）。

"埃德塞尔"这个名字源于古英语，含义是"富裕＋自我"（rich＋self）。埃德塞尔·福特1916年与埃莉诺·克雷（Eleanor Lowthian Clay，1896—1976）结婚，他们共生育了四个孩子，即亨利·福特二世（Henry Ford II，1917—1987）、本森·福特（Benson Ford，1919—1978）、约瑟芬·克雷·福特（Josephine Clay Ford，1923—2005）以及威廉·克雷·福特（William Clay Ford，1925—2014）。

为了给自己的家人在圣–克莱尔湖（Lake St. Clair）边建造一个舒适、隐居的府邸，埃德塞尔·福特聘请建筑师卡恩（Albert Kahn，1869—1942）来做设计，花园设计则委托给了景观设计师詹森（Jens Jensen，1860—1951）。

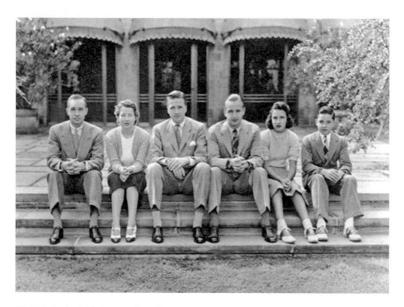

埃德塞尔和埃莉诺·福特一家。

　　埃德塞尔·福特和建筑师卡恩前往英格兰（福特家族的起源地）寻找设计概念和灵感，他们被英格兰科茨沃尔德（Cotswolds）地区的"乡土建筑"（立足于当地需要，使用当地建筑材料，反映当地传统）所吸引。埃德塞尔·福特要求卡恩设计一座府邸，要与科茨沃尔德地区乡村住宅类似，要集合乡村住宅的所有特征。卡恩的设计包括：砂岩外墙，传统的斜坡屋顶，石片瓦，墙外爬满常春藤，其建筑外观与被英国工艺美术运动大师威廉·莫里斯誉为"英格兰最美丽的村庄"的拜伯里（Bibury）村如出一辙。

　　福特府邸建筑外墙砂岩来自俄亥俄州"石楠山石材公司"（The Briar Hill Stone Company）。该公司信奉："砂岩是我们

埃德塞尔和埃莉诺·福特府邸，作者摄。

唯一的生意"（Sandstone is our only business）。斜坡屋顶铺
的石灰岩瓦片从英国进口，为此，还特地请来英国工匠，只有
他们才擅长铺装这种科茨沃尔德屋顶（几十年后的屋顶维修工
程还是请的擅长此道的英国工匠）。

　　建筑工程从 1926 年开始。府邸建造只用了一年，但室内安
装从欧洲买来的古老的木墙板和从英国宅邸买来的壁炉却花了
两年时间。府邸内部装饰由罗伯森（Charles Roberson）负责，
他擅长将欧洲古老的木墙板安置在美国的豪宅中。府邸内部装
饰基调为 17 世纪英国宅邸风格。

　　在府邸最大的画廊厅（Gallery），装饰的是 16 世纪的橡木
浮雕木板，壁炉架购自英格兰伍斯特郡（Worcestershire）的

沃莱顿府邸（Wollaston Hall）。这座木头框架宅邸 1925 年被拆毁，拆下的建筑构件和装饰物流散各处。1930 年代，又增加了 14 世纪的彩色玻璃窗项链垂饰。图书馆的墙板和石头壁炉架来自英格兰北安普敦郡（Northamptonshire）。研习室有一个木头装饰上刻有"1585"字样，来自肯特郡滕特登（Tenterden）的赫伦登府邸（Heronden Hall）。

其他有趣的设计元素包括：厨房的台面由纯银制成；在埃德塞尔·福特办公室墙板的后面有一个"秘密的"摄影暗房；一间由 1930 年代工业设计领军人物蒂格（Walter Dorwin Teague）设计的装饰艺术风格（Art Deco style）的房间；蒂格设计的二楼"现代之室"采用新型的间接照明法，灰褐色皮质墙板，弧形壁龛，带有 18 个垂直剖面；蒂格还设计了埃德塞尔和埃莉诺三个儿子的卧室和起居室。

景观设计师詹森负责花园设计。他的设计理念仍是他传统的"纵深景观"——参观者进入门楼后，一瞥而见府邸远在长长的草地尽头，然后掠过沿途的景致，到了跟前，整个府邸才扑面而来，眼前所见另一种景观。

埃莉诺·福特夫人想要在草地上安置一个玫瑰园，一开始詹森反对这样做，认为这会破坏原来设计中完全自然的景观。后来，詹森和福特夫人达成妥协，将玫瑰园置于一些当地灌木丛后面，远离前草坪视野所在的草地。而这也是埃德塞尔和埃莉诺·福特府邸"乡土建筑"设计理念、尊重本地植物的体现。

然而，哀伤总是悄悄降临。1943 年，埃德塞尔·福特因转移性胃癌去世，享年 49 岁。痛失爱子的亨利·福特不得不重操旧业，担任福特汽车公司总裁，直到长孙亨利·福特二世长大成人，才将总裁位置交给他（1945）。

埃德塞尔·福特去世后，埃莉诺·福特夫人一直住在这里，直到1976年去世。她的遗嘱要求将府邸用于"公众福利"。深隐在湖边、由宽阔的草坪和石头大门隔开的、美国最富有的家庭的、非常私人的领地，半个世纪以来很少为外人和照相机窥见的府邸终于向公众撩开了它神秘的面纱——这仿佛是一扇窗口，让世界得见美国上流阶层富丽堂皇和无法想象的奢华生活和审美趣味。

终其一生，埃德塞尔·福特和埃莉诺·福特夫妇都热爱艺术，家里收藏了塞尚、凡·高、德加、马蒂斯以及墨西哥壁画家迭戈·里维拉的作品。福特夫人去世后，这些艺术作品都捐赠给了"底特律艺术馆"（Detroit Institute of Arts，DIA）。现在府邸挂的是复制品，不过它们都在原来的位置上，与曾经的主人朝夕相伴。

埃莉诺·福特夫人去世时，留下了1500万美元的原始信托基金用于府邸的维护。2007年，这笔基金已经达到9800万美元。

近年来，"埃德塞尔和埃莉诺·福特府邸"经历了几次大的维修，包括新换屋顶。维修工程请的是英国的一家公司，来了五个英国专业石匠，采用同一种石匠手艺。石瓦片被揭下，破碎的石瓦片被换掉，换上的石瓦片来自原来同一个采石场，以确保它们与原来的完全一致。最近的一次维修是更换府邸临湖边一个露台的砂岩柱子，柱子顶端边缘有裂缝。为保证与原来的柱子一模一样，基金会找到石材的原产地，购买的是同一种石材。

现在，"埃德塞尔和埃莉诺·福特府邸"由导游带领对公众开放参观。府邸坐落在圣-克莱尔湖边占地 87 英亩（35 万平方米）的土地上。府邸面积 1 858 平方米，收藏了大量的古董及艺术品。1979 年 7 月 24 日，它被列入"美国国家历史地名名录"。

建筑风格

英国科茨沃尔德（English Cotswold）

地址

1100 Lake Shore Drive

Grosse Pointe Shores，Michigan

52

Emerson Bromo-Seltzer Tower
爱默生溴塞耳泽塔

这座钟塔始建于 1907 年，1911 年完工。原名"Bromo-Seltzer Tower"（溴塞耳泽塔）或"Baltimore Arts Tower"（巴尔的摩艺术塔）。Bromo-Seltzer（溴塞耳泽）是一种止头疼药，由爱默生船长（"Captain" Isaac E. Emerson，1859—1931）发明，1888 年开始在巴尔的摩生产。

爱默生船长 1900 年在欧洲旅游，他喜欢上了意大利佛罗伦萨的韦奇奥宫（the Palazzo Vecchio），于是聘请建筑师斯佩里（Joseph Evans Sperry，1854—1930），按照他的愿望设计制药厂。五层楼的厂房和钟塔基本模仿了韦奇奥宫的外观。

钟塔建成后，高达 289 英尺（约 88 米），在 1911 年至 1923 年，它是巴尔的摩最高的建筑。

在钟塔的顶端放置着一个巨大的溴塞耳泽药瓶，药瓶高 51 英尺（约 16 米），重 20 吨，蓝色，可以旋转，顶上是一个皇冠，周围是 314 个白炽灯泡。1936 年，由于结构问题，药瓶被

爱默生溴塞耳泽塔，作者摄。

佛罗伦萨韦奇奥宫，尹
可陶摄。

挪走。1969 年，制药厂被拆除，在原址上建起了一个消防站。

　　在钟塔的第 15 层，东南西北四面是四个巨大的钟，由塞思托马斯钟表公司（the Seth Thomas Clock Company）安装，耗资 3 965 美元 。钟面直径 24 英尺（7.3 米），分针和时针分别长约 12 英尺（3.7 米）和 10 英尺（3 米）。钟盘没有刻度，用药名"溴塞耳泽"的十二个字母表示（B-R-O-M-O S-E-L-T-Z-E-R），大钟原来由钟锤驱动，后改为电动。

　　2002 年，钟塔一度废弃。2007 年初，"巴尔的摩艺术促进会"（Baltimore Office of Promotion and the Arts）将钟塔改造成 33 个艺术家工作室。而底下的消防站仍保持不变。

爱默生溴塞耳泽塔。

　　1973 年，钟塔被列入"美国国家历史地名名录"，同时被列入"巴尔的摩国家传统地区"（the Baltimore National Heritage Area）。

文艺复兴复兴式（Renaissance Revival）

312 West Lombard Street
Baltimore，Maryland

53

Engine House No. 6 (Baltimore, Maryland)
第六号消防站（马里兰州巴尔的摩）

　　这座红砖塔楼由建筑师里辛（Reasin）和韦瑟拉德（Wetherald）设计，建于1853年至1854年，是巴尔的摩（Baltimore）历史上第六号消防站。消防站坐落在一个三角地块，主楼两层。塔楼高103英尺（30.4米）。塔楼形状直接模仿了意大利佛罗伦萨的"乔托钟楼"（Campanile di Giotto），只不过模仿得太过粗糙和简陋，简直不成体统。

　　"乔托钟楼"是佛罗伦萨"圣母百花大教堂"（the Basilica of Santa Maria del Fiore）的钟楼，但它独自挺立，与"圣约翰洗礼堂"（Baptistry of St. John）相对。"乔托钟楼"由文艺复兴初期一位与诗人但丁同时代的大壁画家和建筑师乔托（Giotto di Bondone，1266—1337）设计，故得名。它是佛罗伦萨哥特式建筑的典范，具有丰富的雕刻装饰和五彩大理石外壳。

　　"乔托钟楼"的底面是一个边长为47.4英尺（14.45米）的正方形，纤细的结构高达278英尺（84.7米），四角是多边

第六号消防站，作者摄。

形扶壁支撑，线条明晰的垂直
线和平行线将钟楼分为五段。
五彩大理石装饰精美华贵，无
与伦比。

尽管模仿得如此简陋，
1973 年 6 月 18 日，巴尔的
摩的这座红砖塔楼还是被列入
"美国国家历史地名名录"。

建 筑 风 格

哥特复兴，意大利哥特式
（Gothic Revival，Italian-
Gothic）

地 址

416 N. Gay Street
Baltimore，Maryland

乔托钟楼。

54

Fenway court
芬威庭院

伊莎贝拉·斯图尔特（Isabella Stewart）1840年4月14日出生在纽约，是富有的布匹商人夫妇戴维·斯图尔特（David Stewart）和阿黛丽娅·史密斯·斯图尔特（Adelia Smith Stewart）的女儿，她的祖先斯图尔特可追溯到达尔-里阿达[Dál Riata，凯尔特人（Gaelic）在6世纪建立的王国]的传奇国王弗格斯（King Fergus）。在5到15岁时期，伊莎贝拉在家附近的一个女子学校读书，学习艺术、音乐、舞蹈以及法语和意大利语，而定期去希腊教堂又让她浸润在宗教艺术、音乐和礼仪中。16岁的时候，伊莎贝拉随家人搬到法国巴黎，她注册上了一所美国女子学校，同学中包括波士顿富有的加德纳（Gardner）家族的孩子。1857年，伊莎贝拉来到意大利，在米兰，她参观了波尔迪·佩佐利美术馆（Museo Poldi Pezzoli）。吉安·吉亚科莫·波尔迪·佩佐利（Gian Giacomo Poldi Pezzoli，1822—1879）是意大利伯爵，意大利文艺复兴艺术品收藏家，创建了以个人名字命名的意大利私人博物馆。伊莎贝拉对波尔迪·佩佐利美术馆以唤起历史时代感设计展厅陈列艺术品的做法印象深刻。她曾对一位朋友说，如果她能继承一笔遗产，她将建一座类似的房子，里面装满美丽的绘画和艺术品，供人们参观欣赏。

1858 年，18 岁的伊莎贝拉·斯图尔特回到纽约。回来后不久，伊莎贝拉以前的同学朱莉亚·加德纳（Julia Gardner）邀请她到波士顿。就这样，伊莎贝拉见到了朱莉亚的哥哥"杰克"（John Lowell "Jack" Gardner II），杰克大伊莎贝拉三岁。1860 年 4 月 10 日，杰克和伊莎贝拉结婚，婚后他们住在伊莎贝拉的父亲作为结婚礼物送给她的房子里，房子位于波士顿灯塔街（Beacon Street）152 号，他们一直住在这里直到杰克去世。

1863 年 6 月 18 日，杰克和伊莎贝拉的儿子"杰基"（Jackie，John Lowell Gardner 3rd）出生，但不幸的是，1865 年 3 月 15 日，儿子死于肺炎。一年后，伊莎贝拉又经历了一次流产。医生告诉她不可能再怀孕。几乎同时，她的密友、小姑子朱莉亚·加德纳也去世了。伊莎贝拉极度伤悲，淡出社交。在医生的建议下，1867 年，伊莎贝拉和杰克前往欧洲旅行。伊莎贝拉是被担架抬上船的。他们夫妇在国外旅行了差不多一年时间，游历了斯堪的纳维亚和俄国，但大部分时间待在巴黎。旅行果然对伊莎贝拉的健康产生了良好的影响，成为她人生的转折点，她开始养成做旅行剪贴簿的终生爱好。旅行归来后，她逐渐成为时髦、活跃的社交名流，不过，她尚未找到生命中的"兴趣点"。

从 1874 年到 1875 年，伊莎贝拉和杰克恢复了出国旅行。他们游历了埃及、纳米比亚、巴勒斯坦、雅典、维也纳、慕尼黑、纽伦堡，然后是巴黎。伊莎贝拉·加德纳夫人痴迷旅行，她对世界各地的历史建筑和异域风情十分着迷。

1883 年，伊莎贝拉和杰克又开始了更宏伟的旅行。他们前往日本，并在日本住了三个月，然后到柬埔寨、印度尼西亚，经中国、印度、埃及，于 1884 年 5 月抵达威尼斯，受到了朋友们的热烈欢迎。杰克的一位亲戚柯蒂斯（Daniel Curtis），买下了威尼斯大运河边的巴尔巴罗宫（the Palazzo Barbaro），伊莎贝拉和杰克夫妇便租住在那里，柯蒂斯的儿子拉尔夫（Ralph）带他们参观游览威尼斯。伊莎贝拉对威尼斯格外痴迷，在接下来几年夏天的威尼斯之旅中，他们夫妇一直住在巴尔巴罗宫。巴尔巴罗宫的建筑和装饰，尤其是它的洛可可式房间和室内小花园，将为后来的"芬威庭院"建筑设计和装饰提供重要灵感。此为后话。

1886 年，伊莎贝拉和杰克到欧洲旅行。在伦敦，亨利·詹姆斯（Henry James，1843—1916，美国小说家）将伊莎贝拉·加德纳夫人引荐给了美国画家萨金特（John Singer Sargent，1856—1925）。当时，萨金特住在切尔西区美国画家惠斯勒（James Abbott McNeill Whistler，1834—1903）以前的画室里。这次会面开启了伊莎贝拉·加德纳夫人和萨金特深厚的友谊和亲密的艺术家—主顾关系。加德纳夫人最终拥有 60 多幅萨金特的绘画作品；萨金特经常拜访加德纳夫人，并为她画了三幅肖像，加德纳夫人去世前的水彩画肖像至今陈列在"芬威庭院"一楼的麦克奈特厅（Macknight Room）中。

在多年的国外旅行中，伊莎贝拉和杰克夫妇已经开始收集和收藏艺术品、古董，包括绘画、雕塑、壁毯、照片、银器、陶瓷、手稿、建筑构件（如门、彩色玻璃和壁炉架）等，但还没有开始系统和重量级大师作品的收藏。

1891 年，伊莎贝拉·加德纳的父亲去世，给她留下了 175 万美元遗产（相当于现在的 3 350 万美元）。有了这笔雄厚资金，伊莎贝拉·加德纳开始了博物馆级别的艺术品收藏。

哀悼期过后，伊莎贝拉和杰克又来到欧洲，开始了收藏生涯中的关键之旅。伊莎贝拉在巴黎购买了维米尔（Vermeer）的作品，还有惠斯勒以及佩塞利诺（Francesco Pesellino，大约 1422—1457，意大利画家）的作品。1894 年，在收藏顾问贝伦松（Bernard Berenson）的指导下，购买了波

加德纳夫人肖像，1888 年，萨金特。

提切利（Botticelli）的"*Tragedy of Lucretia*"（卢克蕾提亚的悲剧）。但是直到 1896 年，当他们购买了伦勃朗（Rembrandt）的《自画像》（*Self-Portrait, 1629*），以及提香（Titian）的《欧罗巴的强奸》（*The Rape of Europa*）和委拉斯开兹（Diego Velázquez）的作品时，加德纳夫妇才意识到，他们雄心勃勃的艺术品收藏需要一个更大的博物馆大楼，而不是他们波士顿灯塔街 152 号的家所能容得下的。

1897 年，加德纳夫妇来到威尼斯，集中收购建筑构件，为未来的新博物馆建筑做准备。新建筑内庭的构想也许已经出现在伊莎贝拉·加德纳的脑海中。

1898 年 12 月 10 日，杰克·加德纳突发中风去世，享年 61 岁。这一突如其来的悲剧让伊莎贝拉·加德纳意识到，人生苦短，生命有限，而他们夫妇共同的梦想——建造一个博物馆——不能再有任何延宕了。

1899 年 1 月 31 日，伊莎贝拉·加德纳决意买下波士顿查尔斯河边新规划出的一块地，即"芬威"沼泽地，作为博物馆馆址。失去了丈夫的伊莎贝拉将自己完全沉浸在博物馆的设计和建造中。

威尼斯是伊莎贝拉和丈夫情有独钟的地方，特别是每次租住的巴尔巴罗宫，那里是美国艺术家和英国侨民热衷集会的地方。每次来到威尼斯，伊莎贝拉·加德纳夫妇都要购买艺术品、古董，观看歌剧，同侨居的艺术家、作家聚会晚餐。毫无疑问，是伊莎贝拉·加德纳自己设计了"芬威庭院"，而设计灵感就是威尼斯的巴尔巴罗宫。

巴尔巴罗宫。

　　伊莎贝拉坚持，建在沼泽地上的"芬威庭院"的桩基必须深深地扎在基岩上，桩基深达 90 英尺（27 米），就像巴尔巴罗宫的建筑桩基一样。她拒绝使用钢架结构，坚持建筑结构必须遵循文艺复兴建筑原则。

　　伊莎贝拉·加德纳聘请建筑师西尔斯（Willard Thomas Sears，1837—1920）来辅助她。西尔斯的日志记道："伊莎贝拉事无巨细，亲力亲为，对设计和施工的每一个细节都抓住不放——她对石匠和建筑承包商十分严厉，对她想要的石头和木头的质量几近苛求；她经常改变主意，而每一次改变都需要出新的草图和蓝图；她甚至要求奠基毛石参差不齐，让上面的砖砌大楼看起来像是浮在（float over）奠基石上，而不是搁在（rest on）上面；因为伊莎贝拉不满意，楼梯建了两次，又拆了两次；数以百计标了记号、装满了从欧洲进口的柱头和石质构件的板条箱堆在仓库里，但只能由伊莎贝拉决定开箱顺序，完全不理会它们是如何堆放的；她经常爬上梯子，提着油漆桶，告诉油漆匠她想要的室内庭院效果；她定期巡视施工现场，具体指导每一个建筑构件应该安放的位置……"西尔斯不无俏皮地说："我只是一个结构工程师，协助让伊莎贝拉的设计成为可能……"

1901 年 11 月 18 日，伊莎贝拉搬进"芬威庭院"，住在第四层的个人起居室。这是一座真正的 15 世纪威尼斯式豪华宫殿，伊莎贝拉将巴尔巴罗宫的外立面内翻成一个优美的天井，形成一个庭院，一片鲜花、喷泉和棕榈树组成的绿洲。八条走廊俯视着购自罗马的 2 世纪镶嵌画，四周围绕着罗马雕像。庭院入口是她丈夫购自佛罗伦萨的狮子柱座。自然光从天井上方落下来，沐浴着庭院，时光流淌，氤氲生辉。

接下来的一年多时间，伊莎贝拉又亲自装饰展室，布置展品。每个展室都自成特色，流露出伊莎贝拉的美学追求和个人趣味。伊莎贝拉不喜欢大部分博物馆冰冷阴森、形同陵墓的构造。她想要的是亲切、洒满阳光的展室围绕着一个开满鲜花的中央天井的博物馆。她的博物馆大多数展品没有标签（家庭式的艺术品陈列）；博物馆照明主要借助自然光，辅以照度很低的射灯、伪装成蜡烛的小灯。伊莎贝拉刻意营造电灯未出现前的古代家庭而不是现代博物馆的氛围。

　　1903 年 1 月 1 日晚上，伊莎贝拉邀请宾客来到"芬威庭院"音乐厅（即现在的西班牙回廊和壁毯室），参加一个私人音乐会，庆祝博物馆正式落成开放。波士顿交响乐团 50 名音乐家演奏了巴赫、莫扎特、舒曼、肖松的作品。演奏会结束后，饰有镜子、挡住通往庭院视线的门被挪开，随之展现在宾客眼前的是一个映照在日式灯笼和蜡烛下的缀满鲜花和图画的天地！

　　"芬威庭院"的惊艳亮相在波士顿引起了轰动！

芬威庭院。

1903 年 2 月，"芬威庭院"对公众开放。每年开放 20 天，复活节 10 天，感恩节 10 天，每天限定 200 人，门票 1 美元。

终其一生，伊莎贝拉·加德纳爱好文学、音乐、艺术。她不仅是一个艺术爱好者、收藏家，也是一位艺术家、慈善家、艺术家庇护人。她是第一个把拉斐尔的作品（她的博物馆中藏有三幅）介绍给美国的人，也是第一个把马蒂斯引入美国博物馆的人。"她有着伟大的人格、充沛的精力，优美的嗓音和甜美的笑容。"（安妮·霍利语）正如一家当地报纸所说："加德纳夫人是波士顿七大奇迹之一。这个国家中再没有像她这样的人。她是放荡不羁的百万富婆，她古怪，并且有古怪的勇气。她不模仿任何人，她所做的每件事都是新奇和富有创意的。"

1919 年 12 月，伊莎贝拉·加德纳罹患中风，导致右半边行动不便。1924 年 7 月 17 日，伊莎贝拉·加德纳安详去世，享年 84 岁，葬在剑桥的奥本山公墓（Mount Auburn Cemetery），安卧在丈夫和儿子中间。

伊莎贝拉·斯图尔特·加德纳一生的座右铭刻在"芬威庭院"中央上方，那就是"C'est mon plaisier"（It is my pleasure，这是我的荣幸）。

伊莎贝拉·加德纳去世时，留下 100 万美元作为博物馆运营基金，让它"永远为公众之教育与欣赏"服务，并留下遗嘱：博物馆藏品陈列须保持原样，不准有任何变动；博物馆藏品不准有任何增加或减少（出售）。即，整个博物馆须保持伊莎贝拉·加德纳在世和去世时的模样，一动也不能动。

芬威庭院外观，作者摄
（庭院内部禁止摄影）。

　　虽然伊莎贝拉·加德纳的遗嘱经常受到挑战，但随着博物馆建成 100 周年，博物馆馆长安妮·霍利（Anne Hawley，1989—2015 年任期）认为，"伊莎贝拉·斯图尔特·加德纳博物馆"作为一个维多利亚时代杰出女性个人趣味的典型以及作为美国历史和文化发展重要时刻的时间胶囊（time capsule）的价值，已经超越了所有想要对它进行改变的诱惑。

　　今天，任何一个观众走进博物馆，走进"芬威庭院"，感受到的还是一百多年前伊莎贝拉·斯图尔特·加德纳在世时同样的艺术氛围和时代气息。时光静止，一切如故！

1983 年 1 月 27 日，"芬威庭院"被列入"美国国家历史地名名录"；2013 年，波士顿地标委员会将"芬威庭院"列入"波士顿地标"（Boston Landmark）。

遵照伊莎贝拉·斯图尔特·加德纳的遗嘱，佩戴"波士顿红袜队"（Boston Red Sox）标识的参观者门票打折；任何名叫"伊莎贝拉"的参观者免票；另外，生日当天参观者免票。

十五世纪威尼斯宫殿式（15th-century Venetian palace）

25 Evans Way
Boston，MA 02115

附 录

"芬威庭院"之殇

1990 年 3 月 18 日凌晨，两个盗贼打扮成波士顿警察模样，骗取"伊莎贝拉·斯图尔特·加德纳博物馆"值夜保安开门，得以进入博物馆，将两名保安捆绑后扔进地下室，盗走博物馆 13 件艺术品，估价 5 亿美元。这是世界上最大的单次盗窃艺术品案，且至今未破。

那天晚上的事到底是怎么发生的呢？

据说，夜深人静，两个警察将一辆红色的道奇车（Dodge Daytona）停在博物馆旁边道上，他们来到博物馆门口，声称接到报警电话，来看个究竟。博物馆值夜保安阿巴斯（Richard Abath）违反规定，放他们进了博物馆安全门。待进入博物馆后，一个警察对阿巴斯说，他看上去面熟，有一张对他的逮捕令。不由分说，警察就将阿巴斯铐上了；警察还让阿巴斯将另一个正在别处巡逻的保安叫过来，也一并铐上。两个保安忙问警察为什么要将他们铐上，此时两个警察才说，他们不是警察，他们是来打劫的！

这两个盗贼将保安手脚绑上，扔进了地下室，然后开始盗窃。

盗贼分两次将盗窃的艺术品放到车上，盗窃过程持续了81分钟。

第二天早上8点15分，换班的保安才发现大事不好，立即报告了波士顿警察和博物馆馆长霍利。

经过清点，盗贼共盗走了13件艺术品。

其中，最珍贵的便是维米尔（Vermeer）已知34幅绘画之一的《音乐会》和伦勃朗（Rembrandt）的《加利利海上的风暴》。《音乐会》估价两亿美元，而《加利利海上的风暴》是已知伦勃朗唯一的海景画。

让警察和艺术专家迷惑不解的是，盗贼没有碰那些更值钱的艺术品，尤其是博物馆镇馆之宝——提香的《欧罗巴》。警察相信这两个盗贼的艺术鉴赏水平尚属业余。当然也有可能的是，太知

维米尔,《音乐会》(*The Concert*, 1658—1660)。

伦勃朗,《加利利海上的风暴》(*Storm on the Sea of Galilee*, 1633)。

名的艺术品无法出手，所以盗贼选择了相对不太知名的艺术品。

　　根据美国联邦调查局调查，被盗艺术品已经被运到了外地。2000 年代早期，有人试图在费城出售它们，但没有成功。美国联邦调查局相信，盗贼属于有组织犯罪集团。

　　2013 年 3 月 19 日，在盗窃案发生整整 23 年后，美国联邦调查局说他们已经知道了盗窃案的幕后主使，但他们拒绝透露到底是谁，声称这会妨碍调查的深入。美国联邦调查局还说，此案已过追索期限，他们不会起诉任何盗贼，但任何持有被盗艺术品的人将来仍会受到起诉。

　　盗窃案发生后，博物馆悬赏 100 万美元，后来又将赏额提高到 500 万美元，给那些提供线索、引导破案者。不过至今尚未出现真正有价值的线索。

　　2013 年，我和儿子参观"伊莎贝拉·斯图尔特·加德纳博物馆"，看到博物馆展室墙上仍挂着被盗艺术品空空的画框。博物馆借此警醒观众，"芬威庭院"曾经发生的劫难，并希望这些被盗艺术品有朝一日重新回到它们的家。

55

Getty Villa
盖蒂别墅

保罗·盖蒂（J. Paul Getty, 1892—1976）是"盖蒂石油公司"（the Getty Oil Company）创始人，美国石油大亨，年轻时候就发了大财。1957年，《财富》杂志就将他列为在世最富有的美国人；1966年，《吉尼斯世界纪录》将他列为世界上最富有的个人，当时他的个人财富估计为12亿美元（相当于2013年的87亿美元）。

从1930年代开始，盖蒂就热衷收藏艺术品和古董，尤其是希腊、罗马和伊特鲁里亚（Etruscan）艺术品。

1954年，盖蒂在他位于加州洛杉矶太平洋沿岸宝马山（Pacific Palisades，又译帕里赛德）的家旁边开设了一个美术馆，展示他收藏的艺术品。这个小型家庭式的美术馆一周开放三天。很快，随着盖蒂收藏的增加，这个美术馆的空间用完了，盖蒂决定再建一个新美术馆。

新的美术馆要盖成什么样子呢？

1968 年 11 月的一个夜晚，盖蒂走过来，用非常低沉的声音对我说，我想重建帕比里别墅（I want to recreate The Villa de Papyri）。

——盖蒂的建筑顾问，
盖蒂别墅美术馆首任馆长加勒特

加勒特（Stephen Garrett）是一个建筑师，1960 年代为盖蒂工作，帮助盖蒂改建其位于意大利那不勒斯波西利波的别墅（Posillipo，Italy）。而盖蒂所说的帕比里别墅（The Villa de Papyri）就位于那不勒斯以南，维苏威火山脚下的古城赫库兰尼姆，别墅主人是恺撒大帝第四任妻子的父亲凯索尼努斯（Lucius Caplpurnius Piso Caesoninus）。

公元 79 年，维苏威火山爆发，赫库兰尼姆（Herculaneum）、庞贝（Pompeii）、斯塔比亚（Stabiae）都被维苏威火山喷发的火山灰和熔岩所湮没。其中，赫库兰尼姆被埋在厚达 10 米、坚硬的火山熔岩下。

1709 年，赫库兰尼姆被发现。1738 年起采用井巷式挖掘，1828 年开始进行水平挖掘，后来发掘的还有盖蒂钟情的帕比里别墅。

盖蒂为什么会钟情帕比里别墅呢？为什么他要在美国加州太平洋沿岸 1∶1 地复制帕比里别墅呢？

经过几个月紧张研究，加勒特找到了负责帕比里别墅发掘工作的工程师绘制的原始地基图，这也成为盖蒂别墅的地基图。

考古学家诺伊尔伯格（Norman Neuerburg）参加过赫库兰

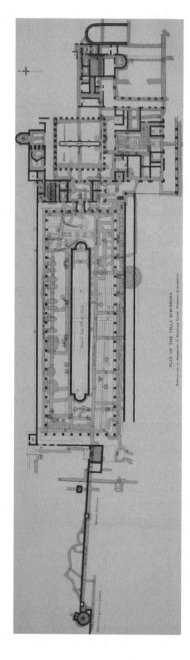

PLAN OF THE VILLA SUBURBANA

Example of Suburan of Private Civil Domestic Character

帕比里别墅平面图。

尼姆的发掘，他也是研究罗马民居建筑的权威，盖蒂聘请他做复制帕比里别墅的建筑项目顾问。景观建筑师温普尔（Emmet Wemple）设计花园；本顿（Garth Benton）设计壁画；托勒密（Bruce Ptolomy）设计喷泉。圣莫妮卡的"兰登威尔逊建筑公司"（the architectural firm of Langdon and Wilson）负责建筑工程。

诺伊尔伯格同盖蒂密切合作，敲定盖蒂别墅建筑内外设计及装饰细节。由于帕比里别墅深埋地下，大部分没有被发掘出来，诺伊尔伯格便从已发掘出土的庞贝、赫库兰尼姆以及斯塔比亚那些古罗马民居建筑中吸取营养，来设计盖蒂别墅的建筑及景观细节——从庞贝城街边的青铜灯到古罗马人种植在花园里的药草、香草，用于装饰、庆典的灌木等。

1970 年 12 月 21 日，盖蒂别墅正式动工。当时，盖蒂本人住在英国伦敦，他便让加勒特负责协调、监督工程进度。加勒特在伦敦和加州马里布之间来回奔波，向盖蒂汇报工程进度，从地基浇筑混凝土到地面瓷砖颜色和拼花图案的选择，事无巨细。

1974 年 1 月 16 日，盖蒂别墅建成，正式对外开放。一个古罗马风味十足、古罗马人生活如在眼前的别墅呈现在加州太平洋岸边。

这真是一个美妙的地方。盖蒂别墅花园就像古罗马人家的花园，有开放的空间——同样的青铜雕像，喷泉，那个时代茂盛的树木，药草，花草。窄窄的倒影池旁，摆放着帕比里别墅的复制品。药草园里种植着古罗马人用于烹饪、入药和典礼的各种香草、药草。别墅外的圆形剧场恰似古罗马剧场，上演着那时的悲喜剧。

> 盖蒂复制帕比里别墅的目的十分清楚，他要让来到盖蒂别墅的人们感受到，2000年前的罗马别墅是什么样的，古罗马人的生活是什么样的。他要让现代的普通人感受古罗马人的生活。
>
> ——盖蒂的建筑顾问，
> 盖蒂别墅美术馆首任馆长加勒特

1976年6月6日，盖蒂在英国去世。虽然他从来没有来过盖蒂别墅，但他说"这是他最值得骄傲的成就"。盖蒂去世后，给盖蒂别墅博物馆留下了6.61亿美元的遗产。早在1953年，他就成立了"盖蒂信托基金"（the J. Paul Getty Trust），这是世界上最有钱的艺术研究机构，负责运作"盖蒂博物馆"（the J. Paul Getty Museum）、"盖蒂基金会"（the Getty Foundation）、"盖蒂研究所"（the Getty Research Institute）、"盖蒂保护研究所"（the Getty Conservation Institute）。

后来，随着盖蒂博物馆收藏品的增加，1997年盖蒂博物馆又在洛杉矶建起了一个规模宏大的艺术博物馆，即"盖蒂中心"（Getty Center），收藏从中世纪到现代的各种艺术品。最著名的有莫奈的"日出"和凡·高的"鸢尾花"。

依照盖蒂的愿望，"盖蒂别墅"和"盖蒂中心"永远都免费对公众开放。

盖蒂别墅博物馆，作者摄。

保罗·盖蒂自传《如我所见》。

在我看来，一个不爱好艺术的人算不上一个真正的文明人。

——保罗·盖蒂，1965

建 筑 风 格

现代建筑，古罗马建筑（Modern architecture，Ancient Roman architecture）

地 址

盖蒂别墅（Getty Villa）

17985 Pacific Coast Hwy

Pacific Palisades，CA 90272

盖蒂中心（Getty Center）

1200 Getty Center Dr.

Los Angeles，CA 90049

Hearst Castle
赫斯特城堡

赫斯特城堡是美国报业大亨威廉·伦道夫·赫斯特
（William Randolph Hearst，1863—1951）（电影《公民凯恩》
的原型）位于加州太平洋海岸的豪华之家。

1865 年，威廉·伦道夫·赫斯特的父亲乔治·赫斯特
（George Hearst，1820—1891）在加州太平洋沿岸购买了一块
地产，取名"Rancho Piedra Blanca"［意为"白岩"（"white
rock"）牧场］。1919 年，赫斯特从他父亲那里继承了牧场（面
积已增至 25 万英亩，即 1 012 平方公里），从他母亲菲比·赫斯
特（Phoebe Hearst，1842—1919）那里继承了约 14 英里（22
公里）的海岸线。富可敌国的赫斯特决定在这块俯瞰太平洋的高
地上建一个豪宅，要足以匹配他的地位和他那个时代的奢华。

赫斯特的母亲菲比（加州大学伯克利分校赞助人）在世的
时候，便介绍他认识了女建筑师茱莉亚·摩根［Julia Morgan，
1872—1957，第一个进入巴黎美术学院（École nationale

supérieure des Beaux-Arts in Paris）学习建筑的女性，也是加州第一个获得建筑执照的女建筑师，还是第一个获得美国建筑协会 AIA 金奖的女性〕。这次见面，赫斯特便委托茱莉亚设计了他的《洛杉矶检查报》（*Los Angeles Examiner*）总部大楼（1914）。

有了这次成功的合作，赫斯特便将他梦想中的豪宅交给茱莉亚设计。1915 年 4 月，赫斯特第一次和茱莉亚谈起他要建一个住宅的设想。起初，赫斯特的想法是建一个平房

《洛杉矶检查报》大楼，约 1914 年。

The "Examiner" Building, Los Angeles, Cal.

赫斯特和茱莉亚·摩根，1926年。

（bungalow），经过一个月的讨论后，赫斯特原先建一个现代住宅的想法急剧膨胀为要建一个豪华大宅。房子外观设计也从最初的日式（简洁明快）转向了当时时髦的西班牙复兴式。

赫斯特个人喜欢西班牙复兴式，但他对加州那些（西班牙）殖民式建筑的"粗俗"不满意；墨西哥殖民式建筑（Mexican colonial architecture）虽然复杂巧妙，但他反感那些过度的繁复装饰。他转而从伊比利亚半岛（Iberian Peninsula）寻求灵感，发现西班牙南部的文艺复兴式和巴洛克式建筑更合他的口味。赫斯特尤其钟情西班牙隆达（Ronda，位于西班牙安达卢西亚大区）的那座圣玛利亚教堂（the Church of Santa María la Mayor），要求茱莉亚照猫画虎，将教堂塔楼给他也来一个。不，是两个。

1919年夏末，茱莉亚开始选址，分析地质情况，并为主体建筑绘制草图。1919年下半年，赫斯特城堡动工兴建，一直持续到1947年。此时，赫斯特因为身体欠佳已不住在城堡。

最后落成的城堡是他的主人赫斯特游历欧洲时所欣赏的各

西班牙隆达圣玛利亚教
堂钟塔。

种历史建筑风格的集锦。而城堡的两个钟塔与隆达的圣玛利亚
教堂钟塔惟妙惟肖,不过更加华丽,更加花哨。

赫斯特是一个豪富的买家,他不是为了装饰他的家而购买
艺术品和古董,而是为了将成堆的收藏品搬出仓库而建一个陈
列它们的家。这样一来就出现了一些怪异的现象,如私人电影
院的围墙上却有一排排书架,摆着珍本书。由于赫斯特喜欢购
买上百年的天花板,各个房间的格局和装饰受这些天花板的摆
布,导致主楼地面设计陷于混乱(不协调)中。

赫斯特城堡，作者摄。

赫斯特城堡钟塔，作者摄。

赫斯特城堡共有 56 个房间，61 个卫生间，19 个起居室，127 英亩的花园，室内、室外游泳池，网球场，一个电影院，一个飞机场；还有一个世界上最大的私人动物园，斑马、狮子、大象、长颈鹿等各种珍奇动物在他的牧场上溜达。

尤其值得一提的是室外游泳池，名为"海王星游泳池"（Neptune Pool）。海王星游泳池始建于 1924 年，由于赫斯特无可救药的小修小补癖好，不能有一点点不如意，1926 年和 1934 年两次推倒重建。赫斯特这一总是修改设计的"毛病"也使得赫斯特城堡似乎在他有生之年永远也完不了工。1936 年，海王星游泳池在赫斯特看来总算是完工了。

游泳池建在山顶边缘，一边是城堡，一边是大海，景观绝佳。游泳池周围是古罗马复兴式（Ancient Roman Revival）和

海王星游泳池，作者摄

希腊复兴式（Greek Revival style）的凉亭和柱廊。游泳池池面、墙面以及柱廊由佛蒙特大理石（Vermont marble）装饰。其中，三角楣凉亭是正宗的古代罗马神庙立面，它是赫斯特从欧洲买来装饰他的城堡的。赫斯特还曾买下西班牙的一个残破的修道院及回廊，现仁立在佛罗里达州迈阿密（见本书）。喷泉和游泳池中的水是从圣-露西亚山（Santa Lucia Mountains）中引来的山泉水，共 345 000 加仑。

试想一下，好莱坞明星在这样的游泳池中嬉戏，那是怎样的光景！

在 1920 年代和 1930 年代，受邀进入赫斯特城堡做客那是多大的荣耀。好莱坞明星和政界要人经常光顾赫斯特城堡，他们或乘飞机或从洛杉矶乘坐赫斯特的私人火车。这些明星和大人物包括：查理·卓别林，加里·格兰特，马克斯兄弟，查尔斯·林白，琼·克劳馥，克拉克·盖博，柯立芝总统，富兰克林·罗斯福总统，以及英国首相丘吉尔等。

赫斯特正式将城堡命名为"La Cuesta Encantada"（魔山或魅山），但通常称为"the ranch"（牧场），城堡及周边土地一般也称为"San Simeon"（圣西蒙），是太平洋沿岸加州 1 号公路上的一个地点。

这座城堡是加州乃至美国的历史地标。1951 年，威廉·伦道夫·赫斯特去世。1957 年，赫斯特公司（the Hearst Corporation）将城堡及地产捐给加州政府，条件是只要赫斯特家族有愿望和要求，他们就能使用赫斯特城堡。从此，赫斯特城堡就变成了"州立历史公园"（state historic park），城堡及里面收藏的艺术品、古董都对公众开放。虽然地处偏僻，平均每年仍有一百万游客参观。

1972 年 6 月 22 日，赫斯特城堡被列入"美国历史地名名录"和"美国历史地标"。

建 筑 风 格

西班牙殖民复兴式，地中海复兴式，其他 19 世纪晚期和 20 世纪复兴式（Spanish Colonial Revival，Mediterranean Revival，other late 19th and 20th century Revivals）

地 址

San Simeon，California

Hempstead House
亨普斯特德府邸

1900 年，美国铁路大亨古尔德（Jay Gould，1836—1892）的儿子霍华德·古尔德（Howard Gould，1871—1959）开始在纽约长岛他购置的地产上建造住宅。他聘请建筑师艾伦（Allen）、奥古斯特（August）等为他做设计。起初的构想是建一个城堡，即爱尔兰"基尔肯尼城堡"（Kilkenny Castle，建于1195—1213 年）的一个翻版。他们将这个城堡起名为"Castle Gould"（古尔德城堡），打算将它作为家族的主要住宅。然而，城堡建好后，古尔德家族的人并不喜欢。于是，他们决定再建一个城堡，作为主要住宅。

1912 年，城堡建好后，古尔德家族将整个地产卖给了丹尼尔·古根海姆（Daniel Guggenheim，1856—1930，美国矿业大亨和慈善家）。买下地产后，古根海姆将主要住宅改名为"亨普斯特德府邸"（Hempstead House），而石灰岩马厩和佣人房子今天仍称为"古尔德城堡"（Castle Gould）。

爱尔兰基尔肯尼城堡。

1917 年，古根海姆家族将这块地产捐给了"美国航空研究
所"（the Institute of Aeronautical Sciences）。不久，"美国航
空研究所"又将它卖给了"美国海军"（the U.S. Navy，1946—
1967 年拥有）。后来，美国政府于 1971 年将它（地产契约）交
给了纽约州拿骚县（Nassau County，New York）。

所以，在这块面积为 216 英亩的地产上，实际上有两座城
堡，一座叫"亨普斯特德府邸"，为主要住宅；较小的城堡叫

古尔德城堡，作者摄。

"古尔德城堡"。

亨普斯特德府邸长 69 米，宽 41 米，共三层，包括 40 个房间，还有一个 24 米高的塔。府邸完全建好后，共有 17 个佣人、200 个农民和园丁进行日常维护。在它的全盛时期，亨普斯特德府邸被认为是"金色海岸"（the Gold Coast，纽约长岛北岸）最奢华的豪宅。

亨普斯特德府邸，作者摄。

在 1920 年代的全盛时期，亨普斯特德府邸的趣味就是奢华。入口门厅是一个橡木管风琴，头顶墙上的琴管只是装饰——音乐回荡在整个大厅。墙上挂的是中世纪壁毯，地上铺的是东方地毯。下沉式棕榈庭院栽培着 150 种稀有的兰花和其他花草。花木间一个大鸟笼，养着珍奇异鸟。橡木镶板的图书馆拷贝自詹姆斯一世国王的宫殿（the palace of King James I）。天花板上是浮雕的文学家肖像。台球房是金叶天花板，手工制作的皮墙围，以及来自 17 世纪西班牙宫殿的橡木雕刻家具。

一些电影在这里取景拍摄，如《闻香识女人》（Scent of a Woman）、《马尔科姆·艾克斯》（Malcolm X），以及根据英国

作家查尔斯·狄更斯小说改编的同名电影《远大前程》(*Great Expectations*)

2006年9月29日，亨普斯特德府邸被列入"美国国家历史地名名录"。

19世纪晚期和20世纪复兴式（Late 19th And 20th Century Revivals）

地址

95 Middle Neck Road

Port Washington，New York

58

House of the Temple
共济会神庙

在美国首都华盛顿西北区 16 街上，坐落着一座金字塔般的高台建筑，与周围建筑格格不入。这座风格独特的建筑是华盛顿哥伦比亚特区的一个共济会神庙（Masonic temple），也是苏格兰共济会美国南区总部（the headquarters of the Scottish Rite of Freemasonry，Southern Jurisdiction，U.S.A.）。

这座神庙由著名建筑师蒲柏（John Russell Pope，1874—1937）设计，神庙模仿自古代世界七大奇迹之一的"摩索拉斯王陵墓"（the tomb of Mausolus）。

摩索拉斯王陵墓位于古希腊哈利卡纳苏斯（Halicarnassus），即现在土耳其的博德鲁姆（Bodrum）、该陵墓建于公元前 353 年至公元前 350 年，当时这里还属波斯帝国，直到公元前 334 年，亚历山大大帝围困哈利卡纳苏斯并夺取了该地。摩索拉斯王陵墓后来毁于地震和战争，这座古代建筑奇观如今只剩下些许残垣断壁，大部分碎片收藏在伦敦大英博物馆。

共济会神庙，作者摄。

　　根据拉丁史学家大普林尼（Plinius Maior，23—79）的描述，这座陵墓由三部分组成：地基高 19 米，地基上平面长 39 米，宽 33 米；上面是一个由 36 根柱子构成的爱奥尼亚式连拱廊，高 11 米；拱廊上一层金字塔形的屋顶，由 24 级台阶构成，这或许象征着摩索拉斯的执政年限。再向上，陵墓的顶饰是由国王摩索拉斯和王后阿尔特米西娅二世（王后同时还是国王的妹妹，国王死后她单独执政 3 年，死于公元前约 350 年）驾驶的四马双轮战车。

摩索拉斯王陵墓（模型）。

模仿自"摩索拉斯王陵墓"的这座共济会神庙始建于1911年10月18日，1915年10月18日竣工。其建筑设计广受好评，并为建筑师蒲柏赢得了1917年纽约建筑协会金奖。

法国建筑师格雷贝尔（Gréber）将它描述为"一座奢华的纪念碑……对古代建筑令人崇敬的研究，让它显示出了巨大的尊严"。金博尔（Fiske Kimball）在1928年出版的《美国建筑》

（*American Architecture*）一书中，将它描述为"古典形式在美国的一个成功范例"。

1978 年，这座神庙被列入"美国国家历史地名名录"。

美国新古典主义（American Neoclassicism）

地址

1733　16th Street，NW

Washington DC

59

Jefferson Market Library
杰斐逊市场图书馆

    这座异常优美的砖石建筑坐落在纽约曼哈顿格林威治村一个三角地块上，它现在是纽约公共图书馆系统下属的"杰斐逊市场图书馆"，但纽约人更熟悉它原来的名字"杰斐逊市场法院"（Jefferson Market Courthouse）。它建于1874—1877年，由"沃克斯－威瑟斯公司"（the firm of Vaux and Withers）的建筑师威瑟斯（Frederick Clarke Withers，1828—1901）设计。

    当时，新法院建设委员会找到了沃克斯－威瑟斯公司。公司著名建筑师卡尔弗特·沃克斯（Calvert Vaux，1824—1895）正忙于设计"美国自然历史博物馆"（the American Museum of Natural History）和"大都会艺术博物馆"（the Metropolitan Museum of Art），设计任务便落在了他的合伙人、英国出生的建筑师威瑟斯身上。

    威瑟斯的专业背景与沃克斯相同，所以他的"盛期维多利

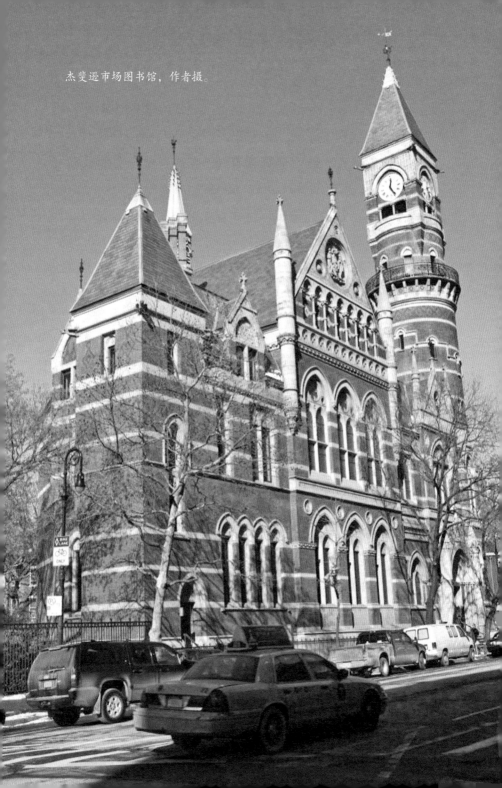

杰斐逊市场图书馆，作者摄。

亚哥特式"（High Victorian Gothic）设计与沃克斯早期建筑的"拉斯金哥特式"（Ruskinian Gothic）美学在某些方面比较相似，譬如使用多种颜色的建筑材料——红砖、黑色的石头、白色的花岗岩、黄色的砂岩边饰、杂色斑驳的石板瓦。考虑到无论怎么做，一个带钟塔的建筑看起来都像是个教堂，威瑟斯决定添加一些类似教堂但不带宗教内涵的建筑装饰细节，如门楣（半圆或三角形）上装饰的是《威尼斯商人》中的情节，而不是通常耶稣坐在审判台上或其他基督教主题。这座建筑也有彩色玻璃窗和一个装饰着鸟和动物的喷泉。

新天鹅堡，兰帆摄于 2012 年。

新法院大楼 1877 年完工。1885 年，由《美国建筑和住房新闻》（*American Architect and Building News*）主持的一个美国建筑委员会投票，将这座建筑评为美国最美的十大建筑之一，位列第五。

《美国建筑师协会纽约指南》（*AIA Guide to New York City*）这样描述："对新天鹅堡模仿的集合——铅条玻璃窗，陡峭的斜坡屋顶，山墙，塔尖，威尼斯哥特式的装饰，设计精巧的钟塔和大钟，纽约最引人注目的建筑物之一。"很显然，这座建筑的设计灵感来源于德国的新天鹅堡（Neuschwanstein）——那座巴伐利亚国王路德维希二世（Bavaria's King Ludwig II）下令建造的梦幻般的城堡。

"杰斐逊市场法院"建成后，一直作为麦迪逊广场地区第三法院使用。麦迪逊广场（Madison Square）是纽约的娱乐区，"嫩腰肉"（红灯区的别称）就位于这里。法院审理的最有名的案子就是所谓的"世纪谋杀案"——匹兹堡的百万富翁哈里·肖（Harry K. Thaw，1871—1947）谋杀妻子伊芙琳·内斯比特（Evelyn Nesbit，1884—1967）的情

杰斐逊市场图书馆，作者摄。

人、著名建筑师斯坦福·怀特（Stanford White，1853—1906）。
（匹兹堡煤炭和铁路大王之子、花花公子哈里·肖爱上了模特、
海报女郎、百老汇歌舞演员伊芙琳·内斯比特，并与之结婚。
由于妒忌妻子以前的情人、著名建筑师斯坦福·怀特，而于
1906 年 6 月 25 日，在麦迪逊广场花园楼顶剧场将怀特枪杀，
后以从小就患有精神病为由，被判无罪。）

哈里·肖。

美国插画家吉普森笔下的"女
人：永恒的问题"（1905），以伊芙
琳·内斯比特为模特，仍然是吉普
森最知名的作品。

斯坦福·怀特。

1945 年，这座建筑物不再作为法院使用，它的未来不确定，面临被推倒的危险。后在当地社区保护人士的推动下，1961 年纽约公共图书馆同意将这个法院改建成一个地区图书馆。建筑师卡瓦列里（Giorgio Cavaglieri，1911—2007）受命修复这座建筑物，并按照图书馆的使用要求重新设计内部结构。1967 年，图书馆对外开放。原来的治安法庭（police court）变成了儿童阅览室，民事法庭（Civil Court）变成了成人阅览室。

1972 年，这座优美的建筑被列入"美国国家历史地名名录"。1977 年，它被宣布为"美国历史地标"。

建 筑 风 格

盛期维多利亚哥特式（High Victorian Gothic）

地 址

425 Avenue of the Americas

Manhattan，New York City

60

Judson Memorial Church

贾德森纪念教堂

这座教堂位于纽约曼哈顿格林威治村华盛顿广场公园南部，汤普森（Thompson）街和沙利文（Sullivan）街之间。教堂由爱德华·贾德森（Edward Judson，1844—1914）创立。1888年，在洛克菲勒（John D. Rockefeller，1839—1937）和其他著名的浸礼会教徒的资助下，这座教堂开始兴建，1893年完工。教堂起名"贾德森纪念教堂"，是为了纪念爱德华·贾德森的父亲阿多奈拉姆·小贾德森（Adoniram Judson Jr，1788—1850）——美国第一个前往缅甸传教的新教牧师，他在缅甸传教时间长达40年。

纪念教堂由著名建筑师斯坦福·怀特（1853—1906）设计。据信，教堂外观和形状总的来说类似意大利罗马圣母玛利亚大教堂（the Basilica di Santa Maria Maggiore in Rome，Italy），而入口的设计灵感来自意大利卢卡（Lucca）的文艺复兴式教堂圣亚历山大（San Alessandro）。教堂设计受文艺复兴

上图：贾德森纪念教堂，作者摄。　　下图：罗马圣母玛利亚大教堂（Pierre-Selim Huard, CC BY 4.0）。

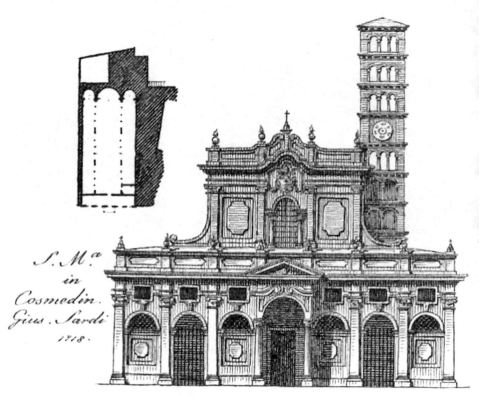

科斯美汀圣母教堂。

影响，与意大利建筑基本形式融为一体。

　　教堂钟楼由麦金、米德和怀特（McKim，Mead & White）建筑设计公司设计，建于 1895 年至 1896 年。钟楼设计明显受意大利罗马"科斯美汀圣母教堂"（Santa Maria in Cosmedin）影响，简直如出一辙。

　　从 1950 年代开始，贾德森纪念教堂支持各种艺术活动，给艺术家提供演出、排练、展示作品的空间。

　　1966 年，整座教堂，包括钟楼、附设的贾德森厅（Judson Hall）被列入"纽约市地标"（New York City Landmark）。1974 年，它被列入"美国国家历史地名名录"。

意大利文艺复兴式（Italian Renaissance style）

地　址

Washington Square South Thompson Street

New York City，New York

61

King Street Station Tower
国王街火车站钟塔

1901 年，希尔（James J. Hill，1838—1916）买下"北部太平洋铁路公司"（the Northern Pacific Railroad），他聘请纽约中央车站的设计者里德（Charles Reed，1858—1911）和施特姆（Allen Stem，1856—1931）为他设计新火车站以取代原来的老火车站（即今天的 Alaskan Way）。新火车站于 1904 年开工建设，1906 年 5 月 10 日竣工，举办了盛大的典礼。

新火车站为钢筋框架，砖石结构，用赤陶瓦、铸石纹饰。它最突出的特点是那高耸的钟塔。钟塔高 242 英尺（74 米），完全模仿自意大利威尼斯圣马可教堂的钟塔（the Campanile di San Marco in Venice），只不过高度稍低（圣马可教堂的钟塔高 323 英尺，合 98.6 米）。即使这样，它也是当时西雅图最高的建筑。钟塔上有四面机械大钟，朝向不同方向，大钟由波士顿建筑公司制造。

走进火车站大楼，钟塔底下就是入口大厅，名叫"罗盘大

国王街火车站钟塔，作者摄。　　　　　威尼斯圣马可教堂钟塔。

厅"（Compass Room）。顾名思义，大厅中央地板上是一个手工切割的大理石罗盘。罗盘大厅里有大理石护壁，球形吊灯从装饰精美的玫瑰花结天花板上垂下来，正对着地上的罗盘。

新火车站的候车大厅也堪称焦点。候车大厅空间阔达，方格天花板，装饰华美，其天花板设计类似意大利佛罗伦萨韦奇奥宫的"五百人大厅"。候车大厅虽然也作了空间分割,但其巨大的空间,敞亮的环境,说明在铁路公司眼中,乘客的舒适体验至关重要,火车站不是一个上下卸货的地方。新车站是一个独特的门户,游客和乘客通过它,走进一个伟大的西部城市——西雅图。

不过,随着时间推移和铁路公司的重组易主,国王路火车站也进行了所谓的现代化(设施)改造。最初的内部装饰被覆盖,候车大厅上方垂下3米的吊顶,将大厅原来的手工雕刻天花板、二楼的楼厅和拱廊都罩在其中,不见天日。

经过改造的候车大厅除了地上的水磨石瓷砖和西面墙上卫生间上方的钟还在以外,已经面目全非。

就这样差不多过了四十年。

从2003年开始,国王路火车站再次进行全面改造,拆除以前的所谓"现代化设施",以恢复它最初时的荣光。

2006年11月,西雅图市长尼科尔斯(Greg Nickels)办公室宣布,西雅图市与伯灵顿北方圣塔菲铁路公司(Burlington Northern Santa Fe Railway Company)达成初步协议,以1美元的价格购买国王街火车站。2006年12月,西雅图市议会立法通过了购买协议。2008年3月5日,经过修改的协议(价格由1美元改为10美元)签署。购买协议的签订启动了华盛顿州和联邦政府1 900万美元的资金,用于车站的修复。西雅图市还从当地征收的交通税中拨出1 000万美元,专款专用,用于修复车站。

2010年10月,美国交通部宣布,从24亿美元的城际高速列车服务基金中拨出 1 820 万美元给国王街火车站项目，以提高抗震级别，并完成最后的室内修复。2013 年 4 月 24 日，国王路火车站修复工程完工，正式重新启用。

1973 年，国王街火车站被列入"美国国家历史地名名录"和"华盛顿州遗产名录"（the Washington Heritage Register）。

建 筑 风 格

"意大利式"铁路（Railroad Italinate，钟塔设计无疑是意大利灵感，车站设计受学院派艺术影响）

地 址

303 S. Jackson Street

Seattle，Washington

62

Leaning Tower of Niles
尼尔斯斜塔

这座斜塔由工业家罗伯特·伊格（Robert Ilg）建成于
1934 年，作为"芝加哥伊格热气电通风公司"（the Ilg Hot Air
Electric Ventilating Company of Chicago）员工休闲公园的一
部分。

斜塔仿意大利比萨斜塔而建，约为比萨斜塔大小的一半
（1∶2）。

有人推测建造这座斜塔的部分动机是庆祝比萨斜塔落成
600 周年，但更有可能的解释是它的最初功能，即作为一个户
外休闲游泳池储水塔。休闲公园的其他设施还包括一个木制长
雪橇滑道，虽然陈旧，但 1960 年代还在。

1991 年，美国伊利诺伊州尼尔斯市与意大利比萨市结为姐
妹城市。

1995 年，尼尔斯市和信托基金会投资 120 万美元对尼尔斯
斜塔进行维修，1996 年完工。维修工程改进了斜塔的结构、立

尼尔斯斜塔，作者摄。

面及广场。斜塔广场现在有 4 个喷泉，一个 30 英尺（约 9 米）的游泳池。自 1990 年代以来，尼尔斯斜塔每年还举办夏日露天系列音乐会。

6300 W. Touhy Avenue

Niles，Illinois 60714

Loretto Chapel
洛雷托小教堂

这座教堂建成于 1878 年，由法国建筑师穆利（Antoine Mouly）设计。教堂由圣塔菲大主教区主教大人（the Bishop of the Santa Fe Archdiocese）拉米（Jean-Baptiste Lamy）委托建造，献给 1853 年在圣塔菲开办学校的洛雷托修女（the Sisters of the Loretto）。教堂虽然体量较小，但外形及内部设计明显模仿自法国国王路易九世（King Louis IX）位于巴黎的圣教堂（Sainte Chapelle）。教堂为哥特式风格，尖顶，扶壁，从法国进口的彩色玻璃。

由于建筑师穆利突然去世，在教堂快要完工时，建造者发现，没有楼梯通往二楼的唱诗席。因教堂空间局限，不可能安装一个标准的旋转楼梯；而安装直梯，又太陡峭，修女们穿着曳地长袍，如何上上下下呢？找来的木匠面对这个难题，一个个打了退堂鼓。修女们没有办法，便开始向圣约瑟（St. Joseph，圣经中的木匠，圣母玛利亚的丈夫，耶稣基督的继父）祈祷。

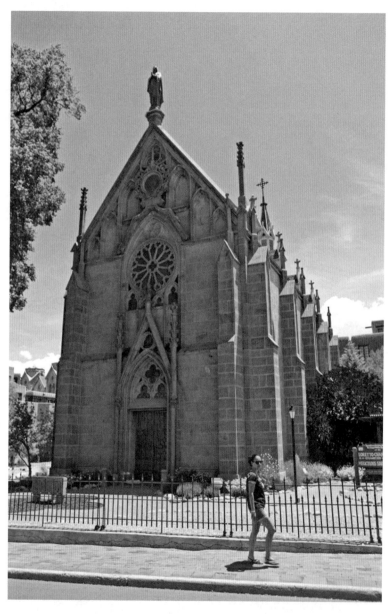

洛雷托小教堂，作者摄。

　　修女们不停地祈祷了八天。到第九天的时候，一个陌生人前来敲门，说他是个木匠，可以帮修女们造一个楼梯。陌生人只带着几样简单的工具：曲尺，锯，斧头。他一个人关在教堂里干活，只有一个要求，不要打扰他。三个月后，楼梯造好了，陌生人不见了。

　　造好的楼梯旋转了两个三百六十度，没有中央支柱，没有使用钉子，也没有使用胶，完全依靠自身结构，立在 20 英尺（6.09 米）高的空中。

　　陌生人没要工钱，不辞而别。他留下的这座楼梯被认为是木匠的骄傲和荣耀。圣塔菲开始有人传，这个陌生人、这个木匠就是圣约瑟本人，他由耶稣基督派来，帮助解决修女们的难题。这座楼梯从此被称作是"神奇楼梯"（Miraculous Staircase），是我主显灵。从此，南来北往的人们都来朝拜。

　　围绕这座楼梯，有三个未解之谜：

　　A. 直到今天，这个陌生的木匠到底是谁？其身份仍不清楚；

　　B. 所有的建筑师、工程师和科学家都说，他们无法理解一个没有中央支柱的楼梯，如何仅依靠自身的平衡，屹立不塌？

　　C. 建造楼梯的木头是从哪里来的？当地整个地区都找不到这种木材。

　　还有一个细节，楼梯共三十三级，而耶稣基督遇难时正好三十三岁……

　　一百多年过去了。

　　一直到 1990 年代，一个名叫库克（Mary Jean Straw Cook）的人，在他所著的《洛雷托：修女和她们的圣塔菲小教

洛雷托小教堂楼梯，作者摄。

堂》（*Loretto: The Sisters and Their Santa Fe Chapel*，2002：
Museum of New Mexico Press）一书中，宣称他解决了木匠的
身份之谜，他就是法国建筑师 / 工匠 Francois-Jean "Frenchy"
Rochas（"法国佬"罗莎）。他在书中声称，罗莎在 1894 年 12
月遭到不明身份者的枪击，后来死在自己的小屋里，时年 43
岁。库克发现，1895 年 1 月 5 日的《新墨西哥人》（*The New
Mexican*）报上登载了一条讣告，报上声称罗莎就是"教堂漂
亮楼梯的建造者"（the builder of "the handsome staircase in
the Loretto chapel"），法国人莫尼尔（Quintus Monier）在狗
峡谷（Dog Canyon），即现在的阿拉莫戈多（Alamogordo）附
近也说到过罗莎的死亡。

　　但是，修女们还是愿意相信，建造"神奇楼梯"的木匠是
圣约瑟，奇迹的发生是因为她们的祈祷。

　　今天，"洛雷托小教堂"不再承担教堂功能，它变成了一个
博物馆，但仍然接办婚礼。婚礼的高潮自然是新人手挽手站在
"神奇楼梯"上拍照，当然这是要收费的。

哥特复兴式（Gothic-Revival style）

207 Old Santa Fe Trail
Santa Fe，NM 87501

Lovely Lane United Methodist Church at Baltimore

可爱巷联合循道宗教堂（巴尔的摩）

这座教堂原名"第一循道宗圣公会教堂"（First Methodist Epi scopal Church），它也是"美国循道宗教会母教堂"（the Mother Church of American Methodism）。

这座教堂由美国著名建筑师斯坦福·怀特（Stanford White，1853—1906）于 1882 年设计，建于 1884 年，罗曼复兴式风格。（斯坦福·怀特不仅才华横溢，设计了许多著名建筑，还好色成性，因"世纪谋杀案"而为人所知。见本书）

怀特在设计这座教堂时，借鉴了意大利多个教堂的设计元素，具体说来：

A. 教堂建筑格局（pattern）借鉴了意大利拉文纳（Ravenna）早期教堂和巴西利卡式教堂（basilicas），外观是灰色的精制花岗岩，有少量装饰。

B. 方形钟塔借鉴自意大利拉文纳附近 12 世纪的"圣玛丽教堂，庞博萨修道院"（church of Santa Maria，Abbey of

可爱巷联合循道宗教堂，作者摄。

拉文纳巴西利卡式教堂。

庞博萨修道院钟塔。

Pomposa）钟塔。（庞博萨修道院钟塔始建于 1063 年，建了几十年才完工，高 48 米，是现存最好的罗曼时期钟塔之一）。

C. 小讲坛则是复制自意大利拉文纳的圣阿波利纳里（St. Apollinari）教堂小讲坛。

1973 年，这座教堂被列入"美国国家历史地名名录"。

罗曼复兴式（Romanesque Revival style）

2200 St. Paul Street

Baltimore，Maryland 21218

Marble House
大理石宫

大理石宫由美国著名建筑师亨特（Richard Morris Hunt，1827—1895）设计，在"镀金时代"的美国私家豪宅中，它的设计无与伦比，它的建筑富丽堂皇。大理石宫正面柱廊堪比美国总统府白宫，气势恢宏。

大理石宫建于 1888 年至 1892 年间，是阿尔瓦·范德比尔特（Alva Vanderbilt，1853—1933）和她丈夫威廉·基萨姆·范德比尔特（William Kissam Vanderbilt，1849—1920）的夏季小别墅（他们于 1875 年结婚，婚姻持续 20 年，有三个孩子 Consuelo Vanderbilt，William Kissam Vanderbilt II，Harold Stirling Vanderbilt）。这座宫殿的建成标志着纽波特（Newport）从一个相对慵懒闲适的夏季度假木屋区转变为享誉世界的石头宫殿区。

大理石宫共有 50 个房间，有 36 名佣人，包括男仆、女仆、车夫、看门人。建造这座宫殿共耗资 1 100 万美元（相

大理石宫，作者摄。

当于 2009 年的 2.6 亿美元）。其中，光是购买 50 万立方英
尺（14 000 立方米）的大理石就耗资 700 万美元。之后，威
廉·基萨·范德比尔特的哥哥——科尼利尔斯·范德比尔特二
世（Cornelius Vanderbilt II，1843—1899）于 1893 年至 1895
年建造了纽波特最大的别墅"听涛山庄"（The Breakers）。

　　大理石宫是美国学院派建筑的早期代表。建筑师亨特的设
计灵感来自法国凡尔赛的小特里亚农宫（the Petit Trianon）。
曾经受雇于范德比尔特为他设计位于纽约曼哈顿第五大道"小
城堡"（Petit Chateau）的巴黎"朱尔斯阿拉德父子公司"
（Jules Allard and Sons）负责设计大理石宫的法式室内。景观
建筑师鲍迪奇（Ernest W. Bowditch）设计室外地面景观。

小特里亚农宫。（Moonik, CC BY-SA 3.0）

　　大理石宫呈 U 形结构。看上去只有两层，但实际上有四层。厨房和生活服务设施位于地下室，接待大厅在第一层，卧室在第二层，佣人在最上面的暗层。墙体为砖结构，外面敷贴白色的韦斯特切斯特大理石（Westchester marble，产于纽约州韦斯特切斯特县）。亨特采用了 17 和 18 世纪新古典艺术形式来强化学院派建筑艺术细节。

　　大理石宫正面 [面向贝尔维尤大道（Bellevue Avenue）] 中央，是一个四柱式科林斯柱廊，高大挺拔；大理石宫背面朝向大西洋；U 形两翼半围着一个大理石露台；底层是大理石栏杆。

　　大理石宫的室内装饰金碧辉煌，美轮美奂。

　　大理石宫入口处的两扇法国巴洛克式大门，每扇重达一吨半。

　　大楼梯采用黄色的锡耶纳大理石（Siena marble），锻铁镀铜扶手，扶手式样来自法国凡尔赛宫。18 世纪威尼斯天花板上绘的是诸神环绕。

　　大会客厅也是舞厅和接待大厅，路易十四风格，绿色天鹅绒装饰家具。木板雕花墙和鎏金墙饰板属经典的神话题材，设计灵感来自卢浮宫的阿波罗长廊（Galerie d'Apollon）。天花板是 17 世纪画家彼得罗·达·科尔托纳（Pietro da Cortona，1596—1669，意大利画家、室内设计师，与同时期的贝尼尼为竞争对手，引领罗马巴洛克风格）典型风格的法国绘画，描绘的是女神密涅瓦（Minerva，智慧、技艺和战争女神），天花板四周的设计则来自凡尔赛宫王后的寝宫。

　　哥特厅是哥特复兴风格，用来展示阿尔瓦·范德比尔特收藏的中世纪和文艺复兴装饰艺术品。石制壁炉是布尔日（Bourges，法国城市）某壁炉的复制品。

　　藏书室是洛可可风格，兼作晨间起居室。

　　餐厅用粉红色的北非努米底亚大理石（Numidian marble）装饰。餐厅壁炉是凡尔赛宫海格立斯厅（the Salon d'Hercule）壁炉的翻版。餐厅天花板装饰狩猎和捕鱼母题的绘画。

　　范德比尔特夫人的卧室是路易十四风格。天花板上装饰的是希腊雅典娜女神绘画，由意大利画家乔凡尼·安东尼奥·佩莱格里尼（Giovanni Antonio Pellegrini，1675—1741）绘于 1721 年前后，原来陈列在威尼斯帕萨尼宫（the Palazzo Pisani

Moretta）的图书馆中。

1892 年，大理石宫落成。范德比尔特先生将它作为礼物送给妻子阿尔瓦，庆祝她的 39 岁生日。阿尔瓦·范德比尔特是纽波特社交界的头面人物，她设想将大理石宫作为她献给艺术的殿堂。

1895 年，阿尔瓦·范德比尔特与丈夫威廉·基萨·范德比尔特离婚。不过，她已完全拥有了大理石宫，因为这是她丈夫送给她的生日礼物。

1896 年，阿尔瓦又同贝尔蒙特（Oliver Hazard Perry Belmont）结婚，改名"阿尔瓦·贝尔蒙特"（Alva Belmont），搬进了贝尔科特城堡（Belcourt Castle）。丈夫贝尔蒙特死后，她又搬回大理石宫，并在海边悬崖上加盖了一个中式茶亭（the Chinese Tea House），专门招待"妇女选举权"（women's suffrage）组织的集会。

1919 年，阿尔瓦·贝尔蒙特关闭了大理石宫，搬到法国去和女儿 Consuelo Balsan 住得更近些。之后，她就在三个居所间来回奔波——巴黎的一处联排别墅（townhouse），里维埃拉（Riviera）的一处别墅（villa），以及她修复的一个城堡（the Château d'Augerville）。

1932 年，就在去世前不到 年，阿尔瓦将大理石宫卖给了美国投资银行家普瑞斯（Frederick H. Prince，1859—1953）。1963 年，"纽波特县保护协会"（the Preservation Society of Newport County）又从"普瑞斯信托"（the Prince Trust）手中买下大理石宫，出资人是范德比尔特夫妇的小儿子哈罗德·斯特林·范德比尔特（Harold Stirling Vanderbilt）。当时，"普瑞斯信托"将大理石宫内家具也一并直接捐赠给了保护协会。

1971 年 9 月 10 日，大理石宫被列入"美国国家历史地名名录"。2006 年 2 月 17 日，美国内政部将其列为"美国历史地标"。1976 年 5 月 11 日，大理石宫所在的贝尔维尤大道，因为私家豪宅林立，而被列为"美国历史地标街区"。

由于其无与伦比的奢华，电影《了不起的盖茨比》（*The Great Gatsby*，1974）就曾在大理石宫拍摄。另外，电影《27 套礼服》（*27 Dresses*，2008）也在这里取景。2012 年，"维多利亚的秘密"（Victoria's Secret）还在这里举办了商业活动。

建筑风格

学院派（Beaux Arts）

地址

596 Bellevue Avenue
Newport，Rhode Island

Chinese Tea House (Marble House, Newport)
中式茶亭（大理石宫，纽波特）

1908 年，阿尔瓦在她丈夫贝尔蒙特去世后，又搬回大理石宫。1912 年，她在大理石宫的后面，靠近大西洋边，开始盖一座中式茶亭。

阿尔瓦一生都喜欢建筑，自己建造或修复过几座大宅或城堡。她雇用从中国来的工匠建造这座茶亭，据说她出手阔绰，给工人很高工钱。茶亭仿中国宋代的庙宇式样。琉璃飞檐，朱漆柱了，俨然一座宋代小庙飞落在大西洋海滨。茶亭的设计者是谁不得而知，但室内设计由麦凯（William Andrew Mackay）完成，仿中国明代式样，每根柱子上都有中国楹联。

1914 年 7 月 25 日，茶亭建造完工，阿尔瓦在大理石宫举办了一个盛大的中式服装舞会纪念茶亭落成。

这座中式茶亭建筑地道，韵味十足，但有一个麻烦，没有地方煮茶。为解决这个问题，阿尔瓦让人从大理石宫的厨房铺了一条铁轨直达茶亭，铁轨掩映在树篱中，外人看不见。茶一

中式茶亭，作者摄。

且煮好，便由佣人端上托盘，坐上小轨道车直送茶亭。

　　阿尔瓦预见到了她将在美国妇女投票权运动中发挥更多作用，茶亭的落成就为她们的集会、筹款提供了很好的场所。不幸的是，1917 年，美国加入第一次世界大战，阿尔瓦后来关闭了大理石宫和茶亭，再也没有打开过。

　　1980 年代，"纽波特县保护协会"（the Preservation Society of Newport County）精心修缮了这座茶亭。如今，这

里是参观大理石宫游客的一个歇脚点，提供快餐和饮料。

　　茶亭装饰奢华，周围风景如画，一边是宏伟的大理石宫，一边是浩瀚的大西洋，因而，这里也是举办小型会议、晚餐或鸡尾酒会的绝佳场所。

中式、宋代庙宇（The Chinese Song Dynasty temples style）

地址

Marble House

596 Bellevue Avenue

Newport，Rhode Island

Medinah Temple

麦地那神庙

67

这座砖建筑建于 1913 年，原来是慈坛社成员的聚会场所，现在是"芝加哥布鲁明代尔家居商店"（Bloomingdale's Home + Furniture Store in Chicago）。

"慈坛社"（the Ancient Arabic Order of Nobles of the Mystic Shrine，A.A.O.N.M.S）是 1872 年在美国纽约创立的团体，入会资格仅限圣堂武士团员及第三十二级的共济会会员。该团体奉行神秘主义隐修，而当时西方人把中东视为一个神秘之地，认为那里的男人放浪形骸，所以他们便选择中东地区的伊斯兰建筑风格，并聘请同社社员、建筑师哈里斯·胡尔（Harris Huehl）和施密德（Richard Gustave Schmid）进行设计。这两位建筑师接到委托后，专门跑到中东地区寻找灵感，并最终设计出了这座美国最好的伊斯兰复兴风格建筑。

这座建筑看起来像一个伊斯兰清真寺——马蹄形的拱，几何形装饰，洋葱头圆顶。在前门入口处门框四周，用传统的阿

麦地那神庙，作者摄。

拉伯文字写着："没有上帝，只有真主。"（There is no God but Allah）。该会堂有 4 200 个座位，其宴会大厅可供 2 300 人同时就餐。由于会堂传声效果极佳，芝加哥交响乐团曾在此举办过 100 多场音乐会，当然还有闻名遐迩的马戏表演。

虽然名为神庙（Temple），但它不是宗教建筑。

建 筑 风 格

摩尔 / 伊斯兰复兴式（Moorish /Islamic Revival style）

地 址

600 N. Wabash Avenue
Chicago，IL 60611

68

Old Boston Fire Department Headquarters
旧波士顿消防局总部

这座黄色砖砌大楼由建筑师惠尔赖特（Edmund March Wheelwright，1854—1912）设计，建于 1892—1894 年，原为波士顿消防局总部。156 英尺（48 米）高的钟塔便是火情瞭望塔。

钟塔大楼模仿 14 世纪意大利锡耶纳的曼吉亚塔楼（Torre del Mangia），也与佛罗伦萨市政大楼"韦奇奥宫"（旧宫）（Palazzo Vecchio，Old Palace）如出一辙。1890 年代，意大利建筑之风在美国十分流行，建筑师为了让瞭望塔突出，便直接模仿曼吉亚塔楼，而且采用砖砌，让它更具意大利风味。

从 1969 年起，这座大楼变成了波士顿无家可归者的庇护所，致力于为新英格兰地区的无家可归者提供临时或永久居所，对他们进行工作培训，帮助他们重返社会，自食其力；也提供戒酒或戒毒课程。这里虽然名为"酒店"（Inn），但实际上是一个非营利性的福利机构。

旧波士顿消防局总部，作者摄。

锡耶纳的曼吉亚塔楼。

韦奇奥宫，尹可陶摄。

建 筑 风 格

意大利哥特复兴式（the Italian Gothic Revival style）

地 址

444 Harrison Avenue
Boston，MA

69

Pagoda (Reading, Pennsylvania)
塔（宾夕法尼亚州瑞丁市）

在世纪之交的 1900 年代初期，老惠特曼（William Abbott Witman，1860—1936）在宾夕法尼亚州瑞丁（Reading）市郊宾山（Mt. Penn）南端购买了 10 英亩土地，准备用作采石场。不过，他的采石行动破坏了宾山的景观，遭到公众的反对，最后老惠特曼放弃了采石场计划。

当时，惠特曼有一个朋友，名叫马茨（Charles C. Matz），刚从"美西战争"（the Spanish-American War）战场回来，给他看了一张菲律宾的明信片，上面是一座塔。惠特曼被这种东方式的建筑迷住了，于是他聘请马茨和他的父亲詹姆斯·马茨（James Matz）为他建造一座类似的塔。惠特曼打算用这座塔掩饰采石场造成的破坏。新建成的塔将成为一个豪华饭店。

1908 年，惠特曼的"度假胜地"之塔落成，耗资 5 万美元。这座塔耸立在宾山上，俯瞰着瑞丁市。塔采用日本幕府时代样式，红砖红瓦，室内是红黄地砖，一个橡木楼梯蜿蜒而上。

"度假胜地"之塔，作者摄。

屋顶有两个海豚装饰，入口处是一个日式大门，上书" City of Reading"（瑞丁市）几个字。

没有想到的是，惠特曼随后为饭店申请酒牌执照（获准卖酒）遭到拒绝。结果，豪华饭店计划泡汤，这座塔落入了当地一家银行之手。

1910 年，这座七层塔连同土地卖给了当地商人莫尔德（Jonathan Mould）。一年后，莫尔德和他妻子又将塔和周围 10 英亩土地卖给了瑞丁市，索价 1 美元。

在塔的最高一层，挂着一口钟。这口钟 1739 年在日本小俣町（Obata，Mie Prefecture，Japan）铸造，原来安放在日本东京以北的一座寺庙里。寺庙 1881 年关闭，之后拆毁。惠特曼通过纽约的一个进出口商（the A. A. Valentine Agency of Broadway New York）买到这口钟。1907 年 4 月 19 日，这口钟经过苏伊士运河抵达纽约，5 月 5 日又经过纽约铁路来到瑞丁，并连同原来的撞钟柱一起安装在塔上。

第二次世界大战期间，美国掀起反日浪潮，有人呼吁拆毁这座塔。但塔最终保留了下来。1949 年，塔得到修复，下面一层及阳台用石头重建。1970 年代，日式花园得到复原，并种上了樱花树。

1972 年 11 月 7 日，这座塔被列入"美国国家历史地名名录"，并成为瑞丁市的地标。

98 Duryea Dr.

Reading，PA

Pilgrim Monument
朝圣者纪念碑

　　这座纪念碑建于 1907 年至 1910 年，位于马萨诸塞州科德角的普罗文斯敦（Provincetown），以纪念第一批英国清教徒于 1620 年踏上北美大陆并签署《"五月花号"公约》（Mayflower Compact）。纪念碑高 252 英尺 7.5 英寸（约 77 米），全部用花岗岩建造，它也是美国最高的花岗岩建筑。

　　1620 年 9 月 23 日，一艘排水量约 180 吨、长 27 米的名为"五月花号"的帆船，载着 102 名英国清教徒 [他们自称为"圣徒"（"Saints"）]，离开英国港口普利茅斯，驶向大西洋彼岸。在经过了 66 天的海上漂泊之后，他们抵达北美大陆，在科德角（Cape Cod）外普罗文斯敦抛锚。上岸前，船上的 41 名成年男子讨论着如何管理未来的殖民地问题，究竟依靠什么：领袖的权威？军队的威力？还是国王的恩赐？他们要将这个问题弄清楚之后再上岸。

　　1620 年 11 月 11 日 [儒略历，若按格里高利历（公历）计算，则为 11 月 21 日，英国在 1752 年才采用格里高利历]，经

签署《五月花号公约》。

过激烈的讨论，最后，为了建立一个大家都能受到约束的自治基础，他们签订了《"五月花号"公约》。41 名签署人立誓创立一个自治团体，这个团体是基于被管理者的同意而成立的，而且将依法而治。这是美国历史上第一份重要的政治文献，被人们称为"美国的出生证"。

当"五月花号"的清教徒们登陆后，在公约上签字的 41 名清教徒理所当然地成为普利茅斯殖民地第一批有选举权的自由人，这批人中有一半未能活过 6 个月。为了纪念这第一批"朝圣者"和《"五月花号"公约》的签订，美国人决定建立一个纪念碑。1898 年，在纪念碑的设计竞赛中，西尔斯（Willard Thomas Sears，1837—1920）模仿意大利锡耶纳"曼吉亚塔

朝圣者纪念碑，作者摄

楼"的方案中标。1907 年 8 月 20 日，美国总统西奥多·罗斯福（Theodore Roosevelt）为纪念碑奠基。1910 年 8 月 5 日，美国总统塔夫特（William H. Taft）出席落成仪式。

不过，中标的方案因为与"朝圣先人们"（the Pilgrim Fathers）之间没有什么明显联系而备受争议。一个波士顿建筑师揶揄道："如果他们想要的就是一个建筑奇珍，为什么不选择比萨斜塔，照样做一个呢？"还有一个原因就是，波士顿已经有了一个类似意大利锡耶纳"曼吉亚塔楼"的复制品，那就是 1892 年由建筑师惠尔赖特（Edmund March Wheelwright）设计的波士顿消防局总部。但是，《波士顿环球报》（*the Boston*

普罗文斯敦，作者摄。

Globe）注意到，普罗文斯敦人根本不关心什么设计，只要有一个纪念碑他们就很高兴。该报引用"一个老船长"的话说："我不赞成对纪念碑说三道四，它够好，品味也行，它就像立在葡萄牙海岸或葡萄牙岛屿上的那些灯塔，而普罗文斯敦，就挤满了葡萄牙人。"（葡萄牙人较早开始了航海地理大发现。）

纪念碑建成后，普罗文斯敦人十分骄傲。每年圣诞节，纪念碑上下都会点上圣诞彩灯。据卡朋特（Edmund J. Carpenter）在他 1911 年自费出版的书《清教徒及其纪念碑》（*The Pilgrims and their Monument* ）中记载，设计和建造这座纪念碑当时耗资 91 252.82 美元，相当于今天的 2 345 500 美元。

建筑风格

意大利哥特复兴式

地址

1 High Pole Hill Road

Provincetown，MA

71

Plaza d'Italia
意大利广场

"意大利广场"坐落在新奥尔良市中心拉法耶特街和商业街之间，紧邻着"法国区"（French Quarter）。两个街区外便是密西西比河，是新奥尔良传统的码头和商业区。

自19世纪晚期到20世纪早期，成千上万意大利人、主要是西西里移民来到新奥尔良，但由于更早到来的法国人和西班牙人塑造了新奥尔良，意大利人这个族群在当地文化融合中的作用被大大低估。1970年代，新奥尔良意大利裔社区领导人决定搞一个永久性的纪念物，纪念意大利移民在美国的拓展经历。这一想法与当时新奥尔良市长兰德里欧（Moon Landrieu）决心激发市中心活力，吸引外来投资不谋而合。

第二次世界大战后，美国大多数城市的市中心（downtown）都染上了同一种病，即"郊区化"（suburbanization）——"白人飞走"（指开始于20世纪中叶、来自欧洲地区的白人开始大规模迁离市中心多民族聚居区，迁往民族更单一的郊区）和"城区

意大利广场。

查尔斯·摩尔的头像。

凋敝"。新奥尔良也不例外,靠近密西西比河传统的码头和商业区也一派凋敝。

意大利裔社区领导人和市长不谋而合的项目就是:意大利广场。他们希望借助这个广场聚拢周围几条街的商业人气,吸引投资,激发城市活力。为此,他们还请来了大名鼎鼎的美国后现代建筑师查尔斯·摩尔(Charles Moore)来做设计。

查尔斯·摩尔(1925—1993)崇拜路

易斯·康［Louis Isadore Kahn，1901—1974，20 世纪最有影响力的建筑师之一，曾获得"美国建筑师学会金奖"（AIA Gold Medal）和"英国皇家建筑师学会金奖"（RIBA Gold Medal），在他去世前，被认为是美国在世的最杰出的建筑师］，曾为路易斯·康当了一年助教，后成为耶鲁大学建筑学院院长，与文丘里［Robert Charles Venturi，Jr.，1925—2018，1991 年获普利兹克奖，他提出"少就是无聊"（Less is a bore），以对抗密斯·凡·德·罗（Mies van der Rohe）的"少就是多"（Less is more）］一道，成为"后现代派建筑"（postmodern architecture）运动代表。他意识到，随着商业街和高速公路的发展，美国景观的同质化，"地方特色"快速消失。对他来说，"挖掘"过去、"设计"现在也许是给予现代美国一个通俗易懂和与众不同身份标识的方法之一。

　　查尔斯·摩尔设计的"意大利广场"是一个意大利半岛形状的喷泉广场，毫无疑问，他借鉴了罗马的"特雷维喷泉"（Trevi Fountain，罗马最大的巴洛克喷泉，也是世界著名的喷泉之一）。广场由半圆形的柱廊、一个钟塔、一个钟楼和一个罗马神庙环绕。钟楼和神庙采取的是抽象的、极简主义表现方式。喷泉和周围柱廊采用经典范式，但使用现代材料，如不锈钢和霓虹灯。柱子和过梁涂成彩色，类似庞贝古城的壁画。摩尔把"西西里"置于喷泉广场中心——意指新奥尔良的意大利人多是西西里人——这是一个一眼就能识别的"意大利—西西里"社区空间。摩尔的设计让人想起意大利罗马的特雷维喷泉，1960 年代美国俗艳的街边餐馆，罗马柱廊碎片。他将它们糅合在一起，呈现出一种滑稽有趣的现代视像，创造出一种强烈的意大利地方特色。

查尔斯·摩尔认为，"相对于建筑物所赋予我们的信息来说，我们的建筑体验更为重要"。也许是为了体验他的"后现代建筑"快感，摩尔还将自己的头像设计成了喷水装置，镶在券门两侧。

1978 年，"意大利广场"落成。甫一亮相，艺术界和建筑界好评如潮，被誉为"后现代的真正伟大的纪念碑"（《后现代建筑的语言》），"后现代建筑的最恰当的例子"（《现代和后现代》）。

但是，好评如潮的"意大利广场"并没有激发出对传统码头和商业区的投资浪潮。她的光芒很快黯淡下去。喷泉不喷水，霓虹灯不亮，地砖破碎，犯罪高发。到世纪之交，"意大利广场"破败不堪，被人称作第一个"后现代废墟"（postmodern ruin）。

其实，"意大利广场"设计的魅力有赖于她周围街区改造的全部实现，包括广场边缘一排 19 世纪建筑的修复完成。修复的老建筑和添加的新建筑成为"意大利广场"的视觉背景，广场的功能是一个"城市地中海"（urban Mediterranean），逛街的人们从各条狭窄、幽深的街道"不经意"地溜达过来，猛然进入一个阳光明媚的广场，周围环绕着意大利式咖啡馆和小商店。这种"惊喜广场"（surprise plaza）效果的实现无疑依赖周围街区的配套改造。

而这种效果，从来就没能实现。这是后现代建筑师查尔斯·摩尔和当年的市长兰德里欧（Moon Landrieu）始料未及的。

特雷维喷泉，尹可陶摄。

　　2013 年，新奥尔良市长米奇·兰德里欧（Mitch Landrieu）及运河街开发公司（the Canal Street Development Corporation）宣布投资 28 万美元进一步修复"意大利广场"，第一阶段修复工作已经完成，第二阶段的修复工作正在设计中，目的是全部恢复喷泉的功能。

后现代建筑（postmodern architecture）

537 South Peters Street
New Orleans，Louisiana 70130

Rosecliff
玫瑰崖

玫瑰崖（Rosecliff）这个名字最早来自这块地产的主人班克罗夫特（George Bancroft，1800—1891）。班克罗夫特是美国著名的历史学家、政治家和外交家，他于 1845 年出任总统詹姆斯·波尔克（James K. Polk，1795—1849）内阁的海军部部长，并创办了"美国海军学院"（the United States Naval Academy at Annapolis）。晚年，班克罗夫特住在华盛顿 DC，但夏天住在罗得岛州纽波特的玫瑰崖。班克罗夫特还是一个业余园艺家，1875 年，他将一种从法国引进的玫瑰（rose）命名为美国美人（"Rosa American Beauty"，在法国名为 Madame Ferdinand Jamin）。也许出于这个原因，班克罗夫特将自己的夏日居所叫作"Rosecliff"（玫瑰崖）。

1890 年，来自内华达州的富家女特丽萨·菲尔 [Theresa Fair，内华达州康斯托克银矿（Comstock silver lode）老板詹姆斯·格雷厄姆·菲尔（James Graham Fair）的大女儿］与"德国北劳埃德轮船公司"（the North German Lloyd steamship line）美国代理赫尔曼·奥尔里克斯（Hermann Oelrichs）在旧金山举行盛大婚礼，她的父亲送给她 100 万美元做嫁妆。特丽萨与赫尔曼是在纽波特相识的。婚后一年，特丽萨和丈夫，连同妹妹弗吉尼娅·菲尔（Virginia Fair）一起买下班克罗夫特的玫瑰崖，之后又买了旁边的一些地产。不久，他们便委托著名的麦金、米德和怀特建筑设计公司为他们设计夏日居所。

居所要既豪且大，适合举办豪华舞会。特丽萨·菲尔·奥尔里克斯夫人（Theresa Fair Oelrichs）平时少有机会宣泄精力，于是她以巨大热情将自己投身到纽波特的社交场中，与斯图伊文森特·费希夫人［Stuyvesant Fish，纽约和纽波特社交界领袖，纽波特殖民复兴式豪宅"Crossways"女主人，她的 8 月份"收获季舞会"（Harvest Festival Ball）标志着纽波特社交季的结束］和 O.H.P. 贝尔蒙特夫人（贝尔科特城堡和大理石宫女主人阿尔瓦·贝尔蒙特，也就是从前的阿尔瓦·范德比尔特）一起成为纽波特社交圈三大女主人。

1898 年，建筑师斯坦福·怀特（Stanford White，1853—1906）以法国凡尔赛大特里亚农宫（the Grand Trianon of Versailles）为模子，设计玫瑰崖，只不过缩小了尺寸，并简化为一个 H 形，同时保留曼萨特（François Mansart，1598—1666，法国建筑师，将古典主义引入法国巴洛克建筑）式的拱形玻璃窗，成对的爱奥尼亚式柱。与大特里亚农宫有别的是，怀特加了一层带栏杆的屋顶，将凹进的第三层隐藏起来，这一

凡尔赛大特里亚农宫，1700 年。

层是 20 间佣人房和洗衣房。

玫瑰崖的建造工程于 1899 年开始，但冬季寒冷的天气延缓了工程进度。那年冬天，特丽萨的妹妹弗吉尼娅·菲尔嫁给了威廉·基萨·范德比尔特二世（William Kissam Vanderbilt II，阿尔瓦·范德比尔特的儿子），要求房子在第二年纽波特的社交季投入使用。性急的特丽萨·奥尔里克斯夫人在 1900 年 7 月就搬进了尚未完工的玫瑰崖，她将工人撤走，以便在 8 月举办第一场社交舞会——112 人的晚宴，超过了斯图伊文森特·费希夫人的"收获季舞会"。蕨类植物和鲜花经过精心摆放，遮住了房子尚未完工的地方。直到 1902 年，玫瑰崖才最后完工，据说耗资 200 万美元。

玫瑰崖用砖建造，外贴白色建筑陶瓦。建筑师怀特复杂的空间布局给这座豪宅提供了无与伦比的视野——穿过对齐的门道，中间是一个漂亮的大壁炉。尤其值得一提的是中央大舞厅，40 英尺宽（约 12 米），80 英尺阔（约 24 米），如果撤去里面的路易十四风格家具，它将是纽波特最大的舞厅。舞厅的单、双科林斯式柱子与拱窗交错。通过两边的法式门，到达外边平坦的露台。宽阔的台阶向下落在大草坪上，面前就是浩瀚的大西洋。

玫瑰崖一直在奥尔里克斯家族手中直到 1941 年。后来几经易主，1947 年来自新奥尔良的门罗（J. Edgar Monroe）夫妇买下它。门罗先生在造船业发了财，每年夏天他都要同妻子路易丝来纽波特避暑。门罗夫妇在玫瑰崖举办的大型舞会让他们声名鹊起，许多舞会都是狂欢节主题，门罗夫人喜欢衣着滑稽出

玫瑰崖，作者摄。

席舞会。与奥尔里克斯夫人的舞会正式而刻板不同，门罗夫人的舞会随意而舒适。

　　由于小赫尔曼·奥尔里克斯（Hermann Oelrichs Jr.）在1941年卖掉了玫瑰崖的所有家具，今天参观者所见到的家具差不多都是门罗家置办的。1971年，门罗夫妇将玫瑰崖及里面所有东西，以及200万美元捐给了"纽波特县保护协会"（Preservation Society of Newport County），开放给公众参观。

门罗先生还经常回来参加慈善募捐活动，直到 1991 年去世。

玫瑰崖舞厅曾多次用来拍电影，如 1974 年版的《了不起的盖茨比》(The Great Gatsby)，《贝丝》(The Betsy)，《上流社会》(High Society)，《真实的谎言》(True Lies)，《勇者无惧》(Amistad)。

1973 年 2 月 6 日，玫瑰崖被列入"美国国家历史地名名录"。

建筑风格

法国巴洛克复兴式（French Baroque Revival style）

地址

548 Bellevue Avenue

Newport，Rhode Island

Royce Hall (UCLA)
罗伊斯大楼（加州大学洛杉矶分校）

这座大楼坐落在加州大学洛杉矶分校校园内，建于 1926 年
至 1929 年，是学校西校区最初四栋建筑之一，它们共同奠定了
学校的校园面貌。

"罗伊斯大楼"仿意大利米兰"圣安布洛乔大教堂"
（Basilica of Sant' Ambrogio）而建，原样复制，尤其是立面双
子塔与原物如出一辙，已成为该校的地标。

罗伊斯大楼建筑风格为意大利北部伦巴第罗曼式，主要设
计为学生教室和礼堂。其 1 800 个座位的礼堂原为演讲传声效
果设计，不是音乐厅。1982 年经过改造后，成为学校举办音乐
演奏会和舞台演出最重要的场所。

"罗伊斯大楼"（Royce Hall）这一名称来自美国著名的客观
唯心主义哲学家乔赛亚·罗伊斯（Josiah Royce）。

乔赛亚·罗伊斯（1855—1916）出生在加州，1875 年他
在加州大学伯克利分校（UC Berkeley）获得学士学位，后到

上图：罗伊斯大楼，作者摄。　　下图：米兰圣安布洛乔大教堂。

德国莱比锡、哥廷根等地学习哲学，1878 年获得约翰·霍普金斯大学哲学博士学位。1885 出版《哲学的宗教方面》（*The Religious Aspect of Philosophy*），1892 年出版《现代哲学的精神》（*The Spirit of Modern Philosophy*），从而奠定了他在美国哲学界的地位。他有一句名言：**虽然道德的努力是必须的，可道德的审判却是荒谬的** [请参阅乔治·桑塔亚那（George Santayana）《美国的民族性格与信念》，史津海等译，北京：中国社会科学出版社，2008 年，第 92 页。]

罗曼复兴式（Romanesque revival）

340 Royce Drive
Los Angeles，California

Sather Tower
萨瑟塔

这座钟塔坐落在加州大学伯克利分校（Berkeley, University of California）校园内，是伯克利的标志性建筑，也是伯克利的标识。

钟塔名为"Sather Tower"，但更为人们熟知的名字为"The Campanile"（钟塔），因为它是仿意大利威尼斯圣马可广场钟塔（the Campanile di San Marco）而建，由建筑师霍华德（John Galen Howard，1864—1931）设计，他也是伯克利"环境设计学院"的创始人。

威尼斯圣马可广场钟塔始建于 16 世纪，1902 年倒塌，1912年完成重建。钟塔倒塌事件震惊了当时世界建筑界，建筑师霍华德当不例外。霍华德毕业于麻省理工学院，还在法国巴黎美术学院（the École des Beaux-Arts）学习过。同大多数在美术学院接受建筑训练的建筑师一样，霍华德倾向于模仿世界上伟大的建筑艺术作品，同时作一些改进。根据作家赫尔方（Harvey

上图：萨瑟塔，作者摄。
下图：威尼斯圣马可广
场钟塔。

Helfand）的描述，他在设计伯克利的钟塔时，部分"吸取了威尼斯圣马可广场钟塔的灵感"。不过与圣马可广场钟塔不同，他没有使用红砖，而是使用钢筋混凝土、外包花岗岩。这样不仅使钟塔简洁，也更结实，不会倒塌。伯克利钟塔高度为 93.6 米，略低于圣马可广场钟塔（高 98.6 米），这也使它成为世界上第三高的钟塔。[世界上最高的钟塔为英国伯明翰大学的"约瑟夫·张伯伦纪念钟塔"（The Joseph Chamberlain Memorial Clock Tower），该大学列出其高度为 110 米和 99 米两个数据]。

"萨瑟塔"（Sather Tower）于 1914 年建成，1917 年对外开放。钟塔最有特色的部分是它位于顶层、可以演奏音乐的成套编钟。

钟塔上的编钟最初为 12 个，1917 年 10 月安装，编钟上刻有"简·K. 萨瑟的礼物，1914"（Gift of Jane K. Sather，1914）铭文。简是挪威出生的银行家佩德尔·萨瑟（Peder Sather）的妻子，伯克利钟塔赞助人，因而塔名为"萨瑟塔"。在最大的一个编钟上刻着希腊语教授艾萨克·弗拉格（Isaac Flag）写的铭文：

We ring，we chime，we toll，	叮咚叮当
Lend ye the silent part	聆听沉静
Some answer in the heart，	荡在心上
Some echo in the soul.	漾在心灵

1979 年，编钟增加到 48 个。1983 年，再增加到 61 个。

现在编钟大小从 19 磅（8.6 公斤）到 10 500 磅（4 767 公斤）不等，并定时演奏和报时。

每学期最后一个讲习日中午，编钟演奏"上午他们要吊死丹尼·迪瓦尔"（They're Hanging Danny Deever in the Morning）。丹尼·迪瓦尔是英国诗人拉迪亚德·吉卜林（Rudyard Kipling）所写的一首诗，描写英国士兵丹尼·迪瓦尔在印度因为谋杀而被吊死。

伯克利钟塔第八层是观光平台，一般游客可以付费参观，伯克利学生、教职员工凭证免费。钟塔其他楼层因为阴凉、干燥，存贮着大量化石。

1982 年 3 月 25 日，"萨瑟塔"被列入"美国国家历史地名名录"。

哥特复兴式（Gothic Revival）

地 址

Berkeley，University of California

California

Scottish Rite Temple (Santa Fe, New Mexico)
共济会苏格兰神庙（圣塔菲，新墨西哥州）

"共济会苏格兰神庙"（The Scottish Rite Temple），也叫
"共济会苏格兰天主教堂"（Scottish Rite Cathedral）、"共济会圣
塔菲律师所"（Santa Fe Lodge of Perfection），建成于 1911 年。

1909 年，圣塔菲的《新墨西哥人日报》（*The Daily New
Mexican*）宣布，本地建筑师拉普（Isaac H. Rapp）已经获得
委托，设计一座新的共济会苏格兰神庙。几个月后，报上登出
了拉普新古典风格的神庙设计图。但一星期后，还是这张报纸
说，拉普的设计图"不令人满意"。之后不久，报纸宣布洛杉矶
"亨特和伯恩斯建筑公司"（Hunt and Burns）取而代之。

亨特和伯恩斯建筑公司的设计灵感来自西班牙的阿尔罕布
拉宫（Alhambra），以期在曾经讲西班牙语的圣塔菲（原属墨
西哥）涂上西班牙南部的某种色彩。他们的建筑设计采用摩尔
复兴式风格（Moorish Revival style），塔门直接复制阿尔罕布
拉宫狮子庭院的一个门楼（gatehouses）。如果仔细研究神庙，

共济会苏格兰神庙，作者摄。

阿尔罕布拉宫狮子庭院的一个门楼。

实际上它还夹杂着其他一些建筑概念：一点大教堂的意思，一片城堡的影子，一股加利福尼亚的气息，统统融合在粉红色土灰中，十分惹眼。

1987 年，这座共济会神庙（虽然名为神庙，但它不是宗教建筑）被列入"美国国家历史地名名录"。

建 筑 风 格

西班牙-普埃布罗风格（Spanish-Pueblo style）

地 址

463 Paseo de Peralta

Santa Fe，New Mexico

South High School (Denver, Colorado)
南部高中（丹佛，科罗拉多州）

　　丹佛的高中学校都是以学校所在城市东、南、西、北方位命名，故此"南部高中"就坐落在丹佛市南部华盛顿公园街区。

　　1893 年，丹佛的格兰特学校［the Grant school，现在的格兰特中学（Grant Middle School）］开办了两个高中班。1907 年，由于太过拥挤，又增加了一个班。1925 年，高中毕业班的学生人数达到 800 人，学校亟需教室。随后，开始筹集资金建设新校舍，这就是现在的南部高中。新学校耗资 125.2 万美元，建筑寿命为 100 年。

　　南部高中由"Fisher & Fisher"建筑公司设计，采用的是当时流行的罗曼复兴风格。雕刻家加里森（Robert Garrison，1895—1943）负责大部分的装饰，包括学校大门上方一米高的滴水兽。这种滴水兽是"南部"的保护神，设计灵感来自意大利斯波莱托大教堂（Cathedral of Spoleto）的

南部高中，作者摄。

南部高中钟塔，作者摄。

滴水兽。大门两边的老师浮雕
手中抱着的动物代表"考试",
正要张口吞掉学生。门上的檐
壁,一个场景是"教职员工",
类似"最后的晚餐",校长坐
在中间;另一个场景是"动物
精神",寓意嬉戏的学生就像
动物。

　　南部高中的钟塔被认为
是意大利罗马"科斯美汀圣
母 教 堂 "(Santa Maria in
Cosmedin)钟塔的翻版,虽然
存在一些不同,但神态俨然。

　　1992 年,南部高中被列入
"美国国家历史地标"。

科斯美汀圣母教堂。

建 筑 风 格

罗曼复兴式（Romanesque Revival style)

地 址

1700 East Louisiana Avenue

Denver，Colorado

St. Mary's Villa
圣玛丽别墅

"圣玛丽别墅"位于宾州小城安布勒（Ambler），原名"林登沃尔德城堡"（Lindenwold Castle），它建于 1888 年以前，是维多利亚式豪宅，有 40 个房间。它的主人是马蒂森博士（Richard Vanseelous Mattison，1851—1936），人称"石棉大王"。因为，马蒂森博士是 19 世纪末 20 世纪初世界上最大的石棉制造公司——"里斯贝和马蒂森安布勒公司"（Keasbey and Mattison Company of Ambler）的老板之一。

1912 年，马蒂森博士对这座维多利亚式豪宅进行改造，用石头城墙围起，建筑式样参照英国的温莎城堡（Windsor Castle），实际上是半复制。

马蒂森博士 1872 年在费城药学院（the Philadelphia College of Pharmacy）、1879 年在宾夕法尼亚大学医学院（the University of PA Medical School）获得学位。他和同学里斯贝（Henry G. Keasbey）组建公司，开始生产药剂制品。早在少年

圣玛丽别墅，作者摄。

作者在温莎城堡，
1997年。

时代，马蒂森就对石棉感兴趣。他发现碳酸镁可附着在热钢管上，如果加上石棉纤维，就是蒸汽管道理想的绝热材料。当时，蒸汽管道正进入家庭（取暖）和其他建筑大楼，在制造业得到广泛使用。从此，"里斯贝和马蒂森安布勒公司"开始独家生产石棉绝热材料。

就这样，马蒂森博士将18世纪一个小小的磨坊镇安布勒（Ambler）变成了一个新兴的工业城市。他在安布勒盖了400多幢房屋，高档房屋给公司高管，一般房屋给公司经理和工人。他还进行市政改造，建起了教堂、图书馆和剧院。安布勒在马蒂森博士的影响下繁荣起来，电力和自来水公司也得到发展。

马蒂森博士的生意蓬勃发展，直到大萧条的降临。1934年，他被迫从"林登沃尔德城堡"搬到"林登沃尔德排屋一号"（1 Lindenwold Terrace）。1936年，"林登沃尔德城堡"最终卖给了"拿撒勒圣家庭的姐妹们"（The Sisters of the Holy Family of Nazareth，一个罗马天主教组织，成立于1875年），即现在的主人，并改名"圣玛丽别墅"。同年11月，马蒂森博士去世，享年85岁。

今天，"圣玛丽别墅"是慈善儿童之家。城堡曾用作拍摄两部关于女学生和修女的喜剧电影《天使的麻烦》（The Trouble With Angels）、《天使走到哪里，麻烦跟到哪里》（Where Angels Go, Trouble Follows）。

城堡（Castle）

701 S Bethlehem Pike
Ambler, Pennsylvania

78

St. Paul Church (Cambridge, Massachusetts)
圣保罗教堂（剑桥，马萨诸塞州）

　　19 世纪晚期，为满足波士顿地区涌入的爱尔兰天主教徒需要，多尔蒂（Manasses Dougherty）神父建立了很多教堂，圣保罗教堂是其中之一。现在的圣保罗教堂于 1916 年奠基，1924 年 10 月建成献礼。

　　圣保罗教堂是罗马天主教波士顿大主教区的地区教堂，位于剑桥镇哈佛广场（Harvard Square），主要服务于：A. 当地社区及哈佛大学广场的参观者；B. 圣保罗合唱学校之家；C. 哈佛大学天主教研究中心。

　　圣保罗教堂的设计者是建筑师格雷厄姆（Edward T. P. Graham，1872—1964），毕业于哈佛大学。1901 年，他第一个获得"奥斯汀旅行奖学金"（Austin Traveling Fellowship），前往罗马和巴黎美术学院（the École des Beaux-Arts）深造。

　　格雷厄姆的设计灵感来自意大利维罗纳的"圣芝诺马焦雷教堂"（Basilica of San Zeno Maggiore）以及"公社塔"

圣保罗教堂，作者摄。

（Torre del Commune）——建筑格局和立面设计模仿"圣芝诺马焦雷教堂"；钟塔设计模仿"公社塔"。红砖砌筑，异常精美。（见下）

维罗纳圣芝诺马焦雷教堂。

维罗纳公社塔。

　　在巨大的玫瑰花窗下面，大门的上方是一圈石头门楣，门楣的中央是圣保罗的形象，被塑造成《旧约》和《新约》的解释者。他的手指放在圣经上，这一页由一把剑分开。这并不代表肉体的力量，而是代表上帝言辞的精神力量："不错，上帝的言辞生动，有力，比任何双刃剑都锋利。它穿透和劈开灵魂和精神，关节和骨髓，审判心灵的思考与反省。"（希伯来书 第四章 Hebrews 4）

　　在圣保罗的下方，是启示天使，握着十字架，是救赎的象征。信徒们从两边朝向十字架。边门的上方是圣保罗教堂在建时罗马天主教廷在位者的盾徽。左边是教皇本笃十五世（Pope Benedict XV，1854—1922）的盾徽，右边是枢机主教康奈尔

圣保罗教堂，作者摄。

（Cardinal O'Connell）的盾徽。一根葡萄藤蔓过门楣，象征基督的爱将整个社区团结起来。这一形象来自《约翰福音》："我是葡萄藤，你是葡萄枝。"

意大利罗曼式（Italian Romanesque）

地址

29 Mount Auburn Street

Cambridge，Massachusetts

79

Stan Hywet Hall and Gardens
采石场府邸和花园

"采石场府邸和花园"占地面积 70 英亩，有 65 个房间，是美国著名的庄园。它是美国最大的府邸之一，也是俄亥俄州最大的府邸。

庄园主人是"固特异轮胎和橡胶公司"（Goodyear Tire and Rubber Company）创始人塞伯林（Frank Augustus Seiberling，1859—1955）夫妇。他们给庄园取名"Stan Hywet"，古英语的"采石场"之意，以反映庄园原来的用途（采石场）和现在庄园最突出特征（石头般坚固）。

庄园府邸建于 1912—1915 年，建筑师施奈德（Charles Sumner Schneider，1874—1932）将它设计成都铎复兴式，设计灵感来自英国的三个乡村宅第：康普敦府邸（Compton Wynyates）、奥克威尔斯宅邸（Ockwells Manor）和哈登府邸（Haddon Hall）（见下附录）。

"采石场府邸"的室内设计师是休伯（Hugo F. Huber），大

上图：采石场府邸正面，作者摄。　　下图：采石场府邸背面，作者摄。

部分家具来自纽约，也有些从英国买来。

庄园延展面积原来有 3 000 英亩（12 平方公里），地面景观由波士顿景观建筑师曼宁［Warren H. Manning，1860—1938，他反对 19 世纪末花园景观设计流行的形式主义和过度修饰，强调自然、野趣，即所谓的"wild gardens"（野生花园）］设计于 1911—1915 年，仍是他留存至今的最好的作品。

庄园主要的花园有：白桦林景观小径（the Birch Allee Vista），早餐花园（Breakfast Room Garden），英国花园（English Garden），悬铃木小径（London Plane Tree Allee），葡萄乔木（Grape Arbor），大花园（Great Garden），大草地（Great Meadow），日本花园（Japanese Garden），环礁湖（Lagoon），以及西露台（West Terrace）。最大的环礁湖深 4.6 米，是采石场积水而成。庄园还有一个温室，两个网球场，槌球场，骑马小道，一个室内游泳池，一个健身房。总之，休闲娱乐设施一应俱全。

"采石场府邸和花园"在每年的父亲节（每年 6 月第三个星期天），举办"年度经典车、老爷车和古董车展"（The Annual Classic，Antique & Collector Car Show），以及"俄亥俄莎士比亚戏剧节"（the Ohio Shakespeare Festival）。

1957 年，塞伯林家族将"采石场府邸"捐给了非营利组织。现在这里是历史家庭博物馆，夏季（4 月 1 日至 10 月 31 日）对公众开放，以实践刻在庄园府邸前门上的铭言：Non nobis solum，意思是"非吾独享"。

1975 年 1 月 17 日，"采石场府邸和花园"被列入"美国历史地名名录"，它还是"美国历史地标"。

建筑风格

都铎复兴式，其他（Tudor Revival，other）

地址

714 N. Portage Path

Akron，Ohio

附录

康普敦府邸（Compton Wynyates）

康普敦府邸是英格兰沃里克郡（Warwickshire）的一处庄园府邸，建于都铎王朝时期（1485—1603），典型的都铎建筑风格。它围绕一个院子，用红砖砌筑，部分城堡和塔楼形式。灌木修剪的花园和绿色的草坪，呈现出理想的英国乡村生活，与生活在这里超过 500 年的家族故事形成鲜明对比，康普敦家族的兴衰与这座府邸的兴衰紧密相连。

康普敦家族至今仍住在这座私家府邸中。

奥克威尔斯宅邸（Ockwells Manor）

奥克威尔斯宅邸是一座 15 世纪木结构庄园宅邸，位于英国巴克郡（Berkshire）考克斯格林行政区（the civil parish of

康普敦府邸，19世纪。

奥克威尔斯宅邸。

Cox Green）。原来这儿的宅邸由埃莉诺女王（Queen Eleanor）
于 1283 年赐给首席厨师诺里斯（Richard le Norreys），宅邸一
直在诺里斯家族传承，一直传到约翰·诺里斯爵士（Sir John
Norreys，1400—1466，亨利六世的衣柜看守），他于 1446 年
重建宅邸，即现在的奥克威尔斯宅邸。

　　奥克威尔斯宅邸是没有防御工事的早期宅邸代表，尼古拉
斯·佩夫斯纳爵士 [Sir Nikolaus Pevsner，1902—1983，德
裔英国艺术史、建筑史学家，著有 46 卷本的《英格兰建筑》
（*The Buildings of England*）] 称它是"英格兰最优雅和最复杂
的木结构宅邸"。宅邸大厅保存着当时制作精良的纹章彩色玻
璃。破风板和其他外墙木柱都有装饰线条和雕刻。木框架中间
是错缝砌筑（人字交叉）的红砖。

哈登府邸（Haddon Hall）

　　哈登府邸是英国德比郡的一座乡村府邸，位于贝克韦尔
怀河（the River Wye at Bakewell），是拉特兰公爵（Duke
of Rutland）的府邸之一，目前由爱德华勋爵（Lord Edward
Manners）家人居住。府邸为中世纪宅邸形式，被称为"那个
时期最完整和最有趣的宅第"。府邸源于 11 世纪，现在的中世
纪和都铎风格府邸在 13 至 17 世纪各个阶段都有增建。

哈登府邸，2010 年，Rob Bendall 摄。

80

Stokesay Castle in Reading, PA
斯托克赛城堡

斯托克赛城堡位于宾夕法尼亚州瑞丁市（Reading），建于 1932 年，由建筑师默兰伯格（Frederick A. Muhlenberg,

斯托克赛城堡，作者摄。

斯托克赛城堡，英格兰。

1887—1980，曾任美国国会议员）设计，作为商人希斯特
（George Baer Hiester，1909—1962）送给妻子的蜜月小别墅。
这座城堡式别墅参照了英格兰什罗普郡（Shrophire）的同名城
堡 "Stokesay Castle"（斯托克赛城堡）。英格兰的这座城堡建
于 1240 年，至今仍立在原地。

　　可惜，希斯特的妻子不喜欢这座城堡，结果城堡就被卖掉
了。1978 年，奎德（Charles F. Quade）买下城堡，并同他
儿子一起将城堡改成一个餐馆，此后城堡餐馆经营了许多年。

2009 年，城堡再次拿出来拍卖，共拍卖 623 850 美元，包括 43 000 平方英尺（近 4 000 平方米）的房子，周围 10 多英亩土地，以及餐馆酒牌（美国餐馆卖酒需要执照，即酒牌）。

城堡（Castle）

141 Stokesay Castle Lane

Reading，PA

81

Sunnyside (Tarrytown, New York)
华盛顿·欧文故居（塔里敦，纽约州）

华盛顿·欧文（Washington Irving）1783 年 4 月 3 日出生在美国纽约一个富商家庭，父亲是纽约富有的五金商人、长老会执事，他敬重美国国父乔治·华盛顿，因而给儿子取名为"华盛顿"。欧文幼年体弱多病，16 岁辍学，先后在几个律师事务所学法律，但他更喜爱文学，喜欢看《鲁滨逊漂流记》《格列佛游记》这种历险故事。1802 年，19 岁的欧文在《早晨纪事报》上发表了几篇书信体散文，崭露头角。

1804 年，华盛顿·欧文因病赴欧洲休养，到过法国、意大利和英国，作了大量旅行笔记，为以后的创作积累了丰富的素材。欧文的第一部重要作品是《纽约外史》（*A History of New York*，1809），这部作品受到欧美广大读者的欢迎。英国小说家沃尔特·司各特（Walter Sott，1771—1832）曾说，他从未读过这样酷似斯威夫特风格的作品。

1826 年，华盛顿·欧文在西班牙马德里任美国驻西班牙大使馆馆员。他搜集了许多有关哥伦布的珍贵资料，游历了格拉纳达的名胜，并在阿尔罕布拉宫逗留了将近三个月。这一切激起了他研究西班牙历史的兴趣。1829 年前后，他写了三部有关西班牙的著作：1828 年出版的《哥伦布的生平和航行》（*The Life and Voyages of Christopher Columbus*），1829 年出版的《攻克格拉纳达》（*The Chronicles of the Conquest of Granada*）以及同年出版的游记、随笔和故事集《阿尔罕布拉宫》（*Tales of the Alhambra*）。

1832 年，华盛顿·欧文到访他的侄子奥斯卡·欧文（Oscar Irving）位于哈得孙河谷的家。他刚从美国中西部考察回来，美国西部拓荒的生活方式使他痛惜自己一直没有属于他自己的房子；而他成年后大部分的时光都是作为"客人"住在别人家里也让他顿生悲凉。已经功成名就、年过五旬的华盛顿·欧文迫切希望拥有自己的房子，并"愿意哪怕多掏点钱也行"。1835 年 6 月 7 日，他花了 1 800 美元买下了哈得孙河谷一处已近 150 年历史（建于 1690 年）、由荷兰移民阿克（Wolfert Acker，有时也拼作 Wolfert Eckert）建造的石头房屋。

华盛顿·欧文在给他哥哥彼得（Peter）的信中写道："这是个美丽的地方，可望变成我的小天堂。"华盛顿·欧文打算扩建这座石头房子，他邀请自己的朋友和邻居、英国出生的哈维（George Harvey）作为美学指导和工程监理（哈维本人是一个风景画家，也擅长盖房，他自己在附近建了一个漂亮的小房子）。

华盛顿·欧文想让自己的房子看上去有点古香古色。他希望栖居的风格带有他的小说中那种古老荷兰的怀旧气息，同时

阿伯茨福德，1880 年。

融入苏格兰南部沃尔特·司各特爵士（Sir Walter Scott）乡间
府邸阿伯茨福德（Abbotsford）的那种哥特和都铎复兴意味。
（阿伯茨福德 1833 年对公众开放，但一直留在司各特爵士后人
手中，直到 2004 年。）

　　华盛顿·欧文当年游历英国时，想必到访过阿伯茨福德，
或与沃尔特·司各特爵士有交情。经过他和哈维合作扩建的房
子，显然受到了荷兰殖民复兴（Dutch Colonial Revival）、苏格
兰哥特式（Scottish Gothic）和都铎复兴（Tudor Revival）的
影响。1841 年，华盛顿·欧文将房子取名 "Sunnyside"（意为
"阳面"，即朝向哈得孙河，阳光灿烂）。

　　"Sunnyside" 陡峭的山墙，藤萝覆盖，当时就很出名，曾

出现在哈珀周刊（*Harper's Weekly*）上。老福尔摩斯博士（Dr. Oliver Wendell Holmes, Sr., 1809—1894）说，"在弗农山庄（Mount Vernon，美国开国总统华盛顿的故居，建于 1758 年）之后，就是 Sunnyside 了，这是我们美国最著名和最值得珍惜的住宅"。

1842 年，受美国总统差遣，华盛顿·欧文出任美国驻西班牙伊莎贝拉二世宫廷（the Court of Isabella II of Spain）公使。他将 Sunnyside 交给哥哥埃比尼泽（Ebenezer）一家照看，依依不舍地离开。

1846 年 9 月 19 日，华盛顿·欧文结束任期回到纽约。回来后不久，1847 年，他又给 Sunnyside 加盖了一个"西班牙塔"（Spanish Tower）。其建筑风格受西班牙修道院和格拉纳达的阿尔罕布拉宫（Alhambra）的影响，同时增加了 4 个卧室。

除了出使国外，华盛顿·欧文一直住在他的"小天堂"——Sunnyside，他在这里接待过定期来访的文学青年，如爱伦·坡（Edgar Allan Poe）以及英国作家查尔斯·狄更斯（Charles Dickens）夫妇。晚年，他主要写了三部传记：《哥尔德斯密斯传》（*The Life of Oliver Goldsmith*）、《穆罕默德及其继承者》（*Mahomet and His Successors*）和 5 卷本《华盛顿传》（*The Life of George Washington*，5 volumes）。

1859 年 11 月 28 日晚上 9 点，在完成《华盛顿传》仅 8 个月后，华盛顿·欧文因心脏病在 Sunnyside 自己的卧室去世，享年 76 岁。据说，他的临终遗言是，"嗯，我得弄弄枕头，再睡一晚，什么时候是个头啊？"（Well, I must arrange

华盛顿·欧文故居，1860 年。

my pillows for another night. When will this end?）1859 年
12 月 1 日，华盛顿·欧文下葬在睡谷墓地（Sleepy Hollow
cemetery），只有一块简单的墓碑。

　　华盛顿·欧文去世后，欧文家族继续住在 Sunnyside（华
盛顿·欧文一直独身），直到 1945 年，路易斯·欧文（Louis
Irving）将它卖给了小约翰·洛克菲勒（John D. Rockefeller,
Jr.），作为其历史保护计划的一部分。1947 年，经过修复的
Sunnyside 对公众开放。

今天，Sunnyside 作为一个博物馆，由"哈得孙历史河谷"
（Historic Hudson Valley）运营。室内陈设一如华盛顿·欧文
去世时的模样，近一百年来，他的家人没做任何改动，书桌、
书籍、钢琴、长笛都在原来的位置，仿佛主人随时都会回来。

1962 年，Sunnyside 被列入"美国历史地标"。

建 筑 风 格

荷兰殖民复兴式，苏格兰哥特式，都铎复兴式，罗曼式
（Dutch Colonial Revival，Scottish Gothic，Tudor Revival，
Romantic）

地 址

3 W Sunnyside Ln
Irvington，NY

The Breakers
听涛山庄

1885 年，科尼利尔斯·范德比尔特二世（Cornelius Vanderbilt II，1843—1899）花了 45 万美元从皮埃尔·洛里拉德四世（Pierre Lorillard IV，1833—1901，美国烟草大亨）手上买下了一块面临大西洋的 13 英亩（53 000 平方米）土地。由于原来地面上的一个度假木屋在 1892 年 11 月 25 日被火烧毁，范德比尔特二世要求新建的"听涛山庄"必须尽可能防火，钢筋混凝土结构，没有木构件，甚至锅炉都要安装在前面草坪的地下。

范德比尔特家族发家于蒸汽船航运，随后投身于铁路行业，是 19 世纪美国著名的铁路大亨。老范德比尔特的孙子——科尼利尔斯·范德比尔特二世（Cornelius Vanderbilt II）在 1885 年成为纽约中央铁路系统（New York Central Railway System）的主席兼总裁。

范德比尔特二世聘请知名建筑师亨特（Richard Morris

上图：听涛山庄，作者摄。　　下图：都灵的宫殿。

Hunt，1827—1895）来为他设计。亨特的设计灵感来源于 16
世纪意大利都灵的宫殿（Royal Palace of Turin）。"听涛山庄"
的室内设计由"朱尔斯阿拉德父子公司"（Jules Allard and
Sons）以及小奥登·考得曼（Ogden Codman，Jr.）完成。

"听涛山庄"是美国学院派建筑的典范。它是建筑师亨特最
后的设计作品，也是亨特留存至今的为数不多的建筑作品。"听涛
山庄"让亨特赢得了"美国建筑学院院长"（dean of American
architecture）的美誉，也定义了"镀金时代"的美国豪宅。

设计师使用了从意大利和非洲进口的大理石，世界各地的
珍稀木材和马赛克，有些建筑构件从法国城堡中买来（如图书
馆中的壁炉架）。

"听涛山庄"于 1893 年动工，借助于自家铁路运输建筑材
料的便利，1895 年落成，共耗资 1 200 万美元（约相当于现在
的 3.3 亿美元）。山庄共有 70 个房间，建筑面积 6 000 平方米。
山庄面朝大海，大海拍击崖壁的浪涛声不绝于耳，故此得名。

"听涛山庄"是"镀金时代"的建筑和社会典范，"如果镀
金时代要概括到一座豪宅中，那座豪宅必是听涛山庄"。1895 年
落成之时，"听涛山庄"是纽波特地区最大、最富丽堂皇的豪宅。
它代表了美国上流社会的趣味——既野心勃勃，又缺乏贵族门第
（范德比尔特家族开始是荷兰移民到美国的贫民）——他们在生
活方式上决心模仿甚至超越欧洲的贵族阶级。在许多欧洲上层阶
级看来，美国上流社会的趣味和野心是见利忘义的。然而，这种
见利忘义及相伴而来的庸俗，并不妨碍那些奢华豪宅的主人让他
们的女儿带着万贯家财嫁给欧洲贵族（以获得贵族爵位）。

　　"听涛山庄"的设计风格经常被人称作"Le Goût Rothschild"（罗斯柴尔德趣味）。"罗斯柴尔德趣味"即室内设计和居住的精细和精致，起源于19世纪的英国、法国和德国，到有权有势的罗斯柴尔德家族达到巅峰。罗斯柴尔德家族的美学和生活方式后来影响了其他富有和有权有势的家族，包括范德比尔特家族（Vanderbilts）、阿斯特家族（Astors）和洛克菲勒家族（Rockefellers），并成为"镀金时代"的标记。罗斯柴尔德趣味还持续到了20世纪，影响了诸如法国设计师伊夫·圣·洛朗（Yves Saint Laurent，1936—2008）和美国室内设计师罗伯特·邓宁（Robert Denning，1927—2005）。

　　1899年，范德比尔特二世因第二次中风引发的脑出血去世，享年55岁。"听涛山庄"便传给了他的遗孀爱丽丝·格温·范德比尔特（Alice Gwynne Vanderbilt）。爱丽丝比丈夫多活了35年，1934年89岁时去世。在她的遗嘱中，她将山庄传给了她最小的女儿格拉迪斯·塞切尼伯爵夫人（Countess Gladys Széchenyi，1886—1965，匈牙利），一是因为格拉迪斯在美国没有财产，再者爱丽丝其他的儿女也对山庄不感兴趣，只有格拉迪斯一直钟爱"听涛山庄"。［范德比尔特二世的小儿子雷金纳德·克莱普尔·范德比尔特（Reginald Claypoole Vanderbilt，1880—1925），1923年再婚时，娶了格罗丽娅·摩根（Gloria Morgan，1904—1965），生了一个女儿格罗丽娅·劳拉·范德比尔特（Gloria Laura Vanderbilt，1924—　）。格罗丽娅后来成了时尚设计师，并与第四任丈夫库珀生了一个儿子，即CNN主播安德森·库珀（Anderson Cooper，1967—　），也就是说，安德森·库珀的母亲是范德比尔特二世的亲孙女。]

1948 年，由于维修费用高昂，格拉迪斯以一年一美元的租金将"听涛山庄"租给了非营利组织"纽波特县保护协会"（Preservation Society of Newport County）。1972 年，该协会以 36.5 万美元的价格从格拉迪斯的女儿西尔维娅·斯扎帕里伯爵夫人（Countess Sylvia Szapary，匈牙利）手中买下"听涛山庄"。协议条件规定他们可以继续住在山庄的三楼，那里不对外开放。西尔维娅·斯扎帕里伯爵夫人不定期地住在山庄直到 1998 年 3 月 1 日去世。之后，西尔维娅的孩子格拉迪斯（Gladys）和保罗（Paul Szapary）夏天仍住在这里。

虽然"听涛山庄"属于"纽波特县保护协会"，但山庄中所有的陈设家具仍归范德比尔特家族所有。现在，"听涛山庄"是罗得岛州最热门的旅游胜地。

1971 年 9 月 10 日，"听涛山庄"被列入"美国国家历史地名名录"；1994 年 10 月 12 日，它又被列入"美国历史地标"。

建 筑 风 格

意大利文艺复兴（Italian Renaissance）

地 址

44 Ochre Point Avenue

Newport，Rhode Island

83

The Byodo-In Temple
平等院

　　这座不分教派的佛教寺庙坐落在夏威夷瓦胡岛中央幽静的寺庙谷（the Valley of the Temples）中，背靠陡峭的柯欧劳山脉（the Ko'olau mountains）。这座寺庙建成于1968年6月7日，为纪念首批日本移民登上夏威夷瓦胡岛100周年。

　　寺庙名为"平等院"，也称"凤凰堂"，它完全仿照日本京都府宇治市的"平等院"而建，为原建筑大小的一半（Half-size）。寺庙内供奉着有900年历史、3米高的金漆木雕佛像。庙外右前侧是钟楼，里面挂着重3吨的黄铜和平钟。右后侧是一个沉思亭。庙门前是一个大水池。池中锦鲤曼波，水禽嬉戏，黑天鹅悠游；岸上孔雀信步，鹧鸪偶鸣。佛门清静之地，俨然世外桃源。

　　京都府宇治市的"平等院"建于1052年，日本早期木构建筑，据说是古代日本人对西方极乐世界的极致体现，其规格更为后来日式庭园的参考指标。平等院最具代表性的建筑便是"凤凰堂"。

平等院，夏威夷，作者摄。

　　"凤凰堂"可说是集绘画、建筑、工艺与雕刻等艺术于一堂之作，其形制尚保留敦煌壁画中唐佛寺之韵味，故 1994 年被联合国文教组织指定为世界文化遗产。在日本现今流通的 10 圆硬币与万元纸钞背后，可见"凤凰堂"图案。另外，在日本 1950 年、1957 年、1959 年发行的邮票上，也可见"凤凰堂"的图案。

平等院，京都府宇治市。

　　夏威夷瓦胡岛的"平等院"（凤凰堂）已成为夏威夷地标，每年接待世界各地无数游客来此参观、沉思或举办婚礼。

佛教寺庙（Buddhist temple）

47-200 Kahekili Hwy

Valley of Temples Memorial Park

Kaneohe，HI

84

The Country Club Plaza
乡村俱乐部广场

这个广场位于密苏里州堪萨斯城（Kansas City）南部，它是私人拥有的、世界上第一个专为开车购物而设计的高档购物中心，曾被"公共空间项目组织"（Project for Public Spaces）评为"世界上最棒的 60 个地方之一"。

1907 年，堪萨斯城开发商尼科尔斯（Jesse Clyde Nichols，1880—1950) 获得了堪萨斯城南部 Brush Creek Valley（溪谷）的一块土地，他打算将它开发成高档购物和娱乐区。当他的开发方案公布时，被人讥笑为"尼科尔斯的蠢笨"（Nichols' Folly），因为没有人看好这片被称为"养猪场"的破地方。

1920 年代早期，尼科尔斯游历西班牙塞维利亚，他被塞维利亚 12 世纪的摩尔式钟塔——吉拉尔达塔（Giralda）深深迷住，决定在自己开发的"乡村俱乐部广场"上也照此建一个。他聘请建筑师德尔克（Edward Buehler Delk，1885—1956）来设计这个购物中心，当然是他喜爱的西班牙塞维利亚的翻版，

乡村俱乐部广场，
作者摄。

而吉拉尔达塔就是广场设计亮点。

塞维利亚的吉拉尔达塔始建于 1184 年。当时西班牙南部是摩尔人统治时期（Moorish period），由伊斯兰教徒阿莫阿德家族（Almohad）主持修建，1198 年 3 月 10 日竣工，塔顶安装了一个铜制圆球。在摩尔人统治时期，吉拉尔达塔是一座宣礼塔。

1248 年，西班牙的基督徒从摩尔人手中夺回了塞维利亚，便将城里的清真寺改建为天主教堂。1356 年，塞维利亚发生地震，吉拉尔达塔上的铜球被震掉。1401 年，塞维利亚开始修建当时世界上最大的、哥特和巴洛克风格大教堂，吉拉尔达塔被改建成一个钟楼，原来安放铜球的位置安上了一口钟和十字架。这一时期为中世纪。

到了文艺复兴时期的 1568 年，建筑师埃尔南·鲁伊斯二世（Hernán Ruiz II，约 1514 — 1569）受聘改建吉拉尔达塔。他重新设计了塔顶，并将高度提高到 98.5 米，如果算上塔顶的风向标，高度达到 104 米。新建的塔顶部分包括一个塞维利亚城市座右铭大型铭刻：**NO8DO**，读作 "*No me ha*

塞维利亚吉拉尔达塔。

吉拉尔达塔不同历史时期的样貌：莫阿德摩尔人时期（左），
中世纪基督教时期（右），文艺复兴时期（中）。

dejado"，意思是："(Seville) has not abandoned me"（塞维利亚没有抛弃我），这是阿方索十世（Alfonso X of Castile, 1221—1284）送给塞维利亚市的，以铭记叛乱时期塞维利亚人民仍然继续支持他。

不过，建筑师德尔克设计的"乡村俱乐部广场"吉拉尔达塔没有塞维利亚那座塔高大，约为塞维利亚吉拉尔达塔的一半，但它在细节上比世界上其他任何模仿者都更为接近原作。

"乡村俱乐部广场"其他设计则尽量体现塞维利亚的建筑特点：三十多座雕像，壁画和马赛克拼贴画分布在广场地区；建筑物颜色也尽量靠近西班牙南部安达露西亚地区的特点。另外，Brush Creek（溪）上也横跨着一座桥——姐妹城市桥（Sister Cities Bridge），类似塞维利亚的伊莎贝尔二世桥 [the Isabel II ("Triana") bridge]。喷泉边的四座骑士雕像由格雷贝尔（Henri-Léon Gréber）设计，购自纽约长岛黄金海岸（Gold Coast）的豪宅长岛港丘（Harbor Hill）。

1923 年，"乡村俱乐部广场"建成开放，并很快取得成功。杜安尼（Andres Duany）在《社区建设者：J.C. 尼科尔斯的生平与传奇》（*Community Builder: The Life & Legacy of J.C. Nichols*）中写道，"乡村俱乐部广场"是世界上寿命最长的规划出来的购物中心。

虽然"乡村俱乐部广场"是专为开车购物设计，但它不像现代购物中心摊大饼式的停车场，它的停车场小心翼翼地隐藏在多层停车场里，或藏在商店的背后，或藏在建筑物的楼顶，因而没有困扰现代购物中心的杂乱无章的问题。行人和游客可以不受打扰，环境友好。

　　"乡村俱乐部广场"还是使用"百分率租约"的购物中心，即租金多少取决于租户经营毛收入的百分率。当初尼科尔斯发明这种概念时，它还是一种新奇的租赁方式，现在已成为标准的商业租赁实践。

　　1967 年，西班牙塞维利亚市长费利克斯（Felix Morena de la Cova）及其市政官员代表团访问堪萨斯城"乡村俱乐部广场"，并正式为广场上的"吉拉尔达塔"（the Giralda Tower）"施洗"命名。同一年，堪萨斯城和塞维利亚结为"姐妹城市"。

建 筑 风 格

模仿西班牙塞维利亚（mimic Seville in Spain）

地 址

440 W 47th Street
Kansas City，MO 64112－1903

The Elms (Newport, Rhode Island)
榆树城堡（纽波特，罗得岛州）

这座"榆树城堡"由建筑师特朗博尔（Horace Trumbauer，1868—1938）设计，作为煤炭大王博文（Edward Julius Berwind，1848—1936）的夏日别墅。

"榆树城堡"式样直接复制法国巴黎附近塞纳河畔阿涅勒（Asnières-sur-Seine）的"阿涅勒城堡"（Château d'Asnières）。花园及景观由米勒（C. H. Miller）和鲍迪奇（E. W. Bowditch）设计。"榆树城堡"始建于 1899 年，1901 年完工，共耗资 150 万美元。

同"镀金时代"纽波特大多数豪华别墅一样，"榆树城堡"是钢架结构，红砖分隔空间，石灰岩立面。城堡第一层有一个大舞厅，一个沙龙，一个餐厅，一个早餐厅，一个图书馆，一个温室，一个大过厅，大理石铺地。第二层是主人卧室、客人卧室以及个人起居室。第三层包括室内佣人卧室。来自巴黎的室内设计公司"朱尔斯·阿拉德父子公司"（Jules Allard and

榆树城堡，作者摄。

Sons）为"榆树城堡"提供仿古家具、绘画和挂毯。

　　为了同"榆树城堡"的法式风格保持一致，城堡地面景观设计体现了 18 世纪的法国趣味，包括一个下沉式花园。在城堡边缘，是一个大型马车房和马厩，上面住着马夫和园丁。当汽车出现，博文家开始使用汽车时，马车房和马厩便改造成大型车库，马车夫便成了家庭司机。不过，马车夫从没学会倒车，于是不得不在车库里安装了一个大转盘（汽车开上转盘，转

180 度，车便可以开出）。

就像纽波特那些大人物一样，博文也是一个"新贵"（其父母是德国移民，中产阶级）。博文家自 1890 年代开始就在纽波特消夏。1898 年，他们发现原来那个海滨传统小屋太小了，容不下他们家盛大的聚会，于是将小屋推到，并聘请建筑师特朗博尔为他建造一个豪宅，要足以配得上他的财富和地位——1900 年代，他的朋友包括美国总统西奥多·罗斯福（Theodore Roosevel，1858—1919）、德国皇帝威廉二世（Kaiser Wilhem II，1859—1941）以及其他许多欧洲和美洲显贵。当时，博文被称为"统治美国的 59 人之一"（one of the 59 men who rule

阿涅勒城堡。（Parisette，CC BY-SA 3.0）

America），在纽波特地位显赫。

博文痴迷技术，"榆树城堡"是当时美国首批自备电力系统的家庭之一，包括首台电力制冰机，也是美国当时家装设备最复杂的豪宅之一。1901 年，新家落成，博文举办了一个大型派对。

之后 20 年，博文的妻子萨拉（Sarah）就在"榆树城堡"度夏，时间从 7 月 4 日到 8 月底。博文只在周末才来，他平时在纽约打理煤炭生意。尽管博文夫妇没有孩子，但侄儿侄女会定期来看望他们。

1922 年 1 月 5 日，博文夫人去世，博文便让他的小妹妹朱莉娅（Julia A. Berwind）搬进来，成为"榆树城堡"的女主人。1936 年，博文先生去世，遗嘱将城堡送给朱莉娅。朱莉娅对技术不感兴趣，在接下来的 25 年里，"榆树城堡"维持原样，没有安装洗衣机，也没有安装烘干机。朱莉娅在纽波特很出名，她会邀请附近第五区（工人阶级社区）的孩子来家里做客，给他们喝牛奶，吃饼干。朱莉娅喜欢汽车，每天都会开着她的豪华汽车在纽波特兜风。这让纽波特人有点吃惊，因为女士自己开车可不是什么"淑女行为"。据说，朱莉娅的秘书在她坐进驾驶室之前，会戴着白手套检查汽车，以确保方向盘一尘不染。

到 1961 年朱莉娅去世时，"榆树城堡"是纽波特仅有的、仍保持"镀金时代"传统的别墅——40 名仆人各就各位，随时候命。朱莉娅的社交季仍然是六个星期，由于没有孩子，朱莉娅遗嘱将"榆树城堡"送给一个侄子，这个侄子不想要，想把它送给家族中其他人，但没有成功。最后，博文家族将别墅中的东西拿出来拍卖，别墅则卖给了一个开发商，开发商打算将别墅推到。1962 年，就在别墅即将被推倒前几星期，"纽波特县保护协会"（the Preservation Society of Newport County）出价 11.6 万美元，买下别墅以及相连的客房。从此，"榆树城堡"便对外开放。

　　1971 年 9 月 10 日，"榆树城堡"被列入"美国国家历史地名名录"，1996 年 6 月 19 日，被列入"美国历史地标"。

建 筑 风 格

古典复兴式（Classical Revival）

地 址

367 Bellevue Avenue

Newport，Rhode Island

86

The George Washington Masonic National Memorial

乔治·华盛顿共济会国家纪念堂

也许众所周知，美国开国总统乔治·华盛顿是一位共济会员（Freemason）。

这座纪念建筑——"乔治·华盛顿共济会国家纪念堂"始建于 1922 年，1932 年举行献礼，1970 年内部装修才完成，共耗资 600 万美元。

纪念堂位于弗吉尼亚州亚历山大老城外的一片高地上，这块高地本是美国开国先贤们选作首都的地方（31 平方英里），后因弗吉尼亚州亚历山大县反悔，弗吉尼亚州议会收回土地捐赠（District of Columbia retrocession），开国先贤们选定的横跨马里兰州和弗吉尼亚州、边长 10 英里的钻石形状首都（哥伦比亚特区）才成为现在残破的半块钻石（69 平方英里）。

从坡下往上走，首先看到的是乔治·华盛顿的青铜头像，和他的一句名言：

乔治·华盛顿共济会国
家纪念堂，作者摄。

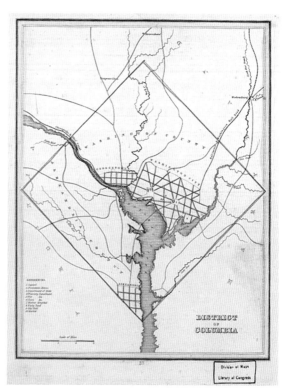

1835 年哥伦比亚特区地
图，收回土地捐赠前的
首都规划。

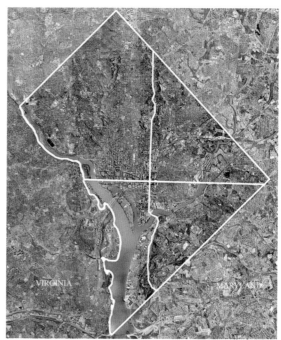

现在的哥伦比亚特区形
状（图中棕色部分）。

Let prejudice and local interests yield to reason;

Let us look to our national character and to things beyond the present period.

（让偏见和局部利益让位于理性；让我们展望未来，关注我们的国民性。）

再往上，纪念堂前面的缓坡上是一个巨大的共济会徽。

纪念堂由"纽约赫尔姆－科伯特建筑事务所"（the New York City firm of Helmle & Corbett）的建筑师科伯特（Harvey Wiley Corbett，1873—1954）设计（科伯特本人也是一位共济会员）。

纪念堂整体外观借鉴了古埃及的亚历山大灯塔（世界七大奇迹之一），但建筑细节则是新古典主义（Neoclassical style）风格，仍然与美国联邦建筑的新古典主义风格一脉相承。

纪念堂立面仿希腊帕特农神庙，8根粗大的"粉色康威花岗岩"[pink Conway granite，1877年，地质学家爱德华·希区柯克（Edward Hitchcock）将这种开采于新罕布什尔康威（Conway）镇附近的粉色花岗岩命名为pink Conway granite]石柱撑起巨大的三角楣。石柱为多立克式，直径1.8米，高10米，重57吨。三角楣中间是华盛顿浮雕像，直径两米。

在主楼之上，是三层体积层层递减的方楼。第一层石柱为多立克式（Doric order）；第二层石柱为艾奥尼亚式（Ionic order）；第三层石柱为科林斯式（Corinthian order）。这是希腊建筑主要的三种柱式。

亚历山大灯塔复原图，考古学家赫尔曼·蒂尔施（Hermann Thiersch）绘于1909 年。

纪念堂顶部是一个七级金字塔，顶端是一个双拱顶石（a double keystone）形状的灯（共济会重要象征符号）。纪念堂通高 333 英尺，即 101 米。

从大楼入口进去是一个纪念大堂，迎面是华盛顿青铜雕像，高 5.2 米，两边回廊上挂着巨幅壁画，显示华盛顿在作为一个共济会员时的活动。两边回廊上各有四根青绿花岗岩石柱，高 11.7 米。地上铺的是田纳西大理石，几何图案。墙上贴的是密

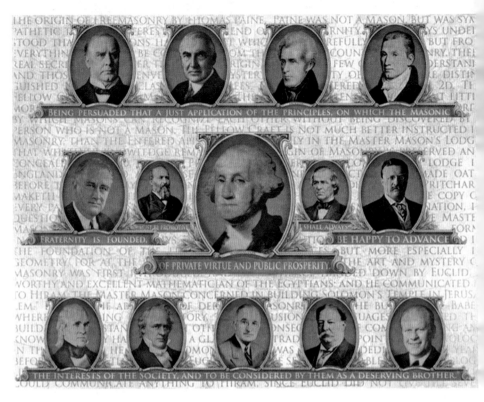

美国共济会总统（Us masonic presidents）。

乔治·华盛顿（George Washington，1732年2月22日—1799年12月14日，美国首任总统，被美国称为"国父"）

詹姆斯·门罗（James Monroe，1758年4月28—1831年7月4日，美国第5任总统）

安德鲁·杰克逊（Andrew Jackson，1767年3月15日—1845年6月8日，美国第7任总统）

詹姆斯·波尔克（James Polk，1795年11月2日—1849年6月15日，美国第11任总统）

詹姆斯·布坎南（James Buchanan，1791年4月23日—1868年6月1日，美国第15任总统）

安德鲁·约翰逊（Andrew Johnson，1808年12月29日—1875年7月31日，美国第17任总统）

詹姆斯·加菲尔德（James Garfield，1831年11月19日—1881年9月19日，美国第20任总统）

威廉·麦金利（William McKinley，1843年1月29日—1901年9月14日，美国第25任总统）

西奥多·罗斯福（Theodore Roosevelt，1858年10月27日—1919年1月6日，美国第26任总统）

霍华德·塔夫脱（Howard Taft，1857年9月15日—1930年3月8日，美国第27任总统）

沃伦·哈定（Warren Harding，1865年11月2日—1923年8月2日，美国第29任总统）

富兰克林·罗斯福（Franklin Roosevelt，1882年1月30日—1945年4月12日，美国第32任总统）

哈里·杜鲁门（Harry Truman，1884年5月8日—1972年12月26日，美国第33任总统）

杰拉尔德·福特（Gerald Ford Jr.，1913年7月14日—2006年12月26日，美国第38任总统）

苏里大理石。

　　大楼后面是一个扇形剧场，有 16 根多立克式石柱。扇形回廊墙上挂着美国共济会总统的浮雕像。从开国总统华盛顿算起，美国共有 14 位总统是共济会员，所以有人说美国是共济会操纵的国家。

　　整个纪念堂都使用坚硬的"粉色康威花岗岩"，采用传统的石匠技术砌筑，这也是共济会（Freemasonry）这个古老的"自由石匠"（Free—mason）秘密组织的生存法宝。

　　2007 年，美国电影《国家宝藏 2 秘密之书》曾在扇形剧场拍摄。2009 年，丹·布朗的畅销小说《失落的象征》第 78 章也写过这里。

新古典主义（Neoclassical style）

101 Callahan Drive

Alexandria，Virginia

87

The Isaac M. Wise Temple

怀斯犹太会堂

　　"怀斯犹太会堂"，原称"李树街会堂"（the Plum Street Temple），是为犹太拉比怀斯（Isaac Mayer Wise，1819—1900）建造的犹太会堂。怀斯 1819 年 3 月 29 日出生于奥匈帝国波希米亚，1900 年 3 月 26 日去世于美国俄亥俄州辛辛那提。他是美国"犹太教改革运动"（Reform Judaism）发起人。"犹太教改革运动"认为犹太教义和犹太传统应现代化，与所在国文化相兼容，这意味着犹太律法应进行重新评估和革新以符合现代要求。而传统犹太教认为，犹太律法是一整套生活规范，所有犹太人都必须不折不扣地执行。

　　这座犹太会堂由辛辛那提著名建筑师威尔逊（James Keys Wilson，1828—1894）设计，建成于 1865 年，其建筑设计灵感来自西班牙格拉纳达的阿尔罕布拉宫（Alhambra）。

　　这座犹太会堂建造于美国内战时期，当时耗资 275 000 美元，1866 年 8 月 24 日，犹太会堂举行了献堂礼。这座犹太会

上图：怀斯犹太会堂，作者摄。　　下图：阿尔罕布拉宫。

堂是美国最古老的犹太会堂，1972 年被列入"美国国家历史地名名录"，它同时还是"美国历史地标"。

异国情调复兴式，其他（Exotic Revival，Other）

720 Plum Street

Cincinnati，Ohio

88

The Kenwood Masonic Temple (Milwaukee)
健伍共济会神庙（密尔沃基）

这座雅致的红砖建筑建于 1915 年，作为密尔沃基"健伍共济会神庙"（the Kenwood Masonic Temple），即共济会健伍会所（Kenwood Lodge）。

这座建筑的精妙之处在于它的立面，巧妙地模仿（借鉴）了意大利威尼斯的"黄金宫"的立面设计，是密尔沃基少有的威尼斯哥特式建筑代表，只是前面缺少了一条大运河。

"黄金宫"，正式的称呼为"圣索菲亚宫"（Palazzo Santa Sofia），俗称"黄金宫"（golden house）——因其镀金及外部多彩大理石装饰而得名。

"圣索菲亚宫"建于 1428 年到 1430 年间，由建筑师乔瓦尼·邦（Giovanni Bon）和他的儿子巴尔托洛梅奥·邦（Bartolomeo Bon）为孔塔里尼（Contarini）家族建造。孔塔里尼家族是创建威尼斯共和国的 12 个家族之一，在 600 多年间（1043—1676）为威尼斯贡献了 8 位大公（Doges）。1797 年威

健伍共济会神庙，作者摄。

黄金宫。

尼斯共和国陷落（为拿破仑·波拿巴所灭）后，"圣索菲亚宫"几经易手。1916年，它最后的主人乔治·弗兰凯提（Giorgio Franchetti）男爵将其捐献给意大利政府。现在，这里是"乔治·弗兰凯提美术馆"（Galleria Giorgio Franchetti alla Ca' d'Oro），对公众开放。

　　1980年，密尔沃基共济会将这座建筑卖给了当地意大利社区中心（the Italian Community Center）。1990年，社区中心又将它卖给了密尔沃基市的一个教堂。

建筑风格

威尼斯哥特式（Venetian Gothic style）

地址

26 48 N. Hackett Avenue

Milwaukee，WI 53202

The Lancaster County Prison
兰开斯特县监狱

　　这座中世纪城堡式监狱建成于 1851 年，由英国出生的建筑师哈维兰（John Haviland，1792—1852）设计。监狱设计式样直接取材于英国兰开夏郡的兰开斯特城堡（Lancaster Castle），差不多就是兰开斯特城堡的翻版。

　　兰开斯特城堡位于英国兰开夏郡的兰开斯特，它早期历史不甚明朗，可能起源于 11 世纪一个俯瞰月牙河（the River Lune）的罗马要塞。1164 年，兰开斯特，包括城堡，归附英国王室控制。1322 年和 1389 年，苏格兰人进攻英格兰，战线推进到兰开斯特，城堡受损。之后直到英国内战，兰开斯特没有发生战事。

　　1196 年，兰开斯特城堡开始作为监狱使用，到英国内战时其主要功能就是监狱。城堡属兰开斯特公爵领地（女王是兰开斯特公爵），故兰开斯特城堡为女王所有。除了作为要塞，兰开斯特城堡还是欧洲运营历史最久的监狱，直到 2011 年 3 月才

上图：兰开斯特县监狱，作者摄。　　下图：兰开斯特城堡。

关闭。城堡内的法庭在几个世纪的时间里见证了许多著名的或臭名昭著的审判，包括 1612 年兰开夏郡的女巫被宣判并处以死刑。其他 200 起死刑处决包括谋杀、盗窃牛等。

作为在英国出生的建筑师，哈维兰想必对英国兰开斯特城堡作为监狱的历史和建筑特色十分了解，在设计美国宾州兰开斯特县监狱时，直接借用兰开斯特城堡的式样倒也合情合理。

1818 年，哈维兰出版了一本书——《营建助理》(*The Builder's Assistant*)，三卷本，这是在北美写作和出版的最早的建筑大样书，很可能是第一次介绍希腊和罗马的古典柱式。

兰开斯特县监狱现在每年收押 5 000 名犯人，也释放同样数目的犯人。收押的大多数为待判犯人，剩下的 40% 为服刑犯人。

兰开斯特县监狱自建立起，一直有公开的绞刑，直到 1912 年废止。

建筑风格

中世纪城堡（medieval castle style）

地址

625 East King Street
Lancaster，Pennsylvania

90

The Parthenon (Centennial Park, Nashville)
帕特农神庙（百年公园，纳什维尔）

1897 年，为纪念田纳西州加入联邦 100 周年（实际加入时间为 1796 年），"田纳西州百年暨国际博览会"（The Tennessee Centennial and International Exposition）在纳什维尔举行。博览会历时六个月，从 1897 年 5 月 1 日直到 10 月 31 日。

许多城市和州都在百年公园建起临时展馆。其中，纳什维尔的展馆位于中央，它是希腊雅典卫城帕特农神庙 1:1 的复制品（见下页图中央）。

纳什维尔为什么要选择雅典的帕特农神庙呢？原来，早在 1850 年代，纳什维尔就有"南方的雅典"雅号。据说，这个雅号是一个美国长老会学者和作家海尔希（Leroy J. Halsey，1812—1896）叫出来的，他首先使用这一称呼，因为纳什维尔已经建起了许多高等教育机构，呈现出了他所谓的希腊"柏拉图学院"的盛景（Platonic Academy，又称雅典学院，由柏拉

田纳西州百年暨国际博览会建筑鸟瞰，1896 年。

图创办于公元前 385 年前后，以后历代相传，延续不断，至公元 529 年被查士丁尼大帝封闭为止，前后延续将近千年之久）。这一雅号又为后来的纳什维尔大学校长、长老会牧师林斯利（Philip Lindsley，1786—1855）所推崇，至此，"南方的雅典"就成了纳什维尔的雅号。

就这样，作为古典建筑巅峰仿作的"帕特农神庙"屹立在百年公园中央。虽然是复制品（木头、砖头和石膏制作），但石膏模拟大理石，直接翻制自公元前 438 年的雅典帕特农神庙，包括现藏在大英博物馆的帕特农神庙三角形楣饰（埃尔金大理石雕刻）。

据说，在六个月的博览会期间，共有 1 786 714 人进园参观，低于官方预估的 200 万人。一个原因是当时墨西哥湾沿岸流行黄热病，南方来参观的人少，北方的人也被吓着了。

不过，百年博览会还是取得了巨大的成功，被认为是田纳西州最盛大的事。不像大多数世界博览会，至少纳什维尔博览会没有赔钱，据说最后的账目显示直接盈利不到 50 美元。

然而，纳什维尔博览会留下的遗产绝不仅仅是 50 美元。

博览会结束两年内，临时展馆陆续拆除。但当要拆除"帕特农神庙"时，纳什维尔人不干了，他们在感情上受不了。于是，拆除工作暂停。"帕特农神庙"这座临时建筑就留在原地，一留就留了 23 年。

到了 1920 年，因为"帕特农神庙"在纳什维尔十分受欢迎，而纳什维尔又有"南方的雅典"的雅号，于是，纳什维尔市决定在原址上用永久性材料、钢筋混凝土重建"帕特农神庙"，以取代原来石膏、木头、砖头的临时建筑。

"帕特农神庙"重建工作 1921 年开始，1931 年完成，建筑师是哈特（Russell E. Hart）。因为雅典的帕特农神庙被公认是世界上最完美的古典建筑，建筑师及施工人员要确保复制的"帕特农神庙"与雅典的帕特农神庙两千多年前的样子惟妙惟肖。

雕刻家利奥博德·肖尔茨（Leopold Scholz，1877—1946）

纳什维尔的"帕特农神庙",作者摄。

和贝尔·肖尔茨（Belle Kinney Scholz，1890—1959）夫妇负责三角形楣饰雕刻，柱间壁横饰带由佐尔瑙伊（Julian Zolnay）负责。这些三角形楣饰和柱间壁横饰带都是依据希腊原始雕刻，根据最可靠的数据资料复原，重现了两千多年前雅典帕特农神庙的风姿。东边三角形楣饰讲述的是雅典娜的诞生，西边三角形楣饰讲述的是雅典娜和波塞冬争夺阿提卡。这是世界上唯一的复制品。

作为雅典的守护神——雅典娜的神庙，帕特农神庙里敬奉着雅典娜的神像。希腊的雅典娜神像由菲迪亚斯（Phidias，前480—前430）亲手制作，黄金象牙镶嵌。纳什维尔的"帕特农神庙"雅典娜神像由纳什维尔本地雕刻家拉基尔（Alan LeQuire，1955—　）制作。

1982年，拉基尔接受委托，制作雅典娜神像。他使用石膏、玻璃纤维、铝合金以及钢材，塑造雅典娜。这项工作持续了8年，1990年5月20日，没有装饰、纯白色的雅典娜塑像完成，对公众揭幕。塑像高12.8米（41英尺10英寸），是西方最大的室内塑像。

工作还远远没有完成。

古代历史学家帕萨尼亚斯［Pausanias，公元2世纪罗马时代的希腊地理学家和历史学家，著有《希腊志》一书，描述了奥林匹亚和德尔斐的宗教艺术和建筑，雅典的绘画和碑铭，卫城的雅典娜雕像，以及（城外）名人和雅典阵亡战士的纪念碑。引述 J. G. 弗雷泽的说法："如果没有帕萨尼亚斯，这些希腊废墟多半会成为没有线索的迷宫，没有解答的谜团。"］是这样描述雅典娜神像的：

> 雅典娜神像用象牙和黄金装饰。在她头盔的中央是斯芬克斯（Sphinx）……头盔的另一面是格里芬浮雕（griffins，狮鹫）……雅典娜挺立着，长袍及足，胸前是美杜莎（Medusa）的头像，象牙制作。雅典娜右手托着一个胜利女神（Victory）雕像，大约4肘（cubits）高，左手握着长矛；脚边靠着一个盾牌，挨着长矛的是一条大蛇。这条大蛇可能就是埃里克特翁尼亚斯（Erichthonius，赫斐斯塔斯和盖亚的儿子，半人半蛇，被盖亚遗弃后由雅典娜收养）。底下是潘多拉（Pandora）诞生的浮雕。

根据古代历史学家的描述，接下来，拉基尔要做的就是雅典娜塑像的彩饰和贴金工作。相关研究工作由拉基尔完成，帕特农神庙团队人员则确保拉基尔制作的雅典娜神像与菲迪亚斯的作品完全一致，准确无误。

又过了12年。

2002年，在镀金大师里德（Lou Reed）的指导下，帕特农神庙志愿者开始给雅典娜神像镀金。镀金工作进行了将近4个月，其间拉基尔完成彩饰。最终完成的"雅典娜"神像金碧辉煌，更像雅典帕特农神庙菲迪亚斯亲手制作的雅典娜神像了。

据记载，古希腊雅典娜神像所用金箔大约为1500磅（680公斤），金箔厚度在1.6毫米至3.2毫米之间。纳什维尔帕特农神庙雅典娜神像所用金箔为8.5磅（3.9公斤），厚度只有一张

罗马时代的雅典娜神像，雅典国家
考古博物馆。

纳什维尔帕特农神庙雅典娜神像，作
者摄。

纸厚度的三分之一，而且不是纯金，纯度只有 23.75 K。所以，现代的铺张与古希腊的奢华比起来，仍不免相形见绌!

今天，纳什维尔帕特农神庙是一个艺术博物馆，博物馆的永久收藏是考恩（James M. Cowan）捐赠的、由 19 到 20 世纪美国艺术家创作的 63 幅绘画作品。

夏日，当地剧院经常利用"帕特农神庙"作为背景演出希腊古典戏剧，如欧里庇得斯（Euripides）的《美狄亚》（*Medea*）、索福克勒斯（Sophocles）的《安提戈涅》（*Antigone*）。演出通常免费，就在神庙的台阶上。

2005 年 11 月 11 日，百年公园开通了无线上网，成为纳什维尔第一个无线上网的公园，为公园游客提供免费的 Wi-Fi 服务。

建筑风格

古典多利亚式（Classic Doric style）

地址

Centennial Park

2500 West End Avenue

Nashville，Tennessee

91

Thomas T Gaff House
伽弗府邸

这座红砖房建于 1905 年，它是俄亥俄州辛辛那提经营酿酒和重型机械而发财的富商伽弗（Thomas T. Gaff）为自己在首都华盛顿建造的住宅。

当时，伽弗被美国战争部长威廉·霍华德·塔夫脱（William Howard Taft，1857—1930，后出任美国总统及最高法院首席大法官）任命为巴拿马运河建设委员会委员，他和妻子搬到华盛顿定居。伽弗聘请纽约建筑师普赖斯（Bruce Price，1845—1903），会同在华盛顿执业的法国建筑师希布尔（Jules Henri de Sibour，1872—1938）为自己设计新家。希布尔为这座房子画了 220 张设计图，但只有 20 张留了下来。

这座红砖建筑以法国诺曼底的"巴勒鲁瓦城堡"（the Château Balleroy，建于 1626—1636 年）为设计灵感和样本，外观是 17 世纪典型的法国城堡样式，但里面只有两个房间采用了法式风格，其他的是各种新奇的设计，如风干衣服的热风系

上图：伽弗府邸，作者摄。　　下图：伽弗府邸设计图。

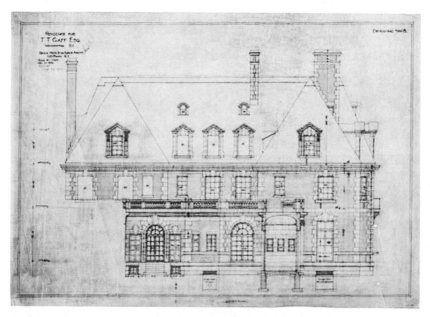

巴勒鲁瓦城堡。

统，通往冷藏室、可直接从街上进货的板门，葡萄酒窖用软木隔热等。室内设计则结合了 17 和 18 世纪的装饰风格。大厅和餐厅铺着木板衬，伊丽莎白踢脚线，边板据说来自意大利的一个修道院。接待厅有一个木楼梯，巴洛克蜗卷装饰，墙面贴的是路易十三风格的橡木板。

"伽弗府邸"在华盛顿上流社会十分知名。1924 年至 1925 年，罗得岛州参议员格里（Peter Goelet Gerry, 1879—1957）

租住在这里。之后，房子租给了美国总统柯立芝的战争部长和"戴维斯杯"的发起人戴维斯（Dwight F. Davis，1879—1945）。1929年，希腊政府租下这座房子作为希腊驻美大使馆。1944年，伽弗的女儿兰霍恩（Carey D. Langhorne）将房子卖给了哥伦比亚政府，从此以后，这座房子便成了哥伦比亚驻美大使官邸。

城堡式（Châteauesque）

1520 20th Street，NW

Washington DC

92

Tripoli Shrine Temple
的黎波里神庙

　　这座"神庙"始建于 1926 年，经过两年的施工，1928 年 5 月 14 日正式启用，造价 616 999.61 美元，由建筑师克拉斯（Clas）和谢泼德（Shepard）设计。

　　"神庙"仿世界七大最美建筑之一的印度泰姬陵（Taj Mahal）建造。与泰姬陵洁白大理石不同的是，这座"神庙"外立面色彩丰富，富于莫德哈尔（Mudéjar）建筑、装饰特色［Mudéjar 是指那些在天主教徒重新占领西班牙安达卢西亚后仍然留在当地且没有改信天主教的摩尔人，已经改教的名叫 Moriscos（摩里斯科人）；Mudéjar 还指伊比利亚半岛一种建筑和装饰风格，尤其在 12 到 16 世纪的阿拉贡（Aragon，伊比利亚半岛的中世纪王国）和卡斯蒂利亚（Castile，伊比利亚半岛的中世纪强大王国），其建筑和装饰风格受摩尔趣味和工艺影响很大］。

　　"神庙"硕大的蒜头穹顶直径 30 英尺（9.1 米），侧翼是两

的黎波里神庙，作者摄。

个小蒜头穹饰，其建筑格局极似泰姬陵。"神庙"门口匍匐着两头骆驼，由艺术家莫伦（Paul Moulon）雕刻于 1928 年。

"的黎波里神庙"由来自芝加哥麦地那神庙（the Medinah Temple）的贵族创立于 1885 年，这个兄弟会组织可溯源到 1843 年密尔沃基（Milwaukee）早期拓荒者建立的一个共济会所（Masonic lodge）。这个兄弟会组织即"古代阿拉伯隐修贵族圣地"（慈坛社），它在威斯康星州有 13 000 名会员。

作者在泰姬陵，2001 年。

"神庙"门口的骆驼像，作者摄。

　　"的黎波里神庙"是美国最好的摩尔复兴式建筑之一。1986年1月16日被列入"美国国家历史地名名录"。

　　虽然名为"神庙"（Temple），但它不是宗教建筑。

建筑风格

摩尔复兴式（Moorish Revival style）

地址

3000 W. Wisconsin Avenue

Milwaukee，Wisconsin

93

US Supreme Court
美国最高法院

1789 年，世界上第一部成文宪法——美利坚合众国宪法正式生效，美利坚合众国三权分立，美国最高法院诞生。那一年，法国发生了大革命；那一年，大清王朝乾隆五十四年，中国还处于封建王朝统治时期。

"美国最高法院"——通体洁白的大理石建筑，与美国国会大厦遥相呼应，昭示着司法在美国三权分立政体中的独立与尊严。

虽然 1789 年，美国最高法院就已诞生，但它却一直没有自己独立的院座（headquarter）。最高法院一直处于一种游牧状态，从一座建筑搬到另一座建筑，从一个城市搬到另一个城市。

最初，最高法院栖身在纽约的商品交易大楼（the Royal Exchange Building in New York City）。1790 年，美 国 首都搬到费城，最高法院也跟到费城，先是栖身在"独立宫"（Independence Hall），之后跻身在老市政厅（Old City Hall）。

1800 年，当美国首都搬到永久性的驻地华盛顿 DC 时，最高法院又跟到华盛顿 DC，因为没有为最高法院提供办公楼，国会就在新建的国会大厦（Capitol building）中借了一处地方给最高法院办公。1812 年，英军攻占华盛顿，火烧国会和白宫，最高法院一度在一个私人住宅中开庭。之后，最高法院搬回国会大厦，从 1819 年至 1860 年，最高法院的办公地点，现在叫作旧最高法院议事厅（the Old Supreme Court Chamber）；从 1860 年至 1935 年，最高法院的办公地点，现在叫作旧参议院议事厅（the Old Senate Chamber）。

终于在 1929 年，美国前总统、时任首席大法官的威廉·霍华德·塔夫脱 [William Howard Taft, 1857—1930，美国第 27 任总统（1909—1913）和第 10 任首席大法官（1921—1930），此公乃唯一先后出任这两个重要职位的人，而且，与总统职位相比，出任首席大法官才是他的夙愿] 说服国会结束最高法院栖身国会大厦的这种局面，授权为最高法院建造一个永久的独立院座。虽然当时正值大萧条，但国会同意并拨款 974 万美元。

1932 年 10 月 13 日，最高法院奠基。1935 年，最高法院落成，实际工程甚至包括家具采购，都以低于预算的标准完成。项目结束后，9.4 万美元的结余款上缴国库，成为一段佳话。

美国最高法院的设计者是建筑师吉尔伯特（Cass Gilbert，1859—1934）。为了让最高法院成为美国正义（justice）的理想象征，让司法在美国政府中处于同等重要、独立的地位，体现她的无上尊严和体面，吉尔伯特以希腊帕特农神庙

美国最高法院，作者摄。

（Parthenon）为模型，而他所采用的"学院派"（Beaux Arts style）建筑风格正反映了美国的乐观主义精神——他们是希腊民主、罗马法制和文艺复兴人文主义（Greek democracy, Roman law and Renaissance humanism）的传人。为了与邻近的国会大厦保持最佳建筑和谐，最高法院采用的是古典的科林斯建筑柱式。外立面采用的都是佛蒙特大理石（Vermont marble），非外立面的庭院用的是佐治亚大理石（Georgian marble），大部分的内部空间用的是阿拉巴马大理石（Alabama marble），只在最高法庭使用了昂贵精美的进口大理石。

一眼望去，最高法院正面（西面）与帕特农神庙如出一辙，16 根大理石柱撑起门厅，在三角形门楣上，刻着："法律面前司法平等"（Equal Justice Under Law）。题字之上，是艾特肯（Robert Aitken）雕刻的"自由之尊崇"浮雕组图："自由之神"头戴皇冠，"权威"与"秩序"护卫两侧。两边是以对最高法院建造过程产生重大影响的 6 位人士为原型的人物雕像——左边是首席大法官塔夫脱（年轻人形象）、国务卿鲁特（Elihu Root）、建筑师吉尔伯特；右边是首席大法官休斯、雕刻家艾特肯、首席大法官马歇尔（年轻人形象）。

在最高法院的后部（东面），也有一个三角门楣，刻着一句座右铭："**司法，自由之卫士**"（**Justice, Guardian of Liberty**），出自首席大法官休斯（Charles Evans Hughes）之手。座右铭之上，是一组人物浮雕，中间坐者是摩西，左边是孔子，右边是梭伦［浮雕由麦克尼尔（Herman A. McNeil）制作，不过东面常为参观者忽视］。

最高法院后部，作者摄。

作者在希腊雅典帕特农神庙，1997 年。

最高法院正门两边，是两个由弗雷泽（James Fraser）制作的人物雕像。右手边的男性雕像代表"法律之威"（Guardian of Law），左手边的女性雕像代表"正义之思"（Contemplation of Justice）。

拾级而上，最高法院正面入口的大铜门每扇重达六吨半，两扇门上各嵌 4 幅雕刻图案，记载着西方法律演变史中的主要事件。

推开厚重的铜门，进入被称为"大厅"（the Great Hal）的主走廊（The main corridor）。走廊两侧，是整块大理石雕成的双排柱子，直达花格平顶。壁龛上陈列着历任首席大法官的半身像。

走廊尽头的橡木门后面，便是美国法律最终裁量之所——最高法院法庭（the Court Chamber）。法庭以象牙金黄意大利大理石为柱，象牙纹西班牙大理石为墙，非洲大理石为地，配以桃花心木家具，更显庄严肃穆。特别值得一提的是，建筑师吉尔伯特认为，最高法院法庭里的 24 根大理石柱只有来自意大利锡耶纳附近老修道院采石场（Old Convent Quarry）的象牙金黄大理石才配得上，为此，1933 年 5 月，他请求当时的意大利总理、"法西斯头子"墨索里尼帮忙，以确保从锡耶纳采石场运出的大理石没有残次品。

法庭四周，环绕着由威曼（Adolph A. Weinman，1870—1952）设计并完成的人物组雕。

东面墙上：正中是两个男人雕像，左边为"法律之威严"（Majesty of Law），右边为"政府之力量"（Power of

最高法庭内部。

Government）。他们之间立着一块牌匾，上面是罗马数字从 I
到 X，代表美国宪法的首次十个修正案，即"权利法案"（Bill
of Rights）。"法律之威严"旁边是"智慧"（Wisdom），他拿着
一盏灯；"政府之力量"旁边是"治国之道"（Statecraft），他
的盾牌上刻着正义的天平。此外，左侧一组浮雕代表"捍卫人
权，保护无辜"；右边一组浮雕代表"保障自由和人们追求幸福
的权利"。

　　西面墙上：用寓意手法展示"善恶对立"（Good Versus
Evil）。正中两个女人雕像分别是"正义"（Justice）和"神的

南墙浮雕，右边有须老者为孔子。

启示"（Divine Inspiration）。"正义"面对观众，盯着邪恶的力量；"神的启示"则伸手拿着正义的天平。在她们的左边，是"智慧"（Wisdom），肩上停着一只猫头鹰；在她们的右边，是"真理"（Truth），拿着镜子和玫瑰。从中间往左的浮雕代表"善的力量"（Powers of Good）：捍卫美德、慈善、和平、和谐和安全（Defense of Virtue, Charity, Peace, Harmony, and Security）；从中间往右的浮雕代表"恶的势力"（Powers of Evil）：堕落、犯罪、腐败、诽谤、欺诈、淫威（Vice, Crime, Corruption, Slander, Deception, and Despotic Power）。

在法庭南、北两面墙上，是推动法律进程的历史人物画卷。

南墙上是前基督教时代的9位立法者：

Menes（美尼斯）——古埃及法老，第一王朝的创立者。
Hammurabi（汉谟拉比）——颁布《汉谟拉比法典》。
Moses（摩西）——《摩西十诫》。

Solomon（所罗门）——以色列国王，《塔木德》中48位先知之一。

Lycurgus（吕库古）——古希腊斯巴达的立法者。

Solon（梭伦）——雅典政治家、立法者。

Draco（德拉科）——古希腊雅典第一个有记载的立法者，用文本法取代口头法。

Confucius（孔子）——中国春秋时代伟大的思想家。

Augustus（奥古斯都）——罗马帝国的创立者和第一位皇帝。

北墙上是基督教时代的9位立法者：

Justinian（查士丁尼）——拜占庭帝国皇帝。

Mohammed（穆罕默德）——政治家、宗教领袖，伊斯兰先知。

Charlemagne（查理曼大帝）——神圣罗马帝国第一位皇帝。

King John（约翰王）——英格兰国王，签署大宪章，成为英国宪法的基础。

Saint Louis（圣·路易）——即路易九世，法国卡佩王朝国王。

William Blackstone（威廉·布莱克斯通）——英国法官，撰写了"英国法释义"（Commentaries on the Laws of England）。

Hugo Grotius（胡果·格劳秀斯）——荷兰法官，国际法奠基人。

John Marshall（约翰·马歇尔）——美国最高法院第四任首席大法官。

Napoleon（拿破仑）——推出《拿破仑法典》。

所以，美国最高法院的建筑设计和人物雕像具有深刻的历史和法制内涵。它汲取了人类社会文明和法制的精华，以构筑美国司法的坚固大厦。

建筑师吉尔伯特接受过学院派建筑优良传统的训练，他视受托设计最高法院为一项巨大的荣誉和机会，致力于创造一座纪念碑，献给合众国的理想——"自由"及"法律面前司法平等"。对完美的追求，让他在设计中采用了古希腊经典的建筑形式和象征意义，再加上能工巧匠、最好的建筑材料、充裕的资金。从一开始，最高法院就注定不仅仅是一座办公楼或工作司法场所，它将成为美国的国家纪念碑——献给这个国家的立国之本（三权分立）以及国家信仰——**只有自由人民的独立自主才是法律**（only sovereign of a free people is the law）。

1987 年 5 月 4 日，美国最高法院被列入"美国历史地标"。

建 筑 风 格

新古典风格（the Neoclassical style）

地 址

1 First Street，NE

Washington DC

94

Villa Aurora
奥罗拉别墅

1920 年代晚期，美国《洛杉矶时报》(*Los Angeles Times*)
同房地产开发商韦伯 (Arthur Weber) 以及莱伊 (George Ley)
合作，在洛杉矶西部太平洋海边的帕利塞德 (Palisades) 进行房
产开发。"奥罗拉别墅"便是他们合作的项目。

当时，"奥罗拉别墅"被称为"《洛杉矶时报》样板房"，该
项目主要有两个目的：首先，作为样板，展示最新的民用技术
和房屋规划理念；其次，向心存疑虑的洛杉矶人展示住在郊区
的好处。《洛杉矶时报》每周定期介绍样板房的建造进程，鼓励
感兴趣的洛杉矶人亲自前往观看，了解最新的房屋建造技术。
根据《洛杉矶时报》的报道，成千上万的洛杉矶人在"奥罗拉
别墅"的建造过程中及完工后参观了这一海滨别墅。

"奥罗拉别墅"于 1927 年 8 月 28 日破土动工，共 3 层，
14 个房间，6 700 平方英尺（约 622 平方米）。建筑和景观设计
师为丹尼尔斯 (Mark Daniels)。

奥罗拉别墅，作者摄。

　　开发商韦伯曾到西班牙南部安达卢西亚旅行，他从塞维利亚地区的一个小城堡上吸取灵感，以此为原型，要求设计这样一座海滨别墅。为了体现出别墅的"欧洲气氛"，他从西班牙进口木制天花板，还从意大利托斯卡地区买来一个文艺复兴式喷泉。手工雕刻和彩绘的木门以及天花板由普罗布斯特（Thorwald Probst）设计，摩尔风格母题，其设计灵感来源于西班牙特鲁埃尔大教堂（the Cathedral of Teruel in Spain）。加州当地建筑细节包括红杉墙和"马里布陶瓷公司"（the Malibu Tile Company）制造的摩尔式风格瓷砖。别墅还安装展示了最新的家用技术，包括燃气厨房、电冰箱、洗碗机、电动车库门等。

　　然而，人算不如天算。1929 年，就在"奥罗拉别墅"刚完工后不久，美国爆发金融危机，继而经济大萧条。韦伯破产，他开发的"奥罗拉别墅"没有卖出去，砸在自己手里。在那个汽油配给的时代，没有人愿意住在这个远离市中心，没有学校，没有商店，没有医院的地方。

1939 年，韦伯一家被迫搬出"奥罗拉别墅"，之后四年，别墅空着，杂草丛生，蛛网密布，成为野生动物的天堂。**直到它的下一个主人，流亡美国的德国作家利翁·福伊希特万格夫妇的到来。**

利翁·福伊希特万格（Lion Feuchtwanger，1884—1958）是一位德国犹太小说家和剧作家。在魏玛共和国时期就已成名，在希特勒上台前猛烈抨击纳粹党，被纳粹视为头号敌人。1933 年，他离开德国后，留在德国古纳森林（Grunewald）的家、藏书及著作（他的第一个私人图书馆）被纳粹烧毁。后来他住在法国南部滨海萨纳里（Sanary-sur-Mer），德国占领法国后，他在法国的藏书再次被毁（他的第二个私人图书馆）。他一度坐牢，后在朋友帮助下，和妻子再次逃亡，1941 年到达美国，寻求政治避难。

1943 年，福伊希特万格和妻子玛尔塔（Marta）来到洛杉矶后，便开始找一处合适的房子住下来。帕利塞德的景观让他们想起了意大利、地中海，他们很快就买下了"奥罗拉别墅"，花了九千美元。

刚搬进"奥罗拉别墅"时，福伊希特万格夫妇没有钱买家具，第一晚他们住在后院，睡在睡袋里。一个邻居是福伊希特万格作品的热心读者，他派了一个杂工帮助福伊希特万格夫妇清理房子，打扫卫生，让他们安顿下来。

依靠写小说，卖电影版权，福伊希特万格夫妇收入渐丰，慢慢地从二手商店买来古董家具，装饰"奥罗拉别墅"。他们从一个波斯王子手里买来一块装饰地毯，修了一条路通向海边，在溪谷上架了一座桥。不久，他们夫妇便沉浸在各自的爱好中，不再有财务之忧。玛尔塔买树、栽花。福伊希特万格搜罗古籍善本，开始建立他的第三个，也是最后一个私人图书馆。

很快，"奥罗拉别墅"便变成了——用托马斯·曼（Thomas Mann）的话来说——"一个真正的海边城堡"。利翁·福伊希特万格夫妇的家成为德国移民知识分子和他们的美国朋友们的聚会中心，经常高朋满座，群贤聚集。许多艺术家和文学家都曾在"奥罗拉别墅"参加烛光晚餐、利翁·福伊希特万格作品朗诵会、音乐演奏会等。

1958 年，利翁·福伊希特万格去世。在"奥罗拉别墅"居住的 15 年时间里，他写了 6 本小说。同时，他的第三个图书馆颇具规模，藏书达到三万册，包括一些珍贵藏品，如 1493 年纽伦堡编年史（a Nuremberg Chronicle dating from，1493）、戈雅的版画、拿破仑书信、伏尔泰签名的第一版作品。今天，仍有 22 000 本书藏在"奥罗拉别墅"。

利翁·福伊希特万格去世后，他的妻子玛尔塔最热切的愿望就是将"奥罗拉别墅"保护下来，作为对利翁的纪念。一年后，由于经济紧张，玛尔塔将"奥罗拉别墅"和丈夫的图书馆捐赠给南加州大学（the University of Southern California），最珍贵的 8 000 册藏书目前就藏在南加州大学的"福伊希特万格纪念图书馆"（the USC's Feuchtwanger Memorial Library）。玛尔塔继续住在"奥罗拉别墅"中，南加州大学承担她的日常开支，并给她提供一个园丁。1987 年 10 月 25 日，玛尔塔去世，享年 94 岁。南加州大学继承了"奥罗拉别墅"。

　　由于年久失修，"奥罗拉别墅"面临被出售的命运。南加州大学教授霍费（Harold von Hofe）呼吁新闻记者、《福伊希特万格传记》作者斯基尔卡（Volker Skierka）和路德维希·马尔库塞发起一个拯救"奥罗拉别墅"的活动。活动得到了德国政府的响应，他们认为纳粹时代的流亡作家及作品也是德国文化的一部分。1988 年，一个名为"奥罗拉别墅襄友会"（Friends and Supporters of the Villa Aurora）的非营利组织在柏林成立，他们筹集了足够的钱从南加州大学买下了"奥罗拉别墅"，并于 1996 年，聘请建筑师戴姆斯特（Frank Dimster）对别墅进行基础加固和全面修复。

　　今天，作为一个艺术圣地，"奥罗拉别墅"给作家、电影制作人、视觉艺术家和作曲家提供创作驻地，运营费用由德国政府提供。"奥罗拉别墅"还与人权组织和南加州大学合作，向来自言论自由受管制国家的作家和新闻记者提供一个特殊的、为期 9 个月的"福伊希特万格奖学金"（Feuchtwanger Fellowship）。

建筑风格

西班牙殖民复兴式（Spanish Colonial Revival-style）

地址

520 Paseo Miramar

Pacific Palisades，CA 90272

（参观须提前预约）

95

Villa Philbrook
菲尔布鲁克别墅

"菲尔布鲁克别墅"是美国 20 世纪的产物。第一次世界大战已经结束，妇女可以投票，这是一个随意女郎（1920 年代不受传统拘束的）、禁酒以及五美分可乐的时代。其实，还不止这些，在美国西部，俄克拉何马州城市塔尔萨（Tulsa），还散发着石油的气味，回荡着美元的叮当声。

1926 年，美国西部石油大亨菲利普斯（Waite Phillips，1883—1964）聘请堪萨斯城建筑师德尔克（Edward Buehler Delk，1885—1956）来为他和妻子吉纳维芙 [Genevieve (Elliott) Phillips] 设计住宅。同年，来自堪萨斯城的"约翰朗公司"（the John Long Company）开始施工，1927 年住宅建造完成。

这座住宅初名"菲尔布鲁克别墅"，意大利文艺复兴式别墅。别墅建在 23 英亩的地面上，共有 72 个房间。尤其值得一提的是地面景观设计精巧，设计灵感来自意大利罗马北部

菲尔布鲁克别墅，作者摄。

乡村"兰特别墅" [Villa Lante，兰特别墅 1566 年由维尼奥拉
（Giacomo Barozzi da Vignola）设计，风格主义（Mannerist）
花园，别墅现为意大利政府所有，自 2014 年 12 月以来由拉齐
奥大区马球博物馆（the Polo Museale del Lazio）经营管理]。

　　朋友们说，菲利普斯夫妇建造这座别墅是为了给他们的一
双儿女提供一个会见朋友、娱乐休闲的场所。1928 年，菲利普
斯夫妇一家搬入别墅时，女儿海伦（Helen）16 岁，儿子埃利
奥特（Elliott）10 岁，正是豆蔻年华。

　　1938 年，菲利普斯将"菲尔布鲁克别墅"及其周围花园捐
给了塔尔萨市，希望用作艺术及文化目的。这座别墅，房间众

兰特别墅花园。

多，走廊宽大，厅堂高阔，是一个天然的博物馆建筑，只需作微小的调整。于是，这座住宅别墅摇身一变，就成了一座艺术博物馆。1939 年，"菲尔布鲁克别墅"作为"the Philbrook Art Center"（菲尔布鲁克艺术中心）对公众开放。

　　菲利普斯的慷慨大方还远不止此。作为一个成功的商人，菲利普斯曾购买了新墨西哥州东北部大片牧场，这片牧场面积 30 万英亩，从落基山脉东坡的基督圣血山脉（the Sangre

菲尔布鲁克别墅花园，作者摄。

de Cristo），直至大草原的西边。他将这片牧场命名为"UU (Double U) Ranch"（双 U 牧场），经营狩猎、垂钓和野营探险。

1937 年，菲利普斯将"双 U 牧场"里的 35 857 英亩土地捐给了"美国童子军"（the Boy Scouts of America，BSA），以便在新墨西哥州锡马龙（Cimarron）附近创建"菲尔蒙特落基山童子军营地"（the Philmont Rocky Mountain Scout camp）。

1941 年，菲利普斯又将"菲尔蒙特别墅"（Villa Philmonte，建于 1926 年，新墨西哥州锡马龙郊外）以及 91 538 英亩土地捐给美国童子军。至今，这片土地及别墅仍由美国童子军运营。

再说回"菲尔布鲁克别墅"。1987 年，"菲尔布鲁克别墅"作为"菲尔布鲁克艺术中心"再次更名为"菲尔布鲁克艺术博物馆"（The Philbrook Museum of Art），并获得了"美国博物馆协会"（the American Alliance of Museums，AAM）的认证。2009 年，重新获得认证，作为全美 286 个艺术博物馆之一，虽地处偏僻，每年仍能接待约 15 万名参观者。

建 筑 风 格

意大利文艺复兴（Italian Renaissance）

地 址

2727 South Rockford Road
Tulsa，Oklahoma 74114

96

Villa Terrace
阶梯别墅

在威斯康星州密尔沃基俯瞰密歇根湖的湖岸峭壁上，栖息着一座意大利别墅——阶梯别墅（Villa Terrace），仿佛是将原汁原味的意大利切下一块，搁在这里，名字也是意大利式的拼法。这便是制造热水器和锅炉的公司（A. O. Smith Corporation）总裁劳埃德·史密斯（Lloyd R. Smith，1883—1944）的家。

在从意大利旅行回来后，劳埃德·史密斯委托建筑师阿德勒（David Adler，1882—1949）为他设计建造一个新家，当然是劳埃德·史密斯喜欢的意大利式。

"阶梯别墅"建于 1923 年至 1924 年，建筑样式和流水阶梯（water stairs）的设计灵感来自意大利伦巴第（Lombardy）建于 1560 年代的"西可纳·莫佐尼别墅"（Villa Cicogna Mozzoni）。

"阶梯别墅"文艺复兴式花园由来自波士顿的美国女景观建筑师尼科尔斯（Rose Standish Nichols，1872—1960）设计。

阶梯别墅，作者摄。

花园俯瞰密歇根湖，加上威斯康星气候的变化万千，呈现典型的 16 世纪意大利托斯卡景观特点。

"阶梯别墅"的铁艺制品来自"密尔沃基塞里尔·科尔尼克工作室"（the Milwaukee studio of Cyril Colnik）。科尔尼克是一个出生在奥地利的铁匠，锻铁艺术大师。今天，"阶梯别墅"引以为豪的就是那些来自 15 至 18 世纪的装饰艺术品、塞里尔·科尔尼克的锻铁艺术品以及流水阶梯花园。

1944 年，劳埃德·史密斯去世。1966 年，史密斯家族将"阶梯别墅"捐赠给了密尔沃基县，作为一个博物馆，即"阶梯别墅装饰艺术博物馆"（Villa Terrace Decorative Arts Museum）。

1974 年 12 月 30 日，"阶梯别墅"被列入"美国国家历史地名名录"。

阶梯别墅庭院，作者摄。

　　"阶梯别墅"还是密尔沃基人举办婚礼的热门地点——密尔沃基变幻不定的气候，意大利式别墅，风光如画的花园，独特的流水阶梯，密歇根湖迷人的景色——对新娘和新郎来说，这是除非去到欧洲才能见到的婚礼天堂。

建 筑 风 格

意大利文艺复兴式，其他（Italian Renaissance-style，Other）

地 址

2220 N. Terrace Avenue

Milwaukee，Wisconsin

这座气势恢宏的建筑建于 1914 年至 1923 年，它是"迪尔林—麦考密克国际收割机公司"（the Deering McCormick-International Harvester）副总裁詹姆斯·迪尔林为自己建造的冬季居所。

詹姆斯·迪尔林（James Deering, 1859—1925）是美国商人、慈善家、"西北大学"（the Northwestern University）主要赞助人威廉·迪尔林（William Deering, 1826—1913）与第二任妻子克拉拉（Clara Hammond Deering）的儿子。詹姆斯·迪尔林还有

詹姆斯·迪尔林肖像，1917 年，萨金特。

一个同父异母哥哥查尔斯·迪尔林（Charles Deering, 1852—1927）。

詹姆斯·迪尔林是一个艺术品鉴赏家、社会名流、旅行家和文化大使，他曾在纽约和芝加哥的寓所举办活动，招待法国名流。1906 年，为表彰他为促进法国农业机械技术的提高作出的贡献，法国政府授予他"法国荣誉军团勋章"（the Légion d'honneur，法国政府颁授的最高荣誉骑士团勋章，1802 年由拿破仑设立以取代旧王朝的封爵制度）。

1910 年，詹姆斯·迪尔林退休后，便在佛罗里达州迈阿密他的哥哥居所北边的椰子林购买土地，准备建造冬季居所。

当年，他同他全权委托的设计师、毕业于哈佛大学以及法国巴黎美术学院的画家和室内设计师保罗·查尔芬（Paul Chalfin）一起前往欧洲，寻找建筑设计灵感，并开始为未来的新家购买艺术品、古董及家具。之后两人又多次前往欧洲，两人友谊和合作的结晶便是"维兹卡亚别墅"（Villa Vizcaya），这座杰出的建筑被后人称为"东部的赫斯特城堡"（the "Hearst Castle" of the East）。

保罗·查尔芬（1874—1959）本人是一个艺术家，不是建筑师，于是他聘请了时年 30 岁的建筑师小霍夫曼（F. Burrall Hoffman Jr., 1882—1980）来做建筑设计，以实现他的艺术意图，据说也是为了便于管理。

查尔芬和小霍夫曼从意大利维内托（Veneto）地区的别墅中汲取灵感。维兹卡亚别墅的外立面主要受雷佐尼科别墅（Villa Rezzonico）的影响。雷佐尼科别墅由隆盖纳

维兹卡亚别墅，作者摄。

（Baldassarre Longhena）设计，位于意大利北部维内托地区的
巴萨诺-德尔格拉帕（Bassano del Grappa）。

　　霍夫曼和查尔芬紧密合作直到 1916 年，别墅主体建筑完
工，项目完全交给查尔芬进行室内装饰设计及家具布置。而花
园及景观设计则由哥伦比亚景观和园艺设计师苏亚雷斯（Diego
Suarez, 1888—1974）完成。

　　1916 年圣诞节这天，詹姆斯·迪尔林乘坐他的游艇"忘忧

号"（Nepenthe）来到新家"维兹卡亚别墅"，当时维兹卡亚别墅的装饰布置远未完工。

"维兹卡亚"（Vizcaya）——这个名字指代的是西班牙北部巴斯克地区大西洋东岸比斯开湾（Bay of Biscay）的维兹卡亚省，因为"维兹卡亚别墅"（Villa Vizcaya）位于大西洋西岸比斯开湾（Biscayne Bay，拼法略有不同）。档案记录显示，迪尔林还希望用这个名字纪念早期来到这里殖民探险的一个名叫维兹卡亚的西班牙人，后来迪尔林修正了他的说法，因为那个人不叫此名。

"维兹卡亚别墅"是美国经典的意大利文艺复兴式建筑，三位艺术设计和建筑方面的专家查尔芬、霍夫曼和苏亚雷斯都是因为这座建筑而名垂青史。这是他们协同完成的杰作。不过，1917 年，《建筑评论》（Architectural Review）将查尔芬和霍夫曼称为"联合建筑师"（associate architects），而没有提到景观设计师苏亚雷斯的贡献，霍夫曼认为这是查尔芬的失察和疏忽，从此不再同查尔芬说话。霍夫曼自己呢，正如他"绅士建筑师"的声望，也从来没有采取行动纠正这一说法。

但是，1953 年 3 月，《纽约时报》发表了一篇文章，完全忽视霍夫曼在设计维兹卡亚别墅方面的贡献，只说他做了上下水管道，而把设计功劳都记在查尔芬头上。霍夫曼忍无可忍，他找了律师，准备起诉《纽约时报》。1953 年 5 月 17 日，《纽约时报》发表声明，撤销原来的报道。

维兹卡亚别墅建成后，詹姆斯·迪尔林就一直在这里过冬，并招待朋友，如美国自然主义画家加瑞·梅切斯（Gari

Melchers）和他的妻子科琳娜（Corinne）。通过他的哥哥查尔斯，詹姆斯还同画家萨金特（John Singer Sargent，1856—1925）以及安德斯·左恩（Anders Zorn，1860—1920）建立了友谊。萨金特1917年3月造访维兹卡亚别墅，画了系列水彩画，还为他们兄弟画肖像。（见上页图）

虽然健康状况欠佳，詹姆斯·迪尔林仍出外旅行，接待朋友，如默片时代电影明星丽莲·吉许（Lillian Gish）和玛莉安·戴维斯（Marion Davies）。晚年詹姆斯·迪尔林被形容为"不善言辞，举止优雅、完美，但不乏幽默"。1925年9月，詹姆斯·迪尔林在从欧洲返回美国的轮船上去世。

詹姆斯·迪尔林终身未婚，维兹卡亚别墅便传给了他的两个侄女玛莉安·迪尔林·麦考密克（Marion Deering McCormick）和芭芭拉·迪尔林·丹尼尔森（Barbara Deering Danielson）。之后十几年，因为飓风袭击和维护成本上涨，她们便开始变卖周围土地，1952年，她们以低于市场价格卖掉维兹卡亚别墅及花园，并将家具和古董捐给博物馆。

现在，这里是"维兹卡亚博物馆和花园"（Vizcaya Museum and Gardens）。1970年，"维兹卡亚"被列入"美国历史地名名录"。1994年，被列为"美国历史地标"。1987年，教皇约翰·保罗二世（John Paul II，1920—2005）首访迈阿密，美国总统罗纳德·里根（Ronald Reagan，1911—2004）就是在维兹卡亚别墅接待教皇。1994年12月，美国总统克林顿在维兹卡亚别墅主持召开"第一届美洲国家首脑会议"（First Summit of the Americas），34个西半球国家首脑（除古巴外）

聚集一堂，商讨建立"美洲自由贸易区"［Free Trade Area of the Americas (FTAA)］。

除了这些政治活动，维兹卡亚别墅还是举办婚礼和其他特色活动的热门地。因其建筑特色和自然美景，这里还是女孩成人礼（quinceañera，15 岁生日）庆祝活动的摄影胜地。

建 筑 风 格

地中海复兴式，兼有巴洛克、意大利文艺复兴、意大利文艺复兴复兴式（Mediterranean Revival Style; with Baroque, Italian Renaissance，Italian Renaissance Revival）

地 址

3251 South Miami Avenue
Miami，Florida

98

Virginia State Capitol
弗吉尼亚州议会大厦

　　弗吉尼亚州议会大厦坐落在弗吉尼亚州首府里士满（Richmond），而里士满是弗吉尼亚州历史上的第三个首府。在北美殖民地时期，弗吉尼亚的第一个首府为詹姆斯敦（Jamestown）。1619 年，西半球最古老的立法机构——弗吉尼亚下议院在詹姆斯敦召开了第一次立法会议。1699 年，弗吉尼亚首府迁到威廉斯堡（Williamsburg）。1705 年 11 月，一个新的议会大厦落成，旁边不远处就是威严的州长官邸。

　　1776 年 6 月 29 日，弗吉尼亚宣布从大英帝国独立，并写进了弗吉尼亚邦（state）的第一部宪法，而四天后的 7 月 4日，美国才在费城通过"独立宣言"，故而弗吉尼亚早于"独立宣言"发表前就创建了一个独立的政府。随着美国独立战争的爆发，弗吉尼亚州长托马斯·杰斐逊（Thomas Jefferson）敦促将首府迁到里士满，以远离易受英军海上攻击的威廉斯堡。1779 年 12 月 24 日，弗吉尼亚议会在威廉斯堡举行了最后一次大会，随后休会迁往新的首府里士满。

1780 年 5 月 1 日，弗吉尼亚议会在里士满一幢临时建筑复会。之后，弗吉尼亚州宣布在眺望詹姆斯河瀑布（the falls of the James River）的一处高地，即夏柯山（Shockoe Hill）上建造一个新的、永久性的州议会大厦。

托马斯·杰斐逊，连同法国建筑师克莱里索（Charles-Louis Clérisseau），全面负责新议会大厦的总体设计。议会大厦直接模制了一个古罗马神庙"方形房子"（Maison Carrée），这个神庙位于法国南部尼姆（Nîmes）。

Maison Carrée，法语意思为"方形房子"，它是在法国南部能找到的、保存最完好的古罗马神庙，是古罗马建筑师维特鲁威（Vitruvian）风格建筑的代表。托马斯·杰斐逊在出使法

国时期（1785—1789）曾拥有一个"方形房子"的粉饰灰泥模型，可见他对这座古罗马神庙的钟爱。

　　杰斐逊设计的弗吉尼亚新议会大厦立面及柱式布局基本复制了"方形房子"，但杰斐逊让克莱里索采用爱奥尼亚柱式（Ionic order）替代原型中更具装饰性的科林斯柱式（Corinthian column）。在克莱里索的建议下，最终采用的是意大利著名建筑师安德烈·帕拉迪奥（Andrea Palladio，1508—1580）的学生文森诺·斯卡莫齐（Vincenzo Scamozzi）使用的、爱奥尼亚柱式的变体。

　　1785 年 8 月 18 日，新议会大厦奠基，州长亨利（Patrick Henry，1736—1799）出席。1786 年，一套建筑设计图纸及一个石膏模型从法国送到弗吉尼亚，由杜比（Samuel Dobie）负责施工。1788 年，新议会大厦落成。

　　1904 年，弗吉尼亚州议会大厦增添了东、西两翼，以提供更多的办公空间。2004 年至 2007 年，议会大厦完成升级改造及修复工作。

　　1960 年 12 月 19 日，弗吉尼亚州

弗吉尼亚州议会大厦，作者摄。

古罗马神庙"方形房子"。

议会大厦被列入"美国历史地标"。1966 年 10 月 15 日，被列入"美国历史地名名录"。1968 年 11 月 5 日，被列入"弗吉尼亚地标名录"（Virginia Landmarks Register，VLR）。

共和早期，帕拉迪奥（Early Republic，Palladian）

1000 Bank Street

Richmond，Virginia 23218.

99

Washington Monument (Baltmore)
华盛顿纪念柱（巴尔的摩）

"华盛顿纪念柱"坐落在马里兰州巴尔的摩弗农山（Mount Vernon Place），它是第一座献给美国开国总统乔治·华盛顿的纪念柱。

1807 年，巴尔的摩首次提出为华盛顿建一个纪念碑。1809 年成立筹款委员会。1813 年，宣布建筑设计竞赛，奖金 500 美元，预算 10 万美元。1814 年，建筑师米尔斯（Robert Mills，1781—1855）的方案中选。据说，米尔斯很是费了一番功夫让委员会相信他是美国第一个接受建筑专业训练的本土建筑师。

拟建的纪念柱位于卡尔弗特街的法院广场（即今天的战争纪念广场，Courthouse Square on Calvert Street，today's Battle Monument Square）。但是，当地居民担心纪念柱太高，一旦发生自然灾害，纪念柱倒下会砸毁他们的房子。委员会不得不另觅地址，后来，美国独立战争英雄霍华德（John Eager Howard，1752—1827）捐出城北一块土地，即今天的弗农山地区，用于建造纪念柱。

1815 年 7 月 4 日，纪念柱奠基。据记载，奠基仪式由当时马里兰州长和共济会领导人温德尔（Levin Winder, 1757—1819）主持，采用的是庄严的共济会仪式。1829 年，纪念柱落成。

米尔斯设计的华盛顿纪念柱是一个巨型多利亚石柱，纪念柱非常类似法国巴黎"旺多姆广场柱"[Colonne Vendôme，由法国皇帝拿破仑一世下令建造，以纪念 1805 年的"奥斯特利茨战役"——也称"三皇之战"，拿破仑率领的法军打败了俄国沙皇亚历山大一世（Tsar Alexander I）和神圣罗马帝国皇帝弗朗西斯二世（Holy Roman Emperor Francis II）率领的强大的联军，被誉为拿破仑取得的最伟大的胜利——1871 年 5 月 16 日，旺多姆广场柱被巴黎公社拆毁，后重建]。而这种式样的纪念柱又是直接取材于古罗马帝国的"图拉真柱"[Trajan's Column，位于意大利罗马奎利那尔山边的图拉真广场，为罗马帝国皇帝图拉真所立，以纪念图拉真胜利征服达西亚。图拉真柱由大马士革建筑师阿波罗多拉（Apollodorus of Damascus）建造，于 113 年落成，以柱身精美浮雕而闻名。图拉真柱净高 30 米，包括基座总高 38 米。柱身由 20 个直径 4 米、重达 40 吨的巨型卡拉拉大理石垒成，外表由总长度 190 米浮雕绕柱 23 周；柱体之内，有 185 级螺旋楼梯直通柱顶]。

华盛顿纪念柱高 178 英尺 8 英寸（54.46 米），华盛顿的大理石像站立在柱顶。雕像由意大利出生的雕刻家恩里科·考斯奇（Enrico Causici, 1790—1835）雕刻完成，表现的是华盛顿 1783 年 12 月 23 日在马里兰议会大厦卸任大陆军总司令。纪念

华盛顿纪念柱，作者摄。

旺多姆广场柱，约 1900 年。

图拉真柱，约 1896 年。

柱内有 227 级台阶可达柱顶，爬上柱顶看巴尔的摩，视野极佳。

　　在美国首都的"华盛顿纪念碑"落成前，巴尔的摩的"华盛顿纪念柱"是献给乔治·华盛顿主要的纪念柱，是美国骄傲的主要象征。

巨型多利亚式柱（Colossal Doric column）

地址

Mount Vernon Place

Baltmore，Maryland

Washington Monument
华盛顿纪念碑

　　毫无疑问，这是美国最著名的"外来"建筑（方尖碑，起源于埃及）。

　　乔治·华盛顿（George Washington）1732年2月22日出生于美国弗吉尼亚的威克菲尔德庄园。他是一位富有的种植园主之子，20岁时继承了一笔可观的财产。1753年到1758年间华盛顿在军中服役，1758年解甲回到弗吉尼亚，不久便与一位带有两个孩子的富孀——玛莎·丹德利居·卡斯蒂斯（Martha Dandridge Custis）结了婚，但他没有子嗣。

　　1752年，华盛顿加入共济会。

　　1776年，华盛顿出任大陆军总司令，在美国独立战争中率领大陆军打败英军。1783年，美国独立。

　　1787年，华盛顿主持制宪会议。1789年，华盛顿当选美利坚合众国首任总统；1793年连任；1797年，华盛顿卸任，从此开创了美国总统任期不超过两届先例（第二次世界大战时

华盛顿纪念碑，作者摄。

期的富兰克林·罗斯福总统例外）。

作为美国的"国父"，华盛顿是"战争中第一人，和平中第一人，美国人民心中第一人"，在美国享有无出其右的崇高威望，连他以前的敌人、英国国王乔治三世也称他为"时代最伟大的人"。1799 年 12 月 14 日，华盛顿因感冒引起的并发症逝世，葬在故居"弗农山庄"（Mount Vernon）。

在华盛顿逝世 10 天后，一个国会委员会建议为他修建一个纪念碑。来自弗吉尼亚州的代表马歇尔（John Marshall，后成为最高法院首席法官）提出在首都为华盛顿建一个纪念碑，但由于缺乏资金以及关于一个什么样的纪念碑才最好的分歧，当然还有华盛顿的家人不愿将他的遗体迁走等，使得建造纪念碑的事没有任何进展。

虽然国会授权在首都为华盛顿建一个合适的纪念碑，但到了 1801 年，当民主-共和党［杰斐逊共和党，the Democratic-Republican Party (Jeffersonian Republicans)］控制国会后，为华盛顿修建纪念碑的决定被推翻。共和党人对华盛顿已变成了联邦党（the Federalist Party）的象征感到失望，而且共和党人的价值观对为强权人物修建纪念碑心怀敌意，他们还不让将华盛顿的头像铸在硬币上，不让庆祝华盛顿的生日。

直到 1832 年，在华盛顿诞辰 100 周年的时候，修建一个纪念碑的计划才最后启动。那一年，一大群热心的美国人成立了"华盛顿国家纪念碑协会"（the Washington National Monument Society）。1836 年，当他们筹集到 28 000 美元（相当于 2011 年的 1 520 万美元）捐款后，他们宣布举办纪念碑设计竞赛。

　　结果，美国本土建筑师米尔斯（Robert Mills，1781—1855）
的设计方案中选，他就是设计了巴尔的摩"华盛顿纪念柱"的那
位建筑师。

　　米尔斯的设计方案为一个高大的方尖碑，周围环绕着一圈
柱廊，华盛顿站在一个敞篷双轮马车上，柱廊里面是 30 座美国

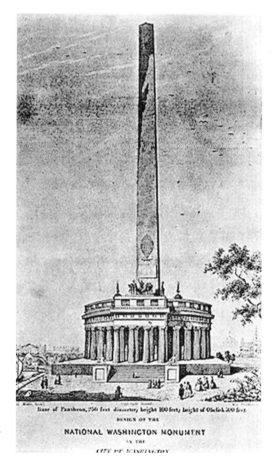

建筑师米尔斯设计的华
盛顿纪念碑，约 1836 年。

独立战争英雄的雕像。

外界对米尔斯设计方案的批评以及高达 100 万美元的造价（合 2011 年的 5.43 亿美元）让"华盛顿国家纪念碑协会"犹豫了。协会成员决定先建造方尖碑，柱廊的问题留待以后再说。他们相信如果他们用已经筹集到的 87 000 美元开始建造工作，纪念碑的模样出来后会吸引更多的捐款，最终让他们完成工作。

1848 年，华盛顿纪念碑开始清挖地基，当年 7 月 4 日（美国国庆日），纪念碑举行象征性的奠基仪式，仪式由华盛顿所属的共济会主持。司仪神父说："我们这个时代不会再有华盛顿了……他的美德铭刻在人类的心中。善武者仰慕华盛顿，能文者追摹华盛顿，急流勇退的擅治者对华盛顿高山仰止。"

1849 年，阿拉巴马州议员提出，应鼓励美国所有的州和美属地区捐赠"纪念石"，它们将被镶嵌在纪念碑内墙上。"纪念石"规格为 1.2 m×0.6 m×（0.3—0.5）m。"华盛顿国家纪念碑协会"成员也相信这项倡议将使美国人民感到自己也参与了纪念碑的建造，这将削减购买石料的开支。其后，协会共收到 194 块来自美国各州、城市、慈善协会、个人甚至外国政府捐赠的"纪念石"，其中有一块来自遥远的东方帝国——大清王朝。

这是怎么回事呢？ 1840 年鸦片战争后，西方国家的坚船利炮迫使清政府不得不关注西方世界的变化。林则徐、魏源、徐继畲等一批开明、进步的爱国者，出于"以夷制夷"的考虑，开始认识美国，而徐继畲又是他们之中最为推崇美国、推崇美国总统华盛顿的一位。

徐继畲（1795—1873），山西五台人，字健男，号松龛。

他出身书香门第，1814 年 19
岁时中举，1826 年中进士，
历任大清翰林院编修、陕西江
南两道监察御史、两广盐运
使、福建布政史、福建巡抚等
职，累官至总理各国事务衙门
行走，兼总管同文馆事务。

他在繁忙的政务之余，利
用一切机会，耳闻笔录，费尽
千辛万苦收集资料，并向美国
传教士雅裨理（David Abeel,
1804—1846），英国领事李太郭
（G. Lay）、阿礼国（Rutherford
Alcock，1807—1897） 等 请
教，"披阅旧籍"，"推敲考订"，
五阅寒暑，数十易稿，终于在
1848 年编写成《瀛寰志略》。

徐继畲画像。

《瀛寰志略》中对美国的重视超过其他任何国家，甚至超
过当时的英国。《瀛寰志略》极为推崇美国的政治制度，认为美
国官员由选举产生的制度非常优越，这种制度不存在政治特权、
世袭等级或世袭统治，建立在选举制度基础上的总统制使"各
部同心，号令齐一，故诸大国与之辑睦，无敢凌侮之者"。

不过，"睁眼看世界"的福建巡抚徐继畲 1851 年遭人弹劾
被革职回京；1852 年又被彻底罢官，回到山西故里。

丁韪良肖像，1901 年。

此时，一个美国长老派传教士丁韪良刚刚来到中国。

丁韪良（William Alexander Parsons Martin，1827 年 4 月 10 日—1916 年 12 月 17 日），字冠西。1850 年，丁韪良在长老派神学院毕业后，被派来中国，在宁波传教。1851 年，在华传教士知悉华盛顿纪念碑征集纪念石。丁韪良在与徐继畬的朋友张斯桂（1816—1888）的交往中得知徐继畬不仅推崇华盛顿，还发表过相关著述，这触发了丁韪良的灵感，这可是上好的纪念材料啊。

于是，丁韪良和其他传教士购得上等石料，找到徐继畬的《瀛寰志略》原文，将称颂华盛顿的文字刻成碑文，以大清国浙江宁波府的名义，于 1853 年（咸丰三年）赠送给建造中的华盛顿纪念碑。石碑于是漂洋过海，到了美国，镶嵌在"华盛顿纪念碑"内墙中。

碑文如下：

钦命福建巡抚部院大中丞徐继畬所著《瀛环志略》

曰，"按，华盛顿，异人也。起事勇于胜广，割据雄于曹刘。既已提三尺剑，开疆万里，乃不僭位号，不传子孙，而创为推举之法，几于天下为公，骎骎乎三代之遗意。其治国崇让善俗，不尚武功，亦迥与诸国异。余尝见其画像，气貌雄毅绝伦。呜呼！可不谓人杰矣哉。米利坚合众国以为国，幅员万里，不设王侯之号，不循世及之规，公器付之公论，创古今未有之局，一何奇也！泰西古今人物，能不以华盛顿为称首哉！”

大清国浙江宁波府镌　耶稣教信辈立石

咸丰三年六月初七日　合众国传教士识

欽命福建巡撫部院大中丞徐繼畬所著瀛環志畧
曰按華盛頓異人也起事勇於勝廣割據雄於
曹劉既已提三尺劍開疆萬里乃不僭位號不
傳子孫而創為推舉之法幾於天下為公駸駸
乎三代之遺意其治國崇讓善俗不尚武功亦
迥與諸國異余嘗見其畫像氣貌雄毅絕倫嗚
呼可不謂人傑矣哉米利堅合衆國以為國幅
員萬里不設王侯之號不循世及之規公器付
之公論創古今未有之局一何奇也泰西古今
人物能不以華盛頓為稱首哉
大清國浙江寧波府鐫　耶穌教信輩立石
咸豐三年六月初七日　合衆國傳教士識

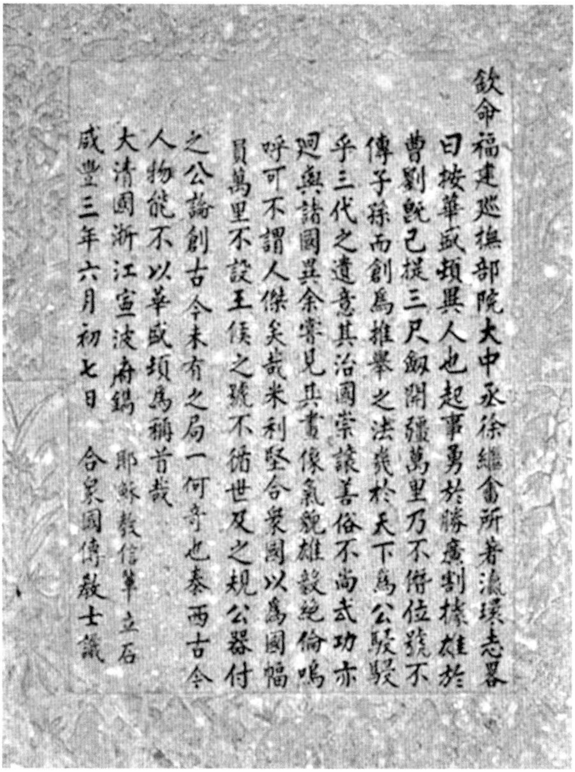

1862 年，美国传教士伯驾（Peter Parker, 1804—1888）把碑文译成英文。这样一来，美国人知道了有这么一个来自遥远东方帝国——大清王朝的政府官员兼学者极其推崇他们的国父华盛顿。

再说回华盛顿纪念碑的建造。华盛顿纪念碑自 1848 年奠基后，建造工程持续到 1854 年，捐款耗尽。此时，纪念碑已建到 152 英尺，即 46.3 米。1854 年 3 月 6 日一大清早，由梵蒂冈教皇庇护九世（Pope Pius IX）捐赠的纪念石（也称"教皇石"）被美国本土"反天主教党派"[更为人熟知的名称为"什么也不知道"（Know-Nothings）]成员砸毁，并扔进了波托马克河。这件事让公众停止了向"华盛顿国家纪念碑协会"捐款。无奈之下，协会请求国会拨款。

拨款请求刚送到国会，1855 年 2 月 22 日，"什么也不知道"党夺取了"华盛顿国家纪念碑协会"控制权，国会立即搁置了拨款。其后，"什么也不知道"党利用现场的废石料建纪念碑，只将纪念碑增高了 4 英尺，达到 156 英尺。原协会拒绝承认"什么也不知道"党的非法剥夺行为，两个协会对峙到 1858 年。"什么也不知道"党瓦解，已无力继续建造工程，1858 年 10 月 20 日，它交出了纪念碑控制权。为防止今后再出现剥夺行为，国会于 1859 年 2 月 22 日入股"华盛顿国家纪念碑协会"。

1861—1865 年，美国发生"南北战争"，纪念碑建造完全停工。

1876 年，美国《独立宣言》发表 100 周年，国会同意拨款

20 万美元，恢复华盛顿纪念碑建造工程。

1879 年，即纪念碑建造工程停摆 22 年后，在美国工兵处（U.S. Army Corps of Engineers）陆军上校凯西（Thomas Lincoln Casey，1831—1896）的指导下，工程复工。凯西重新设计了地基，以使它能承受超过 40 000 吨结构重量。凯西还放弃了柱廊的构想，专注于方尖碑的建造，并以古埃及的比例重新设计主塔。

在国会提供了足够的款项后，华盛顿纪念碑建造工程进展很快，4 年后，即 1884 年 12 月 6 日，工程完全竣工。1888 年 10 月 9 日，纪念碑对公众开放。

华盛顿纪念碑高 169.3 米，通体洁白（底部约三分之一处比上部颜色略浅，因上部大理石来自不同的采石场），朴素无华，其无上之大美，仿佛《独立宣言》——"人人生而平等"之不言而喻！

华盛顿纪念碑建成后，成为世界上最高的建筑物，直到 1889 年埃菲尔铁塔的建成。不过，它仍是世界上最高的石制建筑。美国政府于 1899 年宣布：华盛顿特区任何建筑物的高度都不得超过华盛顿纪念碑！

再说说那位将东方帝国大清王朝与华盛顿纪念碑搭上联系的年轻的传教士丁韪良（时年 26 岁）。他在中国生活了 62 年（其间有四年不在中国），是真正的"中国通"，曾长期担任同文馆的教习和总教习，并曾担任清政府国际法方面的顾问。1885 年，得三品官衔。1898 年又得二品官衔。1898—1900 年，任京师大学堂（北京大学）总教习。他创立北京崇实中学（现北京二十一中学），为崇实中学第一任校长。

　　1966 年 10 月 15 日，"华盛顿纪念碑"被列入"美国国家历史地名名录"。

建 筑 风 格

方尖碑（Obelisk）

地 址

National Mall

Washington DC

Washington Square Arch
华盛顿广场拱门

　　"华盛顿广场拱门"也叫"华盛顿拱门"（Washington Arch），这座大理石拱门建于1892年，立在纽约曼哈顿格林威治村的华盛顿广场公园。

　　1889年，为纪念乔治·华盛顿就任美国首任总统100周年，纽约商人和慈善家斯图尔特（William Rhinelander Stewart，1852—1929）从朋友中募集了2 765美元，在华盛顿广场公园北端、第五大道上立起一个巨大的石膏和木结构纪念拱门。这个临时性拱门十分受欢迎，三年后，由著名建筑师怀特（Stanford White，1853—1906）设计的永久性大理石拱门立在华盛顿广场公园。1895年正式落成，1918年拱门北面又加上了两尊华盛顿雕像。

　　华盛顿拱门高23米，拱距9.1米，由白色塔卡霍大理石[Tuckahoe marble，也称韦斯特切斯特大理岩（Westchester marble）]建造。拱门仿法国巴黎凯旋门（the Arc de Triomphe）

华盛顿广场拱门，作者摄。

巴黎凯旋门，约 1920 年。

而建。巴黎凯旋门建于 1806 年，而它本身又是仿罗马提图斯凯旋门而建。

华盛顿拱门檐壁上装饰着 13 颗花环环绕的大五角星和 42 颗橄榄枝簇拥的小五角星与字母 W。拱顶额上镌刻着华盛顿的名言：

LET US RAISE A STANDARD TO WHICH THE WISE AND THE HONEST CAN REPAIR.THE EVENT IS IN THE HAND OF GOD.— WASHINGTON

（谋事在人，成事在天）

华盛顿广场拱门北面东端，作者摄。　　　华盛顿广场拱门北面西端，作者摄。

　　拱门北面东端拱柱上雕刻着"大陆军总司令乔治·华盛顿，名誉与勇气相随"（George Washington as Commander-in-Chief, Accompanied by Fame and Valor），由雕刻家麦克尼尔（Hermon A. MacNeil, 1866—1947）雕刻于 1914 年至 1916年，表现的是华盛顿在战争年代（Washington at War）。

　　拱门北面西端拱柱上雕刻着"总统乔治·华盛顿，智慧与公正相伴"（George Washington as President, Accompanied by

Wisdom and Justice), 由雕刻家考尔德（A. Stirling Calder, 1870—1945）雕刻于 1917 年至 1918 年, 表现的是华盛顿在和平年代（Washington at Peace）。

凯旋门（triumphal arch）。

15 Washington Square N
New York, 10011

102

Waterbury Union Station
沃特伯里联合车站

　　这座红砖砌筑的火车站大楼由纽约知名的建筑设计公司麦金、米德和怀特（McKim，Mead，and White）公司设计，建成于 1909 年。

　　当时，铁路运输正值黄金时代，康涅狄格州沃特伯里（Waterbury）市政府同纽黑文（New Haven）和其他铁路运输部门合作，进行城市改造，以建设一个更大的火车站。建筑公司将火车站设计为"文艺复兴复兴式"（the Renaissance Revival style），但在开工一年后，一位铁路部门的主席要求加上一个钟楼。这位主席去过意大利锡耶纳，爱上了锡耶纳的"曼吉亚塔楼"（Torre del Mangia），于是，设计师被迫完全照搬了锡耶纳的"曼吉亚塔楼"。后来，建筑历史学家米克斯（Carroll Meeks）在《火车站：建筑历史》（*The Railroad Station: An Architectural History*）一书中说，相信设计师完全照搬锡耶纳"曼吉亚塔楼"的设计是故意批评诸如铁路经理这样的建筑业余爱好者。

沃特伯里联合车站，
作者摄。

不过，添加上去的钟楼主宰了沃特伯里的天际线。直到今天，虽然铁路运输已经没落，但驾车从 84 号州际公路上经过，人们远远就能看到高耸的钟楼，想起铁路的昔日辉煌。

钟楼高 245 英尺（约 75 米），有 318 级台阶。钟楼上的八个滴水兽和母狼造型，让人想起罗马城"母狼与罗慕洛斯和罗慕"的传说。因为，就像罗马一样，沃特伯里碰巧也是被 7 个山丘环绕，一条河流穿城而过。

20 世纪下半叶，铁路运输衰落后，当地一家报馆搬入这个火车站，对火车站内部进行了改造，他们出版的报纸名叫"*Republican-American*"，也就是沃特伯里的日报。

1978 年 3 月 8 日，"沃特伯里联合车站"被列入"美国国家历史地名名录"。

建筑风格

19 和 20 世纪复兴式及其他（Other，Late 19th & 20th Century Revivals）

地址

在 Meadow street 和 Freight street 之间
Waterbury，Connecticut

第四章

外来建筑特色城镇

异国情调成了本地风光。

——丹尼尔·布尔斯廷

（Daniel J. Boorstin，1914—2004）

Colonial Williamsburg
英属殖民时代的威廉斯堡

1606 年末，英国"伦敦弗吉尼亚公司"（Virginia Company of London）组织首批移民迁往北美。1607 年 5 月 4 日他们在詹姆斯河口建立了第一个永久性定居点，定名"詹姆斯敦"（Jamestown），这是英国建立北美殖民地的开端。美国考古学家凯尔索（William M. Kelso）认为，詹姆斯敦也是"大英帝国开始的地方"。

从 1607 年到 1699 年（亦说从 1616 年到 1699 年），詹姆斯敦一直是弗吉尼亚殖民地的首府。

1698 年，位于詹姆斯敦的殖民地议会大楼被烧毁，议会暂时迁到"中央种植园"（Middle Plantation）的"威廉－玛丽学院"（College of William and Mary，成立于 1693 年，美国第二古老大学，仅晚于哈佛）办公。后来，威廉－玛丽学院的一些学生鼓动将殖民地首府从詹姆斯敦搬到"中央种植园"，以躲避詹姆斯敦的疟疾，"中央种植园"的一些地主也随声附和。1699

年，弗吉尼亚州长尼科尔森（Francis Nicholson）将首府搬到
"中央种植园"，并重新命名为"威廉斯堡"（Williamsburg），
以纪念英国国王威廉三世（King William III）。随后，弗吉尼亚
州议会大厦及州长官邸陆续建起来。

接下来的 81 年，威廉斯堡便是弗吉尼亚殖民地的政治、
教育和文化中心。乔治·华盛顿，托马斯·杰斐逊，帕特里
克·亨利（Patrick Henry，美国政治家、演说家，"不自由，
毋宁死"的提出者），詹姆斯·门罗，乔治·威思（George
Wythe，托马斯·杰斐逊的导师），培顿·兰道夫（Peyton
Randolph，弗吉尼亚州议长，大陆会议首任主席）等政治家在
威廉斯堡的政治舞台上发挥着重要作用，酝酿和筹划独立战争

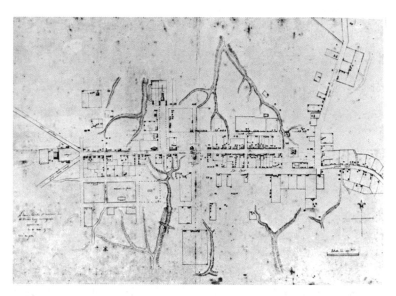

"法国人地图"（The "Frenchman's Map"），显示 1782 年时的威廉斯堡，这
幅地图也是复原威廉斯堡的关键依据。

以及美利坚合众国的诞生。

1780 年，为免遭英国的海上攻击，在州长托马斯·杰斐逊的领导下，弗吉尼亚州首府从威廉斯堡迁到 89 公里以外、更靠内陆的里士满（Richmond），直到今天。

首府迁走后，威廉斯堡开始进入一个漫长的困滞和衰败期。发展机遇不再降临，孤立和隔绝让威廉斯堡的面貌停在了 18 世纪。

威廉斯堡的工作机会依赖威廉－玛丽学院、法院（Courthouse）以及"东部疯人院"［the Eastern Lunatic Asylum，现在的"东部州立医院"（Eastern State Hospital）］。有一种说法：疯人院的"500 个疯子"（500 Crazies）养着大学和镇上"500 个懒汉"（500 Lazies）。殖民时代的房子被轮番改建、遗弃或拆毁，到 20 世纪早期，威廉斯堡的大部分房子都破破烂烂，无人居住或被人私自占据。不过，正如古德温博士所言，它也是唯一一个可以修复的殖民时代首府。

尊敬的古德温博士（The Reverend Dr. W. A. R. Goodwin，1869—1939）出生在里士满，先后在罗诺克学院（Roanoke College）、弗吉尼亚大学、里士满大学以及弗吉尼亚神学院学习。他首次造访威廉斯堡是作为一名神学院学生来威廉－玛丽学院招募学生。1903 年，34 岁的古德温博士重返威廉斯堡，不过这次的身份是雄心勃勃的布鲁顿教区教堂（Bruton Parish Church）的教区长。古德温博士同纽约教会建筑师巴尼（J. Stewart Barney）合作，赶在詹姆斯敦"美国圣公会教堂"［America's Anglican (Episcopal)Church］奠基 300 周年之际

（1907）修复了这座教堂。为此，古德温博士前往东部沿岸地区筹集善款，广结善缘，在 1907 年的修复庆典嘉宾中就有摩根（J.P. Morgan），而摩根乃当年在里士满召开的圣公会全国代表大会主席。

1908 年，古德温博士接受纽约州罗切斯特（Rochester）圣保罗圣公会教堂之邀，出任牧师。

1923 年，古德温博士重返威廉斯堡，出任威廉-玛丽学院筹款人和宗教学教授以及约克敦（Yorktown）圣公会教堂牧师。古德温博士其实同威廉斯堡一直保持着密切联系：他定期祭扫前妻和他们第一个儿子的墓地，利用威廉-玛丽学院图书馆做历史研究或在这里度假。看到殖民时代的建筑日趋衰败，他感到悲哀，备受刺激。他重新加入"弗吉尼亚古物保护协会"（the Association for the Preservation of Virginia Antiquities），帮助修复 18 世纪的八角形火药库（现在称之为 the Magazine）；他同威廉-玛丽学院其他教授一起拯救了"约翰·布莱尔之家"（the John Blair House）（约翰·布莱尔，1732—1800，美国开国元勋，华盛顿的亲密好友，参与了《美国宪法》的签署，后被华盛顿任命为美国最高法院大法官），将它变成教工俱乐部，使其免于被拆除。1924 年，当威廉-玛丽学院发起建筑保护筹款活动时，他采纳了建筑师巴尼的建议，将保护范围扩大到镇上的其他历史建筑区。在开始两年得到一些个人如亨利·福特和一些组织如"殖民地美国妇女"（the Dames of Colonial America）的支持后，古德温博士获得了小约翰·洛克菲勒（John D. Rockefeller Jr.）开始时有限、最后是完全的支持。正是小约翰·洛克菲勒的远见卓识 [还有他的妻子艾比（"Abby"Aldrich Rockefeller，1874 —1948）的参与]，"英属殖民时代的威廉斯堡"才有今天，让现在的人们能见识 200 多年前、"美国"独立前的模样。

开始，小约翰·洛克菲勒投资购买诸如"乔治·威思之家"（the George Wythe House）以及"勒德韦尔－帕拉代斯之家"[the Ludwell-Paradise house。Ludwell，即上校菲利普·勒德韦尔三世（Colonel Philip Ludwell III，1716—1767），他是华盛顿夫人玛莎的表哥。勒德韦尔去世后，他的女儿露西（Lucy）继承了他在威廉斯堡的房子，因他女儿嫁给了 John Paradise，故这房子亦称"the Ludwell-Paradise house"]，并同意资助威廉－玛丽学院的修复计划，他没有承诺对威廉斯堡（镇）进行更大规模的修复，直到 1927 年 11 月 22 日——正如后来古德温博士所言"洛克菲勒先生宣布他将投身于修复英属殖民时代的威廉斯堡的努力"！

要修复威廉斯堡，首先就得从现在房主手中将房子买过来。

考虑到如果修复威廉斯堡的计划曝光，房屋价格将暴涨（谁都知道洛克菲勒先生是阔佬），小约翰·洛克菲勒和古德温博士悄悄地执行他们的"买房计划"，由古德温博士出面，充当小约翰·洛克菲勒的"稻草买主"（法律意义上替别人买东西的人），而由古德温博士的心腹、威廉斯堡律师老格迪（Vernon M. Geddy, Sr.）准备房屋买卖法律文书。老格迪为这个项目起草了弗吉尼亚公司文件，冠以"弗吉尼亚州公司委员会"（Virginia State Corporation Commission）的名头 [即后来的"英属殖民时代的威廉斯堡基金会"（Colonial Williamsburg Foundation），老格迪为基金会首任主席］。大量房屋过手终于引起了法院同僚和报纸记者的注意，在 18 个月纷纷扬扬的谣言过后，1928 年 6 月 11 日到 12 日，在威廉斯堡的县镇会议上，古德温博士和小约翰·洛克菲勒公布了他们已是公开秘密的计划——即"取得大多数居民的支持和参与来修复整个威廉斯堡"！

毕竟小约翰·洛克菲勒首先是个精明的商人！

威廉斯堡一些居民对这个计划表示质疑，退役陆军少校和学校董事会主席弗里曼（S. D. Freeman）就说："我们将得到美元补偿，但是我们还拥有我们的镇子吗？不会是蝴蝶被钉在玻璃柜的纸板上，或像图坦卡蒙墓中出土的木乃伊那样吧？"（死的标本）

为了取得那些不愿将祖传房子卖给洛克菲勒的居民合作，修复计划提出居民将永久免费租用他们的房子，以换取产权交换。

弗里曼少校即刻卖掉了他的房子，搬到弗吉尼亚中央半岛去了。

至此，威廉斯堡修复计划顺利展开。

"英属殖民时代的威廉斯堡"这一概念的时间下限定为 1790 年。故而，晚于这一时间的 720 栋房屋——其中大部分建于 19 世纪——被拆除，一些 18 世纪的破旧房屋也被拆除。州长官邸和议会大厦在原来的地基上重建，依据的是当时的插图、文字描述、早期照片以及建筑师见多识广的猜测。路面及花园

"饱蠹楼"收藏的图版，刻画了 18 世纪中叶威廉斯堡的几栋主要建筑，如议会大厦、州长官邸等，它们也是重建和修复威廉斯堡的主要参考。

则完全按照正宗的殖民复兴风格修复。

大约有 500 栋房屋得到重建或修复，其中 88 栋房屋标注为原始建筑，包括熏肉房、茅房、牲口棚等。

除了建筑物，在早期修复阶段，"英属殖民时代的威廉斯堡"这一项目还购买了威廉斯堡以及相邻两个县的土地，尤其是历史保护区北面和东面的土地，以保护自然景观，尽可能保持 18 世纪的自然生态感觉，即从乡村、森林密布的走廊突然进入"历史"——进入 18 世纪的"英属殖民时代"。

经过修复的威廉斯堡变成了"活的历史博物馆"（living-

上图：重建的州长官邸，作者摄。　　下图：重建的议会大厦，作者摄。

工作人员装扮的"居民"。

history museum），而不是"死的标本"。除了英属殖民时代特色的房子、沙土路、花园、店铺、小酒馆，还有"装模作样"的殖民时代的"居民"（工作人员装扮）——他们穿戴着殖民时代的衣服，戴着假发，拄着文明棍，操着殖民时代的语法和词汇（浓重的英式口音），让人恍惚之间俨然回到了 18 世纪。

修复威廉斯堡的主要目的是重新创造出一个殖民时代自然环境，促进对"美国"这一理念起源——在独立战争开始前就在孕育中——的教育。在这个环境里，"英属殖民时代的威廉斯堡"力求讲述形形色色的人的故事，他们怀着各自不同的、有时是相互矛盾的雄心，逐渐建立起了一个崇尚自由和平等的社会。

但是，威廉斯堡的修复达到这个目的了吗？为了创造出 18世纪殖民时代的感觉，是否用力过猛？

答案是：英属殖民时代的"威廉斯堡基金会"修复（restoration）和保护（preservation）威廉斯堡的方式长期以来饱受批评。

古德温博士为他所看到的悄悄渗透的商业化而苦恼。他对英属殖民时代的威廉斯堡管理层提出的忠告便是："如果有一个需要对未来的修复者传达的严格指南和限制性词汇，这个词汇就是诚实。零零星星的偏离真实将不可避免地导致真实性的累积恶化和随之而来公众信心的丧失。忠诚要求遵守诚实这一原则"。

基金会的一个内部刊物承认，"英属殖民时代的威廉斯堡背负着批评界的沉重压力——经修复后的威廉斯堡太过整洁和整齐，太过干干净净，修剪得太过齐整而不可信"。

建筑批评家赫克斯特伯（Ada Louise Huxtable）在 1965年写道："在对历史的排演中，威廉斯堡是一次非凡、谨慎、奢侈的典礼，其中，真实和仿制的宝藏以及现代复制品草率地搅在一起，让人困惑。部分原因是它修复得太好了，最后的结果是贬低了真实性，玷污了那个时期的真实传统，那个时代和人们的生活并非诗情画意。"

弗吉尼亚大学建筑历史教授威尔逊（Richard Guy Wilson，《Buildings of Virginia: Tidewater and Piedmont》一书作者）说得更尖刻，他将英属殖民时代的威廉斯堡描述为"1930年代美国郊区的杰出代表——绿树成荫的街道，排列着并不真实的殖民复兴风格房子，与商业街隔开"。所有的责难导致批评家给英属殖民时代的威廉斯堡和它的基金会贴上一个标签——"共和党人的迪斯尼乐园"（Republican Disneyland）。

面对批评，基金会的回答是，"英属殖民时代的威廉斯堡历史地区（Colonial Williamsburg's Historic Area）是一种——历史真实和常识、残酷现实和温柔气氛、18 世纪的某一时刻与差不多 300 年历史之间的——妥协"，批评者将"历史真实性"（historical authenticity）与"常识"（common sense）对立起来是一种错误的一分为二。

2016 年 3 月，英属殖民时代的威廉斯堡基金会新任主席和首席执行官瑞斯（Mitchell Reiss）对《里士满时讯报》（*the Richmond Times-Dispatch*）表示：英属殖民时代的威廉斯堡的目标是"**大概真实**"（"accurate-ish"）。

关于威廉斯堡修复的争论仍在继续，阿巴拉契亚州立大学（Appalachian State University）公共历史课程就有一门开设给研究生的课：英属殖民时代的威廉斯堡的保护和修复（the preservation and restoration of Colonial Williamsburg）。

目前，作为一个活的历史博物馆，威廉斯堡由英属殖民时代的威廉斯堡基金会运营。这个基金会是非营利的实体，由洛克菲勒家族发起，后来，《读者文摘》（*Reader's Digest*）的创办人莱拉（Lila Bell Wallace）和德威特·华莱士（DeWitt Wallace）夫妇，费城出版商安纳伯格（Walter Annenberg）也参与其中。

1960 年 10 月 9 日，威廉斯堡被列入"美国国家历史地标地区"。1966 年 10 月 15 日，威廉斯堡被列入"美国国家历史地名名录"。1969 年 9 月 9 日，威廉斯堡被列入"弗吉尼亚地标名录"。

威廉斯堡的座右铭是：**未来可以从过去学习**（**That the future may learn from the past**）。

乔治式（Georgian）

Williamsburg，Virginia

104

Eureka Springs (Arkansas)
尤里卡-斯普林斯（阿肯色州）

"尤里卡-斯普林斯"坐落在阿肯色州西北欧扎克崇山（Ozark Mountains）中，是一个独一无二的维多利亚式度假小镇。小镇街道陡峭蜿蜒，上上下下，两边是维多利亚式的别墅和度假屋。这些保存完好的维多利亚式建筑使用当地石材建成，掩映在小镇蜿蜒曲折、高低起伏的5英里（约8公里）长环路上。尤里卡-斯普林斯在历史上就被称为"美国的小瑞士"（The Little Switzerland of America）或"台阶小镇"（The Stairstep Town），街道随地形蜿蜒起伏，没有交叉路口，所以也没有红绿灯。整个"尤里卡-斯普林斯"被"美国特色目的地"（America's Distinctive Destinations）列入"国家历史保护信托基金"（National Trust for Historic Preservation）。1979年1月29日，"尤里卡-斯普林斯"被列入"美国国家历史地名名录"。

在如此偏僻的山区出现这样一个独具特色的度假小镇，这

尤里卡-斯普林斯，作者摄。

都要归功于"温泉"（Springs）。

在印第安人的传说中，就有"治病大温泉"（Great Healing Spring）的说法。美国历史上，杰克逊医生（Dr. Alvah Jackson）被认为确定了温泉位置。1856年，他声称"池塘泉"（Basin Spring）治好了他的眼疾。美国南北战争期间，杰克逊医生在当地山洞建立了一个医院，利用"池塘泉"水治疗病人，战后，他将温泉水标为"杰克逊医生眼药水"（Dr. Jackson's

Eye Water）。1879 年，杰克逊医生的朋友、桑德斯法官（J.B.
Saunders）也声称温泉治好了他的身体疾病。桑德斯法官开始
将尤里卡-斯普林斯（温泉）推荐给亲戚朋友，慢慢地，"尤里
卡-斯普林斯"名声远播，逐渐发展成为一个新兴温泉度假村。

那正是维多利亚的时代，许多维多利亚式房屋建了起来。

作为一个"重建州长"，克莱顿州长（Powell Clayton，
1833—1914，阿肯色州第九任州长，激进的共和党人）致力
于将尤里卡-斯普林斯打造成富人退休疗养地。作为"尤里
卡-斯普林斯促进公司"［the Eureka Springs Improvement
Company (ESIC)］总裁，他成功地将铁路修到了尤里卡-斯
普林斯，这是招徕游客的关键举措。公司还建造了新月酒店
（Crescent Hotel），这是尤里卡-斯普林斯最著名的地标和奢华
酒店，题献给克莱顿州长的一首诗就刻在酒店大堂壁炉上。

随着铁路的通车，尤里卡-斯普林斯成为维多利亚时代首屈
一指的休闲度假村，以奢华的享受和富裕的生活方式闻名遐迩。
人们来到这里，仿佛走进了维多利亚时代的世外桃源，不仅温
泉可以疗伤，当地浓厚的宗教气氛还能让人体味曾经的宗教狂
热或者静静的心灵慰藉。

大萧条时期，美国路易斯安那州第40任州长和参议员小
休伊·皮尔斯·朗［Huey Pierce Long, Jr., 1893—1935，绰
号"王鱼"（The Kingfish）］于 1934 年发动"共享财富运动"
（Share Our Wealth），他公开指责富人、银行甚至美联储，声
称"每个人都是国王"，提出对公司和个人以"净资产税"的方
式重新分配财富，遏制贫困和无家可归的蔓延，并不惜采取暴

力行动。1935 年，朗遭到暗杀，但他是路易斯安那州历史上备受争议的人物，批评者和支持者都在辩论：他是否是一个独裁者、煽动者或民粹主义者？

朗遭到暗杀后，他的同伴、思想极右的牧师和政治活动家史密斯（Gerald Lyman Kenneth Smith，1898—1976）变成了"共享财富运动"领袖。他是一个白人至上主义者、反犹主义者和纳粹同情者。1942 年，他创立了反犹的"基督教全国运动"（Christian Nationalist Crusade）。1944 年，他创立了"美国第一党"（America First Party）。经过几十年饱受争议的、种族和宗教运动后，史密斯退休后来到了尤里卡-斯普林斯。

欧扎克的基督。

1964 年，史密斯开始在他买的土地上建造一座宗教主题公园。史密斯的传记作者詹森在《史密斯：仇恨牧师》（*Gerald L. K. Smith: Minister of Hate*）一书中写道，1963 年底，史密斯自己手上只有 5 000 美元，但他在 1964 年春天就筹集到了 100 万美元，开始"欧扎克的基督"（Christ of the Ozarks）项目建设。

虽然主题公园并没有完全实现，但它的中心部分，即"欧扎克的基督"雕像于 1966

年完工。

基督雕像由沙利文（Emmet Sullivan）设计，高 67 英尺（20 米），明显模仿自巴西里约热内卢的"基督雕像"（建成于 1931 年，高 38 米），但采用了现代的、极简主义表现手法。艺术批评者说它就像是"一个牛奶盒，上面塞着一个网球"，当地人和阿肯色州人有时称它为"我们带把儿的牛奶盒"。

其实，史密斯的原始规划是要在尤里卡-斯普林斯山上 1∶1 重建古代耶路撒冷。这当然没有实现，但他发起了年度户外"受难记"演出（Passion Play）或称"复活节表演"（Easter pageant），表现耶稣基督的受审、受难、死亡。演出就在基督雕像附近的半圆形剧场，有 4 100 个座位，从 4 月末到 10 月末每周演出 4 到 5 场。（该演出和公园已于 2012 年关闭。）

但是，并非所有人都愿意以这种方式寻求心灵慰藉。同样是退休来到欧扎克崇山定居的中学老师里德（Jim Reed）有他自己与上帝亲近的方式。

里德在欧扎克崇山的休养之地风景极佳，经常吸引游客

作者在里约热内卢基督山，2009 年。

前来驻足观赏。他不是将游客挡在外面，而是邀请大家走进来。后来他同妻子觉得也许他们应该在山林中建造一个玻璃小教堂，让参观者静静地坐在小教堂中观赏风景，启迪心智，"与上帝更近"。

里德聘请出生在阿肯色州松树崖（Pine Bluff）的本土建筑师琼斯（Euine Fay Jones，1921—2004）帮助他实现愿望。琼斯早年曾在阿肯色大学、莱斯大学（Rice University）和俄克拉何马大学学习，最后在美国建筑大师赖特（Frank Lloyd Wright，1867—

荆冠教堂，作者摄。

1959）的塔里埃森（Taliesin）
当学徒，是"草原学派"的信
徒和赖特"有机建筑"理论
（organic architecture，即建筑
设计与人类和自然的和谐，建
筑应该看上去就像从环境中自
然生长出来的）的忠实拥趸。

　　根据里德的要求，琼斯
设计的小教堂名为"荆冠教
堂"（Thorncrown Chapel），
设计灵感来自巴黎的"圣教
堂"（Sainte Chappelle），即
那座因巨大的条状彩色玻璃
窗而充满阳光的哥特式教堂。
琼斯将"荆冠教堂"的风格
亲切地称为"欧扎克哥特式"
（"Ozark Gothic"）。

　　"荆冠教堂"高 48 英尺
（14.63 米），宽 24 英尺（7.3
米），深 60 英尺（18.2 米），
6 000 平方英尺（557.4 平方
米）玻璃，有 425 个窗户。小
教堂全部采用"有机材料"建
造，以适应周围的自然环境，

巴黎"圣教堂"。

在建筑结构中使用的唯一钢材是为了固定木头桁架。以石板铺地，环绕着一圈矮石墙，小教堂仿佛就是欧扎克山坡的一部分。

为了保护"荆冠教堂"的自然环境，琼斯设计的最大建筑构件也可由两个人抬着穿过树林（而不致动用建筑运输机械毁坏树林）。建筑材料主要是经高压处理的松木，大型桁架在地上完成组装再吊装入位。

1980年，"荆冠教堂"建成开放。光线、阴影和反光在"荆冠教堂"的周围环境和气氛营造上起主要作用。"荆冠教堂"精致的桁架和周围茂密的树林，在白天，不断使光线和阴影效果发生改变；在夜晚，十字架的反光充盈着整个教堂。因此，"荆冠教堂"一年四季，每时每刻都呈现出不同的面貌。

　　我所做的所有房子的特质不是建筑，就像所有的写作不是文学、诗歌，即使拼写、语法和句法是对的。建筑中应该有什么东西以一种特别的方式打动人，我希望荆冠教堂能做到这样。

——琼斯

就这样，琼斯以他自己的有机建筑美学，在家乡宁静的欧扎克崇山，使用当地的建筑材料，以一种自然亲切而非宏大浮夸的小教堂征服了无数的宗教信徒和建筑学家。1981年，他获得"美国建筑学会国家荣誉奖"（American Institute of Architects National Honor Award）。1990年，获得"美国建筑学会金奖"（AIA Gold Medal），他是赖特唯一获此殊荣的弟

子。"荆冠教堂"还被美国建筑学会列为20世纪十大建筑第4位。生前，琼斯就被认为是20世纪在世的十大建筑师之一。

2000年，"荆冠教堂"仅在建成20年后就被列入"美国国家历史地名名录"。《旅行》杂志（*Budget Travel*）将它列入"美国最美的12座教堂"（12 Most Beautiful Churches in America）。"无聊熊猫"

琼斯。

（Bored Panda，图片艺术文化社区）将它列入"世界最奇特的50座教堂"（50 Most Extraordinary Churches Of The World）。

所以哟，小小的、偏僻的"尤里卡－斯普林斯"其实藏着享誉世界的珍奇呢！

建 筑 风 格

维多利亚时代，现代（Victorian era，Modern）

地 址

Eureka Springs，Arkansas

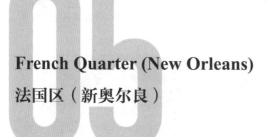

French Quarter (New Orleans)
法国区（新奥尔良）

任何人只要来到新奥尔良，特别是来到老城区，总有走进异国他乡的陌生感觉。这里的风土人情、民俗特色独一无二，与美国其他城市迥然不同。

因为这块土地在历史上几易其手，而美国人最后才来。

"新奥尔良"（La Nouvelle-Orléans）1718 年 5 月 7 日由法国密西西比公司（French Mississippi Company）在德·比安维尔（Jean-Baptiste Le Moyne de Bienville，1680—1767）的带领下建立起来。

比安维尔出生在新法兰西蒙特利尔（Montreal, New France），在 1701—1743 年曾 4 次出任法属路易斯安那（French Louisiana）总督。1717 年，比安维尔写信给法国密西西比公司总裁，说他在密西西比河发现了一个月牙湾，可以躲避涨潮和飓风，适合作为路易斯安那殖民地新首府所在地。得到许可后，新奥尔良得以在原印第安奇蒂马查人（Chitimacha）

的土地上建立。1720 年，比安维尔命令殖民地助理工程师鲍 戈 尔（Adrien de Pauger）为新城市作规划设计。1721年，鲍戈尔规划了 7 横 11 纵街道的长方形城市，沿密西西比河月牙湾分布。他用法国王室和天主教圣人名字命名街道，如"波旁街"（*Rue Bourbon*）就是向法国当时的王室——波旁王朝致敬，这就

德·比安维尔。

是 Vieux Carré（当时的称呼，法语"老广场"之意），即今天的"法国区"（French Quarter）的由来。在把新家搬入现在的"海关之家"（the Custom House）后，比安维尔将这个新城市命名为"新奥尔良"（La Nouvelle-Orléans），以纪念奥尔良公爵腓力二世（Philippe II，Duke of Orléans）——法国的摄政王（年幼的路易十五时期）。1723 年，在比安维尔的第三任总督任上，新奥尔良成为法属路易斯安那的首府。

1763 年，"七年战争"之后，根据《巴黎协定》（*Treaty of Paris*），新奥尔良落入西班牙之手，法文拼音的"新奥尔良"（La Nouvelle-Orléans）也改为西班牙文的"Nueva Orleans"。

1788 年，新奥尔良发生大火，市内大部分木质房子被烧毁。1794 年，再次发生大火。西班牙人重建了新奥尔良。因为这个原因，今天"法国区"的建筑呈现出的更多是西班牙殖民

风味，而不是法国风味。

时间走到了 1800 年。

法国大革命后，拿破仑崛起。慑于拿破仑的淫威，西班牙于 1802 年将新奥尔良还给了法国，即"法兰西第一共和国"。

拿破仑的大举扩张和对北美广袤地区的觊觎，让时任美国总统托马斯·杰斐逊十分关注，他担心拿破仑的行为会威胁美国的安全和密西西比河的航运。1802 年，杰斐逊指示总统特使詹姆斯·门罗（James Monroe）和美国驻法公使罗伯特·利文斯顿（Robert R. Livingston）同拿破仑谈判，购买新奥尔良及其相连河岸地区。1803 年，杰斐逊提出愿出价 1 000 万美元购买法国在密西西比河热带地区 40 000 平方英里的土地。

此时，拿破仑为应付与英国人的战争和海地（法国殖民地）的起义，意识到法国军事控制北美如此遥远广袤的土地不太现实，加上他又急需用钱，1803 年 4 月初，他出人意料地给美国人还价为：1 500 万美元卖掉法国 827 987 平方英里的路易斯安那。

这大大超出了美国人的预期！

它将使美国的领土扩大一倍！

美国的谈判者抓住这个万载难逢的机会，立即接受还价，并于 1803 年 4 月 30 日与法国签订条约。条约直到 7 月 3 日才传到杰斐逊手上。他无意中获得了地球上最肥沃的土地，美国从此在粮食和其他资源上自给自足。这桩买卖也遏制了大英帝国和法兰西帝国（1804 年 11 月 6 日，"法兰西共和国"改为"法兰西帝国"，拿破仑加冕称帝，从教皇庇护七世手上拿过皇冠亲自戴在了自己与妻子约瑟芬的头上，寓意"自己奋斗出的皇位"，从此成为"法国人的皇帝"）在北美的扩张野心，扫清了美国日后西进的障碍。

> 我们可以肯定，在不长的时间内，这个国家将向东和向西伸展，从海洋到海洋，从北极到巴拿马地峡。
>
> ——查尔斯·布洛克登·布朗
> （Charles Brockden Brown，1771—1810，美国小说家）

随同路易斯安那被卖掉的"新奥尔良"的法文名字于是也改为英文的"New Orleans"。

最后到来的美国人发现新奥尔良已经形成了自己独特的克里奥尔文化，而"法国区"的原住民不欢迎他们这些粗鄙、没有教养的"北佬"。

"克里奥尔人"（Creole）这个词来自葡萄牙语"crioulo"，意为"在主人家生长的"。新奥尔良开埠后，为了区别于从欧洲大陆来的第一批移民，在路易斯安那殖民地出生的第二代白人移民都被统称为克里奥尔人。法国裔、西班牙裔或者两者混血的克里奥尔人依然讲法语，被称为"法国克里奥尔人"（Francophone Creole）。作为美国南北战争前的地主和奴隶主阶级，他们认为作为贵族就应该举止风雅，庄重而又礼貌。混合了法国、西班牙和西非黑人多重文化传统的克里奥尔文化集中体现在克里奥尔建筑、克里奥尔饮食、爵士乐以及狂欢节（Mardi Gras）上，形成一种"高雅的破落"（elegant decay）

气质，在美国城市中"独一无二"。

可以说，新奥尔良的精华在"法国区"，"法国区"的建筑精华就是"克里奥尔联排屋"（Creole townhouse）。

前面已经说过，在西班牙人统治时期，新奥尔良曾经发生过两次大火，特别是 1788 年的大火烧毁了"法国区"80% 的木构房子（法国殖民式），重建"法国区"的西班牙统治者更多考虑了现代建筑趣味和建筑防火要求。他们强制执行新的严格防火标准，规定所有建筑物使用黏土砖；禁止使用木墙板，改为防火的粉饰灰泥，并涂成时兴的各种柔和色调。西班牙人对"法国区"建筑的影响不是直接的，而是采取一种克里奥尔风格，即混合了法国和西班牙建筑特点，并结合了来自加勒比的某些元素，核心建筑样式就是"克里奥尔联排屋"。

"克里奥尔联排屋"的立面沿地界排布，采用非对称拱廊，厚墙体，内部庭院；有的还有尖屋顶、边山墙和屋顶窗。而最具特色的就是花边锻铁（或铸铁）阳台（balconies）和阳台下的走廊（galleries）。这种精美繁复的铁艺装饰（在潮湿炎热的南方也很实用）在 18 世纪晚期和 19 世纪早期风行起来，成为新奥尔良别具风情的建筑名片。

在 20 世纪早期，"法国区"低廉的房租和颓废的风气吸引了一个波希米亚艺术家群体，进而发展成为一股潮流。他们中间许多人积极投身于对"法国区"的保护中，1925 年"法国区委员会"（the Vieux Carré Commission，VCC）成立。起初，它只是一个咨询机构，1936 年路易斯安那州全民公决修改宪法，赋予它制定规章的权力。在 1940 年代，委员会行使了更多

克里奥尔联排屋，作者摄。

权力来保持和保护"法国区"的历史建筑特色——任何历史建筑不得拆毁，任何改进或新建建筑都必须符合保护条例。

与此同时，第二次世界大战将成千上万的军人和军事后勤人员带到了新奥尔良的军事基地和船坞。这些逗留者不时光顾"法国区"寻欢作乐，早已被关闭的红灯区斯特利维尔（Storyville，1917 年关闭）的从业者转到"法国区"，很快形成

了一种更大规模、更持久、异域风情、有伤风化、喧嚣嘈杂的
娱乐形式——这就是新奥尔良著名的脱衣舞夜总会。虽然屡遭
打击，夜总会生意总能死灰复燃。

1960 年代，新奥尔良市计划在密西西比河堤和"法国
区"之间修一条河边高架公路，遭到了"法国区"保护主义者
的强烈反对。1965 年 12 月 21 日，"法国区历史街区"（Vieux
Carre Historic District）被列入"美国国家历史地标"（National
Historic Landmark）。1966 年 10 月 15 日，美国总统林顿·约
翰逊（Lyndon B. Johnson）签署法令，《美国国家历史保护法》
（National Historic Preservation Act of 1966）正式生效（"法国
区历史街区"同时被列入"美国国家历史地名名录"）。利用刚生

新奥尔良街头艺人，作者摄。

效的法律，"法国区"的保护者将河边高架公路项目告到了联邦法院。最终，1969 年，高架公路项目计划被取消。

2012 年，"法国区委员会"修改章程，更名为"法国区委员会基金会"（the Vieux Carré Commission Foundation），以更有效地"保护法国区的精神"。而所谓"法国区"的精神就弥漫在纵横交错、密密麻麻、狭窄破旧、自由颓废、情色迷离的街道上，其中的代表就是波旁街（Bourbon Street, Rue Bourbon）。游客光顾"法国区"必到波旁街，除了情色迷离的夜总会，还有各处历史悠久的酒吧：

The Old Absinthe House（老苦艾酒吧）：尽管苦艾酒在美国为非法，但这个酒吧用这个名字差不多有一百年了。（240 Bourbon Street）

Pat O'Brien's Bar（帕特·奥布赖恩酒吧）：以发明了红色鸡尾酒"飓风"（Hurricane）和第一个决斗钢琴（Dueling Piano）酒吧闻名。（718 St. Peter Street）

Lafitte's Blacksmith Shop（拉斐特铁匠店）：这个小酒馆建于 1772 年以前，是新奥尔良现存最古老的建筑物之一，被称为美国最古老的持续经营的酒吧。根据传说，这座房子曾经属于海盗头子胡安·拉斐特（1815 年帮助杰克逊将军抗击英军入侵新奥尔良）。传说归传说，但没有证明文件。（941 Bourbon Street）

The Napoleon House（拿破仑之家）：这个酒吧和餐馆以前是市长吉罗德（Nicholas Girod）的家，这一名称来自一起没有实现的密谋——将拿破仑从他的流放地圣赫勒拿岛弄到新奥

尔良来。（500 Chartres street）

新奥尔良及其"法国区"还是美国少有的几个可以在露天大街上饮酒的地方。因为新奥尔良的格言就是："Laissez les bons temps rouler"（让美好时光长流）。

建筑风格

多种风格（Multiple），以"克里奥尔联排屋"（Creole townhouse）著称

地址

French Quarter

New Orleans，Louisiana

106

Helen (Georgia)
海伦（佐治亚州）

　　海伦镇坐落在佐治亚州北部山区，一条小河——查特胡奇河（the Chattahoochee River）穿镇而过，房屋建筑和小镇氛围是典型的德国巴伐利亚阿尔卑斯小镇风情，被称为"阿尔卑斯海伦"（Alpine Helen），不过，不是欧洲的阿尔卑斯山，而是美国的阿巴拉契亚山。

　　其实，海伦镇早年以伐木为生。可能是树砍得差不多了或是州政府不再让砍树了，伐木业随之衰落，山区伐木小镇迫切需要寻找新的生计。1969 年，根据在当地首次实施的"分区规划"（Zoning），海伦变身为一个"巴伐利亚阿尔卑斯小镇的翻版"，成为一个旅游观光风情小镇，并由此重获生机。

　　所谓"分区规划"是指州政府和地方政府根据警察权将土地分区规划，以合理使用土地，有效控制和引导城市发展。分区规划可以规范土地的利用功能、利用类型、利用密度。它以土地的不同用途来规划，如农业用地只限于用于农业耕地，住

海伦镇，作者摄。

宅用地不可以用于商业开发，公共商业用地不得滥用等等强制性法律规范。分区规划萌芽于 1860 年代，当时纽约州出台措施禁止布鲁克林沿东部公园大道（Eastern Parkway）的所有商业活动；1912 年，纽约市实施了"第一分区规划条例"（the first zoning regulations）；1924 年，美国商务部发布"标准州分区规划可行法案"（The Standard State Zoning Enabling Act），为大多数州采用，成为美国土地使用规划的基础。分区规划通常由地方政府，如县政府和市政府实施，州政府提供法律保证。

联邦政府土地不受州政府规划控制。

　　根据"分区规划"重生的海伦定位为巴伐利亚阿尔卑斯风情小镇，所以小镇的所有建筑都是传统的德国南部风格，即使是美国那些特许经营的连锁餐馆，如 Huddle House（24 小时快餐馆，主要在美国南部）和温蒂汉堡（Wendy's hamburger），在别处它们全都是一个面孔，但在海伦则披上"阿尔卑斯"的外衣。

　　因为以旅游为生，海伦便围绕"阿尔卑斯"风情下功夫，而她主要的客源是周末来自亚特兰大地区的游客以及周边地区摩托车兜风客，阿巴拉契亚山南段一年四季都适合摩托车兜风。另外，海伦还有一系列特色旅游观光活动：

　　A. 每年 6 月的第一个周末举办热气球比赛。

　　B. 每年举办的"南方沃尔特湖畔"车迷活动（Southern

海伦，作者摄。

Worthersee)。19 世纪初，奥地利沃尔特湖区还只有贫穷的农民，但奥地利南方铁路公司在修通从维也纳到意大利的铁路后，沃尔特湖是必经之地，很快这个地方就成为维也纳的后花园。自 1982 年在沃尔特湖畔举办了第一届 GTI（高性能跑车）车迷聚会，这里就成了整个欧洲乃至全世界 VAG（德国大众奥迪集团）迷们的膜拜圣地。这是一个美国本土的大众和奥迪车迷活动，每年吸引大约两万人参加。

C. 每年举办的"啤酒节"（Oktoberfest，又叫"德国十月节"），时间从 9 月的第二个星期四持续到 11 月的第一个星期天。

每年蓝岭山（Blue Ridge，阿巴拉契亚山的一部分）树叶开始变色时，"海伦啤酒节"拉开帷幕。就像"故乡"巴伐利亚慕尼黑啤酒节一样，庆祝丰收的海伦啤酒节也包括音乐、民族舞蹈，

啤酒节舞蹈，1975 年。

免费畅饮啤酒、传统的巴伐利亚美食，如德国面疙瘩、烤猪、酸菜炖肉。女招待身着传统阿尔卑斯紧腰宽裙，男招待身穿皮短裤。

啤酒节期间还有很多现场音乐会，如铜管乐和波尔卡。有些乐队来自德国和奥地利，其他的都是当地音乐人。而最有特色的便是"约德尔唱法"比赛。（yodeling，源自瑞士阿尔卑斯山区的一种特殊唱法。山里牧人常常用号角和叫喊声来呼唤他们的羊群、牛群，也用歌声向对面山上或山谷中的情人、朋友传情达意。久而久之，他们竟发展出一种十分有趣而又令人惊叹的约德尔唱法。这种唱法的特点是在演唱开始时在中、低音区用真声唱，然后突然用假声进入高音区，并且用这两种方法迅速地交替演唱，形成奇特的效果。电影《音乐之声》中"孤独的牧羊人"一曲的风格就源自约德尔。）

所以，每年 10 月底，当秋天的树叶一片金黄，海伦也迎来一年中最喧闹、拥挤的季节，旅店爆满，游人如织，人们在这"舶来的"阿尔卑斯小镇尽情狂欢。

建 筑 风 格

巴伐利亚阿尔卑斯小镇的翻版（a replica of a Bavarian alpine town）

地 址

Helen，Georgia

107

Monticello & UVA
蒙特切洛和弗吉尼亚大学

　　也许众所周知，美国第三任总统托马斯·杰斐逊（Thomas Jefferson，1743—1826）是《弗吉尼亚宗教自由法案》起草人、《美国独立宣言》起草人。他历任弗吉尼亚州长、美国国务卿（华盛顿内阁）、副总统（约翰·亚当斯内阁）、总统；他通晓农学、园艺学、词源学、考古学、数学、密码学、测量学与古生物学，还是杰出的建筑师、小提琴手，被许多人誉为美国历任总统中才情和智慧最高者。

　　单表他在建筑方面的成就。

　　1743 年 4 月 13 日，托马斯·杰斐逊出生在弗吉尼亚州一个种植园主家庭，他的父亲在他 14 岁时去世，他由此继承了大约 5 000 英亩（20 平方公里）土地。托马斯·杰斐逊 16 岁进入威廉-玛丽学院（the College of William & Mary），师从斯莫尔（William Small）教授学习数学、形而上学、哲学。斯莫尔教授引导他阅读英国经验主义大师约翰·洛克（John Locke）、弗朗西斯·培根（Francis Bacon）以及艾萨克·牛顿（Isaac Newton）等人的著作。托马斯·杰斐逊还学习了法语、希腊语以及小提琴演奏。1862年他从威廉-玛丽学院毕业，开始在乔治·威思（George Wythe）教授指导下攻读法律，获得律师执照。

托马斯·杰斐逊酷爱读书，珍藏书籍，在他的藏书中就有意大利文艺复兴建筑大师安德烈·帕拉迪奥（Andrea Palladio，1508—1580）的《建筑四书》（*I Quattro Libri dell'Architettura*）。晚年在写给约翰·亚当斯（John Adams）的信中，托马斯·杰斐逊说，"没有书，我活不了"（I cannot live without books）。

1768年，26岁的托马斯·杰斐逊开始在他俯瞰夏洛茨维尔（Charlottesville）种植园的一个山顶上设计建造他的庄园宅邸——"蒙特切洛"（Monticello，意大利语为"小山"，也有译"蒙蒂塞洛"）。设计灵感和方案直接来自帕拉迪奥《建筑四书》中的"圆厅别墅"（Villa La Rotonda）。

托马斯·杰斐逊极其崇拜帕拉迪奥，当一位邻居咨询他有关建筑的建议时，他曾说："帕拉迪奥就是《圣经》，你应该好好学习、掌握并坚持他的设计风格。"（Palladio is the Bible. You should get it and stick to it.）

"蒙特切洛"的建造主要由当地石匠、木匠完成，托马斯·杰斐逊自己的奴隶也会帮忙，建造工程十分艰苦。

1770年，托马斯·杰斐逊搬进了"蒙特切洛"的南翼（the South Pavilion），它的整体建设和改进远未完工，而将"蒙特切洛"建成新古典主义帕拉迪奥建筑风格的杰作也就成了

上图：蒙特切洛，作者摄。　　下图：圆厅别墅。

托马斯·杰斐逊毕生的目标。

1772 年 1 月 1 日，杰斐逊同他的（三代）表妹、时年 23 岁守寡的玛莎·威利斯·斯格尔顿（Martha Wayles Skelton）结婚。传记作家马龙（Dumas Malone）说，这是杰斐逊一生中最快乐的时光。玛莎阅读广泛，针线活好，擅长演奏钢琴，杰斐逊经常用小提琴或大提琴为她伴奏，夫妻琴瑟和鸣。在他们 10 年的夫妻姻缘中，玛莎共生育了 6 个孩子，但只有大女儿玛莎（Martha，1772—1836）和三女儿玛丽·威尔斯（Mary Wayles，1778—1804）活到成年。由于生育频繁，加上糖尿病，杰斐逊的妻子玛莎于 1782 年 9 月 6 日去世，享年 33 岁，去世时杰斐逊守在她的床边。

1784 年，"联邦议会"（Congress of the Confederation，1781—1789）委派杰斐逊为公使，与本杰明·富兰克林和约翰·亚当斯一起出使欧洲，与英国、西班牙和法国谈判贸易协定。杰斐逊当年 8 月抵达巴黎，法国外交部长德维尔伯爵（Count de Vergennes）对杰斐逊说："我听说，你来取代富兰克林先生？"（You replace Monsieur Franklin, I hear.）杰斐逊回答，"我来接任，没有人能取代他。"（I *succeed*. No man can replace him.）

在法国 5 年时间，杰斐逊有机会考察那些他在书中看到的经典建筑，并感受当时在巴黎兴起的法国建筑"现代"潮流。也就是在此期间，他萌生了改建"蒙特切洛"的念头。

1794 年，在结束了第一任国务卿任期（1790—1793）后，杰斐逊开始利用他在欧洲得来的新理念，改建"蒙特切洛"，改建工程持续到他的总统任期（1801—1809）结束，而敲敲打打的改进一直持续到他逝世前。

杰斐逊增加了一个中央通道，将原来的二楼高度降低，变成阁楼。但最显著的新设计是在西翼门廊上方增加了一个八边形的穹顶，成为后来参观者所称道的"高贵而美丽之所在"。

基本上就是现在的模样。

1809 年，托马斯·杰斐逊卸任美国总统，但他的政治抱负和建筑理想还在继续。只不过，其时的政治抱负是要亲手创建一所大学，而建筑理想是亲手设计一个大学校园。

于是，"弗吉尼亚大学"（University of Virginia，UVA）就诞生了！

其实，早在 1800 年 1 月 18 日，杰斐逊还是副总统的时候，他在写给约瑟夫·普里斯特利（J. Joseph Priestley，1733—1804，发现氧气的英国化学家，后逝世于美国宾夕法尼亚州诺森伯兰）的信中就提出了创建一个大学的构想："我们希望在弗吉尼亚州北部，建立一所中心大学，一所学科更广泛、自由和现代的大学，值得获得公众赞助，能吸引其他州的年轻人前来学习知识，与我们友好交流。"

虽然弗吉尼亚州已经有了"威廉－玛丽学院"，但学院的宗教色彩和不重视科学的课程设置让杰斐逊对自己的母校深感失望。1802 年，作为总统的杰斐逊在写给艺术家皮尔（Charles Willson Peale，1741—1827，美国著名的肖像画家、科学家、发明家、政治家和自然学家，擅长绘制美国独立战争领袖人物肖像）的信中说，他心目中的大学应该"在最广泛和最自由的程度上，满足我们的社会环境的要求"。

　　1817 年，美国第三任总统托马斯・杰斐逊，第四任总统
詹姆斯・麦迪逊（James Madison），第五任总统詹姆斯・门罗
（James Monroe），最高法院首席大法官约翰・马歇尔（John
Marshall）以及其他 24 位显贵在岩鱼峡口（Rockfish Gap）
的"山顶旅店"（the Mountain Top Tavern）举行会议，经过
慎重讨论，他们选定附近的夏洛茨维尔作为新的"弗吉尼亚
大学"校址，校址地块购自詹姆斯・门罗的农场。当年，大
学第一栋建筑奠基。1819 年 1 月 25 日，弗吉尼亚州（the
Commonwealth of Virginia）向新的弗吉尼亚大学颁发办学许
可证，弗吉尼亚大学正式诞生。

弗吉尼亚大学"圆形大厅"，作者摄。

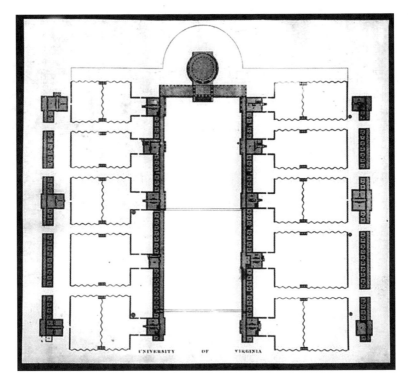

杰斐逊绘制翻刻的弗吉尼亚大学校园规划图，1826 年。

托马斯·杰斐逊亲自负责弗吉尼亚大学的校园设计建设和大学课程设置，并且出任首任校长。

杰斐逊是希腊和罗马建筑风格的忠实信徒，他相信这种建筑风格最能代表美国的民主理想。他设计的弗吉尼亚大学校园名为"学术村"（Academical Village），这是一个四方形庭院。图书馆，即"圆形大厅"（Rotunda）位于庭院顶端。每个学院（academic unit），也叫"亭子"（pavilion）沿庭院两边分布。中间是大草坪。"圆形大厅"仿意大利罗马"万神殿"（Roman

罗马"万神殿"，1836 年。

Pantheon）而建（1：2），地位高高突起；"学院"（亭子）则设
计成两层楼的神庙立面，十个亭子包括教室和教师住宅，各亭
子之间由柱廊相连，背面则是学生宿舍。亭子后部是花园和菜
园，周围由波浪形围墙环绕，以确认农业生活方式的重要。

　　杰斐逊的"学术村"校园布局体现了他的教育理念：

　　　　学习和日常生活融为一体；精神生活是大学里所有参
　　与者的追求；学习是一个毕生和分享的过程，学者和学生
　　之间的交流让追求知识变得愉悦；高等教育应该完全与宗
　　教信条分开，大学的中心是图书馆（而不是教堂），它是世
　　俗的人类精神、知识和智慧的启蒙象征。

学术村，作者摄。

基于以上理念，在当时美国大学主要开设医学、法律和宗教课程的时代，杰斐逊设置的大学课程则包括天文学、建筑学、植物学、哲学、政治学等多学科，但唯独排除了"神学"。杰斐逊解释说，"大学教育应该探索无穷无际的人类智慧，由此，我们无惧真理将我们带向何方，也会容忍任何错误，只要能自由战斗"。

身为校长的杰斐逊与弗吉尼亚大学融为一体，亲密无间，周日晚上，他照例在"蒙特切洛"家中招待教师和学生。

已经步入晚年的杰斐逊在"蒙特切洛"过着平凡的生活，清晨早起，写几个小时的信，中午骑马巡视庄园，晚上同家人在花园享受悠闲时光，深夜靠在床上，手里捧着书。看书、珍藏书是杰斐逊毕生的爱好，也耗费了他巨大的财力。1814 年 8 月 24 日，英国人打进华盛顿，放火烧了白宫、国会和国会图书馆。杰斐逊提出将自己的藏书卖给国会图书馆，1815 年 1 月 30 日，詹姆斯·麦迪逊总统批准了购书法案，国会图书馆出资 23 950 美元买下杰斐逊珍藏的 6 587 册图书，杰斐逊的藏书构成国会图书馆的基础（不幸的是，1851 年 12 月 24 日，国会图书馆发生大火，55 000 册图书被烧毁了 35 000 册，杰斐逊藏书三分之二被烧毁）。

但是，杰斐逊仍被巨额债务压着。在他生命最后时刻，杰斐逊的债务大约为 10 万美元，他很清楚将没有遗产留给自己后人。1826 年 7 月 3 日，杰斐逊发起了高烧。7 月 4 日 12 点 50 分，就在自己执笔起草的《独立宣言》发表 50 周年之际，杰斐逊与世长辞，享年 83 岁。人们在他的脖子上看到一条项链挂着一个金盒，盒子里装着一个褪色的蓝色绶带，绑着他妻子玛莎的一绺棕色头发，已经陪伴他 40 多年。

托马斯·杰斐逊逝世后，他唯一健在的女儿玛莎·杰斐逊·伦道夫（Martha Jefferson Randolph）继承了"蒙特切洛"。1831 年，玛莎将"蒙特切洛"卖给了当地一个药剂师巴克利（James Turner Barclay）。1834 年，巴克利又将"蒙特切洛"卖给了美国第一个犹太人海军准将利维（Uriah P.

Levy）。利维十分景仰杰斐逊，他出钱维修、修复和保护"蒙特切洛"。美国南北战争期间，联邦政府以"敌方财产"名义没收了"蒙特切洛"，将它卖给了联邦官员菲克林（Benjamin Franklin Ficklin）。南北战争结束后，利维收回了"蒙特切洛"。之后，利维的后人争夺"蒙特切洛"；1879 年，利维的侄子杰斐逊·门罗·利维（Jefferson Monroe Levy）通过诉讼，在付给了其他继承人 10 050 美元后，得到了"蒙特切洛"。同他的伯父一样，杰斐逊·门罗·利维也对"蒙特切洛"内外进行精心的维修、修复和保护。1923 年，一个私人非营利机构"托马斯·杰斐逊基金会"（Thomas Jefferson Foundation）从杰斐逊·门罗·利维手中买下"蒙特切洛"，把它变成了一个家庭博物馆和教育机构。

1987 年，鉴于托马斯·杰斐逊作为一个杰出的新古典主义建筑天才，他所设计的"蒙特切洛"和弗吉尼亚大学校园"学术村"具有无与伦比的美，对新古典主义建筑的贡献，它所反映的杰斐逊古典主义建筑知识、教育理念和哲学思考，联合国教科文组织将"蒙特切洛"和"弗吉尼亚大学"列为世界文化遗产。在此之前，"蒙特切洛"已经被列入"美国历史地标""美国历史地名名录"等。

托马斯·杰斐逊逝世后，长眠在"蒙特切洛"旁边不远处的墓地，他的墓碑上刻着他自己撰写的碑文：

这里埋葬着托马斯·杰斐逊，美国《独立宣言》和弗吉尼亚宗教自由法案的起草者及弗吉尼亚大学之父

　　他希望人们记住的是他给后世留下的精神财富，而不是他曾做过美国总统。

新古典主义，帕拉迪奥（Neoclassical，Palladian)

地　址

A. Monticello（蒙特切洛）

931 Thomas Jefferson Parkway

Charlottesville，VA 22902

B. UVA（弗吉尼亚大学）

Charlottesville，VA

Solvang (California)
索尔万（加利福尼亚）

Solvang（索尔万），丹麦语的意思是 "sunny fields"（阳光普照的原野），坐落在加州圣巴巴拉县（Santa Barbara County）的 "圣伊内斯山谷"（Santa Ynez Valley）。它曾经是一个村子，建于 1911 年。1985 年 5 月 1 日，Solvang 成为一个市。

"圣伊内斯山谷" 的原始居民是被 1776 年 "安扎探险队"（Anza Expedition）随队牧师 Fr. Pedro Font 称为丘马什人（Chumash）的印第安人——他们聪明而勤奋，通晓天文，擅长捕鱼和狩猎。19 世纪初，西班牙传教者到来后，成功地使印第安人适应了西班牙人的生活方式，并参加建于 1804 年的圣伊内斯教堂（Mission Santa Inés）的宗教活动。教堂所在土地就叫作 "圣卡洛斯牧场"（Rancho San Carlos de Jonata，26 634 英亩，合 107.78 平方公里）。

在 1850 年到 1930 年间，许多丹麦人（据估计有十分之一）离开家乡，来到美国寻求更好的生活，他们中间有一个教育家和牧师诺登托夫特（Benedict Nordentoft，1873—1942）。1906 年，诺登托夫特和另外一个牧师及教师讨论在西海岸建立一个新的丹麦"殖民地"、以建立一个路德教堂和学校的可能性。1910 年，他们同其他丹麦裔美国人在旧金山成立了"丹麦–美国殖民公司"（the Danish-American Colony Company）。当年晚些时候，他们在圣巴巴拉西北的圣伊内斯山谷找到了合适的土地。1911 年 1 月 23 日，他们签订合同，从圣卡洛斯牧场购买了差不多 9 000 英亩（36 平方公里）的土地，平均每英亩 40 美元，由此建立了一个村庄"Solvang"（索尔万）。

1912 年，"索尔万"的丹麦开拓者建立了贝塔尼亚福音派路德教堂（The Bethania Evangelical Lutheran Church）。1928 年，木匠汉斯·许特（Hans Skytt）和他的伙伴们根据一个哥特式丹麦教堂的照片建造了一个新教堂，这个新教堂钢筋混凝土结构，墙体厚达一英尺（30.48 厘米），类似 14 世纪丹麦乡村教堂风格。这是"索尔万"第一个丹麦风格的建筑。

起初，"索尔万"的大多数建筑同其他地方建筑一样，并无特色。第二次世界大战后，"丹麦村"这个概念开始引起人们越来越浓厚的兴趣。而"丹麦风"建筑的开拓者无疑是索伦森（Ferdinand Sorensen），他来自内布拉斯加州，1940 年代中期他从丹麦旅行回到"索尔万"后，首先完成了他自己丹麦风格的家"Møllebakken"，然后建起了村子里的第一座风车。之后不久，当地建筑师彼得森（Earl Petersen）对村里的旧房子进行改造，加上他称之为"丹麦外乡"风格（"Danish Provincial"

索尔万，作者摄。

style）的立面，这种建筑风格由此得名。这种露明木架的丹麦乡村风格房子于是大行其道，竟然创造出了一个新的旅游景点。

　　虽然在"索尔万"镇中心，造出了"正宗的"丹麦气氛，但斯堪的纳维亚人（Scandinavians，以前含糊泛指丹麦人）指出，假的茅草屋顶和假的木架主要是当地人的兴趣和利益所致，与那些丹麦移民无涉。那些老房子只是改头换面，看起来很"丹麦"，实与丹麦无关。但那有什么关系呢？

索尔万圆塔，作者摄。

　　多亏了那些独特的露明木架，茅草屋顶，风车，1∶3复制自丹麦哥本哈根的"圆塔"（"Round Tower" or "Rundetårn"，1991年复制完成），复制自19世纪丹麦有轨电车的马拉观光车，当然还有模仿自哥本哈根著名的雕像"小美人鱼"，丹麦童话作家安徒生的塑像等等，"索尔万"早已变成了加利福尼亚州的一个旅游目的地，每年吸引了一百多万游客。

　　索尔万的"丹麦风情"还得到了丹麦王室的垂青。1939年4月1日，丹麦王子弗雷德里克（Crown Prince Frederik，1899—1972）和王妃英格丽德（Princess Ingrid，1910—2000）

哥本哈根"圆塔"。
（版权信息：Avda，CC
BY-SA 3.0）

访问索尔万，当时镇上 400 名居民中大部分人是丹麦移民，弗雷德里克王子和王妃参加在贝塔尼亚教堂的"受难节"（Good Friday）祈祷仪式，弗雷德里克王子说："在新环境中感受丹麦传统只会让我们更加热爱丹麦。我们刚在这个纪念日沐浴了阳光，又开车走进美丽的加利福尼亚小丹麦。"

1960 年 6 月 5 日，丹麦公主玛格丽特（Princess Margrethe of Denmark）访问索尔万，并在贝塔尼亚教堂午餐。1976 年 5 月 23 日，已是女王的玛格丽特同丈夫亨利克亲王（Prince

Henrik）再次访问索尔万。女王夫妇参观了贝塔尼亚教堂和索尔万路德之家（Solvang Lutheran Home），并在哥本哈根大道（Copenhagen Drive）接见了当地居民。访问后不久，女王授予"索尔万"的开发者索伦森"白骑士十字勋章"（Order of the Dannebrog），以表彰他为加强丹麦和美国的关系作出的贡献。

2011 年，"索尔万"建成 100 周年。当年 6 月 11 日，丹麦亲王亨利克（Henrik, Prince Consort of Denmark）访问索尔万，当天适逢亲王 77 岁生日。他帮助揭幕索尔万世纪广场，两块印有丹麦皇家徽标的砖对外亮相。他说，丹麦和美国的友好关系奠基在相互尊重和共同的价值观以及理念上，有赖于丹麦移民在异国他乡建起新的家园、但没有忘记自己的祖国和祖先。

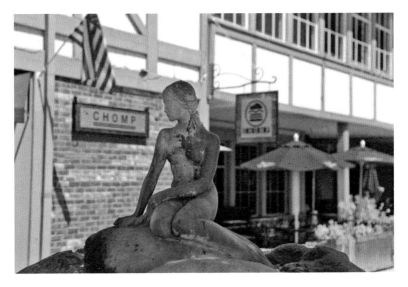

索尔万的"小美人鱼"，作者摄。

自 1936 年以来，"索尔万"每年都要举办"丹麦日"活动
（9 月的第三个周末），庆祝丹麦民间传统。活动包括吃煎饼酥
（æbleskiver）比赛，音乐，舞蹈，歌舞乐队巡游。当然还有正
宗的丹麦美食，以及当地产的葡萄酒。

说起葡萄酒，"索尔万"所在的圣伊内斯山谷就是加州
著名的葡萄酒产区。2004 年的奥斯卡获奖影片《杯酒人生》
（Sideways）（获奥斯卡五项提名，最后获得最佳改编剧本奖）
就是在这里取景拍摄。影片男主人公迈尔斯由保罗·吉亚玛提
（Paul Giamatti）扮演，虽然是一个失意的中学英语老师，但却
是一个葡萄酒鉴赏家，他低调精湛、拿捏到位的表演给观众留
下了深刻的印象。而他喜欢"黑皮诺"［Pinot Noir，是酿制法
国勃艮第（Burgundy）红葡萄酒的唯一品种，其所在的皮诺家
族因它而得名］，不喜欢"美乐"（Merlot，被誉为红葡萄的公
主，温柔乖巧，也是最受欢迎的红葡萄品种）的说辞，结果导
致美国西部"美乐"销售量下降 2%，价格下跌；而"黑皮诺"
销售量上升 16%，价格上涨。

不过，观众更津津乐道的是影片女主人公玛雅［维吉妮
娅·马德森（Virginia Madsen）扮演，她拥有一半丹麦血统，
是 1980 年代美国最受欢迎的女星之一］关于"葡萄酒一生"的
那一大段台词：

> 我总是想到酒的一生。想到它是个有生命的东西。我
> 总会想到，葡萄生长的那一年里都发生了什么，阳光是如
> 何撒满大地，而下雨的话，又会是什么样子。人们是怎样

照顾和采摘那些葡萄的。如果是一瓶陈酒，那么有多少照顾过那些葡萄的人已经死去。我总是想酒是如何继续醇化的，就好比如果我今天开了一瓶酒，它的味道一定和别的时候打开的味道有所不同。因为酒是有生命的，它在不断醇化并变得更加复杂，直至达到巅峰状态，就像你的61年的酒，然后就开始了它稳定的、必然的衰老过程，而它的口味变得真好。

有多少人是看了这部影片，循着电影主人公的足迹来到圣伊内斯山谷，来到索尔万寻找他们的"杯酒人生"的呢?

"丹麦外乡"风格（"Danish Provincial" style）

Solvang，California

The Village of Mariemont
玛丽蒙特村

2014 年 5 月 14 日，星期三，我独自一人驾车从华盛顿 DC 出发，开始横穿美国的旅行［妻儿十天后从华盛顿飞来与我在南达科他州拉皮德市（Rapid City）会合］，第一天即到达俄亥俄州的辛辛那提。抵达前，按计划先走访了 The Village of Mariemont（玛丽蒙特村）。在 Mariemont Inn（玛丽蒙特酒店），前台先生和我打招呼，以为我要住宿，我说我进来只是想方便一下，并说我在进行横穿美国的旅行，第一站就是来看 Mariemont。他很热情地拿出几页小册子，希望对我有帮助，并祝我一路平安，这就是"The Mariemont Story"（玛丽蒙特的故事）。

根据小册子的说明，"Mariemont"，发音为"Mary-mont"，而不是"Marie-mont"。这个名字来自埃默里夫人（Mary Emery，1844—1927）在罗得岛的夏日之家，它也是英国一个小镇的名字，所以是英式拼音。

玛丽蒙特村，作者摄。

　　埃默里夫人结婚前的名字是玛丽·默兰伯格·霍普金斯（Mary Muhlenberg Hopkins）。她1844年出生在纽约，1862年，她和父母及妹妹伊萨贝拉搬到辛辛那提。玛丽聪明好学，16岁就进入"帕克学院"（the Packer Collegiate Institute），学习数学、科学、拉丁文、演说术，而这些课程通常是为男生准备的。

　　搬到辛辛那提后，玛丽遇上了埃默里（Thomas J.Emery）。埃默里家在经营蜡烛、肥皂、化学制品和房地产上发了财。1866年，玛丽和埃默里结了婚，并生了两个孩子——谢尔顿（Sheldon，1867—1890）和阿尔伯特（1868—1884）。玛丽·埃默里夫人家的生意蒸蒸日上，但她的个人生活却连遭不幸。小儿子阿尔伯特因雪橇事故丧生，大儿子谢尔顿因传染病死亡，1906 年丈夫埃默里在北非的旅行途中去世。

埃默里夫人决定将她继承的遗产好好用在公众福祉上。她继续做好丈夫去世前的几个慈善项目，并开始了新的慈善计划。她慷慨地资助辛辛那提动物园，推动创建儿童医院，捐建"辛辛那提艺术博物馆"（the Cincinnati Art Museum），并捐献她个人收藏的艺术品。朋友们叫她"Guppy"（古比鱼，也称 millionfish 和 rainbow fish），而那些受她恩泽的人则称呼她为"Lady Bountiful"（慷慨大方的女士）。然而，玛丽·埃默里夫人最大的成就还是她创建了一个"模范小镇"——玛丽蒙特村。

19 世纪末到 20 世纪初，辛辛那提作为一个工业城市不断扩张，人口也不断增加。辛辛那提市中心区住房拥挤，卫生条件差。埃默里夫人很早就认识到，拥挤和破乱的住房主要归咎于糟糕的城市规划，如果不能重建一个完整的邻里社区，这个问题就不易得到纠正。只有根据城市规划原则，建起自给自足的社区和住宅，才能克服"城市扩张，贫民窟扩大"的大城市病。

作为一个拥有巨额财富的房地产开发商和慈善家，埃默里夫人决心创造一个社区，作为一个"国家典范"（national exemplar），给里面的居民提供高品质的生活。"玛丽蒙特村"能有今天的模样，得益于埃默里夫人的远见卓识和雄厚财力；得益于她的业务经理利文古德（Charles Livingood）的亲力亲为和不懈推动；也得益于国际知名城市规划师和景观设计师诺伦（John Nolen）的完美设计。

利文古德 1866 年出生在宾夕法尼亚州瑞丁市（Reading），他的父亲是一个成功的律师和房地产商。利文古德在哈佛大学时和埃默里夫人的大儿子谢尔顿是同学。大学毕业后不久利文古德成了一名科罗拉多山脉测量员。1890 年，利文古德得知同学谢尔顿的死讯后，他给埃默里夫人写了一封言辞感人的慰问信，结果他成了埃默里夫人的雇员，进而成为埃默里夫人的亲信，并替代埃默里夫人死去的儿子谢尔顿，成为玛丽·埃默里家庭中的一员。

利文古德聪敏好学，爱好广泛，他学习艺术、文学，语言天分高，精通法语，沉迷考古学和人类学。他在欧洲各地旅行，在巴黎的索邦大学学习。由于从小就在父亲开发的房地产项目中耳濡目染，让他日后成为精明能干的房地产开发业务经理。

1906 年，玛丽·埃默里的丈夫去世后，埃默里夫人更加依赖利文古德。利文古德和家人会陪着埃默里夫人在她罗得岛的"玛丽蒙特"度假。当埃默里夫人雄心勃勃地想要为不同阶层和收入的人们建造一个安居乐业的小镇（玛丽蒙特村）的时候，是利文古德帮助她实现了这个理想；即使在埃默里夫人去世后，他仍然继续监督工程项目的进展。

约翰·诺伦（John Nolen，1869—1937）1893 年毕业于宾夕法尼亚大学，获得学士学位。1905 年，他在哈佛大学获得景观建筑的硕士学位。1920 年，他受雇规划设计"玛丽蒙特村"。1921 年，设计图面世。

诺伦的设计图是一个围绕镇中心（Town Center）、开放交叉的正方形社区，结合了住宅、商店、学校、公园、娱乐设施等，将它们有机地融为一体。诺伦的城镇规划图诞生了许多"新城市主义"概念（new urbanism）（新城市主义是一项城市规划运动，通过创造适于步行的邻里社区，推动环境友好习惯的养成，这种社区包括各式住宅以及各行各业），今天仍被美国许多城镇社区复制采用。

而约翰·诺伦的一体化城镇设计其实是从英国"花园城市运动"（The garden city movement）中吸取的灵感。"花园城市运动"是一种城市规划方式，1898 年它由霍华德爵士（Sir Ebenezer Howard，1850—1928）在英国发起。"花园城市"是规划出来的、由"绿化带"环绕的自给自足的社区，包括按比例均衡分布的居民区、工业区和农业区。

受乌托邦小说 Looking Backward [《回顾：2000—1887》，中文旧译《回头看记略》，美国作家爱德华·贝拉米（Edward Bellamy）著] 和亨利·乔治（Henry George，1839—1897，美国政治经济学家）的作品《进步与贫困》（*Progress and Poverty*）的启发，1898 年，霍华德爵士发表了他自己的作品《明天：真正改革的和平之路》（*Tomorrow: a Peaceful Path to Real Reform*）（1902 年再版时更名为 *Garden Cities of Tomorrow*，《明日花园城市》）。他理想化的花园城市是在 6 000 英亩（2 400 公顷）的土地上安置 32 000 人，城市格局为一个同心圆，有开放的空间、公园和六条主要的大道，大道 120 英尺（37 米）宽，从中央向外延伸。花园城市自给自足，当人口达到满负荷时，就在附近再建一个花园城市。霍华德爵士设想几个花园城市连成一串，成为一个 50 000 人口中心城市的"卫星城"，它们之间由公路和铁路连接。

然而，无论是约翰·诺伦的原始设计蓝图，还是玛丽·埃默里夫人"国家典范"的理念，最后都没能完全实现。1927年，埃默里夫人去世，随后的经济危机和大萧条，让原来的一些设计无法变成现实。

不过，玛丽蒙特村展示了 1920 年代的美国建筑图景——包括多种建筑风格，从装饰艺术（art deco）到殖民复兴（colonial revival）到英国都铎复兴（English Tudor revival）——它们并列在一起，将游客带回到另一个时代，另一个空间。

尤其醒目的是英式建筑风格，从诺曼式（Norman style）到古典乔治式（classic Georgian style）。在村中心广场，是红砖都铎式建筑，包括 Mariemont Inn（酒店）和 Mariemont Barber Shop（理发店）。玛丽蒙特村还有美国唯一的街头公告员（town criers），他们被挑选出来，身着殖民时代的服装，高声呼喊村民参加各种不分党派的集会。

今天，玛丽蒙特村仍然是美国最适合步行的社区，村子环境友好，活力充沛，有酒店（Mariemont Inn，原始设计为埃默里夫人的私人客房）、影剧院、几家上好餐厅、冷食店、星巴克、葡萄酒店、两家银行、各种零售店、专业医疗服务。设计师将电话线和电力线都预埋在地下，地面整洁。村子绿树成行，公园点缀其间，鸟鸣啾啾，流水潺潺。

2006 年，玛丽蒙特村被列入"美国历史地标"；2007 年，玛丽蒙特村被列入"美国历史地名名录"。2008 年，因其突出的建筑特征，紧凑而适于步行的规划设计，强烈的市民参

玛丽蒙特村，作者摄。

与感和相互交往，美国规划协会（The American Planning Association，APA）将玛丽蒙特村列为"十大最棒社区"（10 Great Neighborhoods）。

建筑风格

19世纪晚期和20世纪复兴式，19世纪晚期和20世纪早期美国建筑运动（Late 19th And 20th Century Revivals, Late 19th And Early 20th Century American Movements）

地址

6907 Wooster Pike
Cincinnati，OH 45227

110

Thornburg Village (Normandy Village, Berkeley, CA)
索恩伯格村（诺曼底村，伯克利，加州）

　　加州大学伯克利分校西北角校园内外都是一些丑陋的建筑，直到你穿过赫斯特大道（Hearst Avenue），朝云杉街（Spruce Street）走上十英尺，到达诺曼底村（Normandy Village）。

　　这里是法国乡村的一个缩影。诺曼底村蜿蜒的屋脊，石砌的拱门，迷人的庭院，鹅卵石小径，与那些平头、平脸的公寓形成鲜明的对比。

　　住在诺曼底村的人，称自己为"村民"。

　　在加州大学伯克利分校旁边怎么会出现一个法式乡村呢？

　　1890 年，一个名叫耶兰德（William Raymond Yelland，1890—1966）的人出生在加州萨拉托加（Saratoga），他的父亲是一个牧场主，母亲是一个医师，1886 年毕业于加州大学。耶兰德本人 1913 年获得加州大学伯克利分校建筑学学士学位，

诺曼底村，作者摄。

之后在宾夕法尼亚大学待了一年。

　　第一次世界大战期间，耶兰德所在部队驻扎在法国，在法国的经历，影响了耶兰德的建筑美学，他从法国乡村建筑上吸取营养，逐渐形成了自己童话式、中世纪复兴建筑风格。

　　1916 年，耶兰德获得加州建筑执业执照，1920 年，他开设了自己独立的建筑事务所。

　　1925 年，耶兰德为"塔珀和里德乐器行"（the Tupper &

酒吧，作者摄。

Reed music store）主人塔珀（John C. Tupper）和里德（Lawrence Reed）设计了一座房子。

这座房子是中世纪风格，红砖墙，尖屋顶，高耸的烟囱，上面站立着一个吹管子的乐者。这座建筑因其独特的中世纪风格，引起了人们的广泛关注。这其中，可能就有一个 25 岁的年轻人——杰克·伍德·索恩伯格（Jack Wood Thornburg）——一个房地产开发商。

索恩伯格聘请耶兰德为他开发的第一期住宅做设计，他期望的就是那种"老欧洲风格"（old European style）。这个年轻人为什么会喜欢中世纪法国乡村建筑风格呢？他没说，现在也不知道。

1927 年 5 月 8 日，索恩伯格开发的第一期住宅正式对外开放。

当天的《奥克兰论坛报》（*Oakland Tribune*）的标题是：《索恩伯格村古香古色》（*Picturesque Thornburg Village*）。

"欧洲乡村建筑思想的精美改编"。

"往日欧洲建筑迷人的复制品，重构现代居家生活"。

耶兰德的建筑风格被形容为中世纪复兴式，具体地说就是法国诺曼底风格，他形容这种风格为有点"乡村"（rural）味道，是那种波希米亚式的（bohemian）、童话般的风格（the "Storybook" style）。

1928 年，"索恩伯格村"（Thornburg Village）第二期工程"诺曼塔"（Norman Towers）完工，当地媒体描述它为"法国—诺曼"（"French-Norman"）。由此，"索恩伯格村"得到了它的另一个别名"诺曼底村"（Normandy Village）。

Picturesque Thornburg Village

This artistic adaptation of the architectural thought of rural Europe is now in course of construction on Spruce street, just above Hearst in Berkeley. The first unit is shown here. The building was constructed by Jack Thornburg according to the design of W. R. Yelland, Oakland architect.

《奥克兰论坛报》，1927 年 5 月 8 日。

诺曼底村，作者摄。

1930 年，耶兰德同诗人、图书馆员霍尔罗伊德（Edna Holroyd）结婚，并前往欧洲和亚洲旅行。后来，他在加州当地画廊展出旅行素描，并编入旧金山编年史中。耶兰德和妻子合作制作圣诞卡和小册子，妻子写诗，耶兰德画插图。

1950 年代早期，耶兰德迁居意大利米兰，1966 年在米兰去世。

1983 年 12 月 19 日，索恩伯格村（诺曼底村）被列为伯克利市地标（City of Berkeley Landmark）。

建 筑 风 格

中世纪复兴式（Medieval Revival style）

地 址

1781–1851 Spruce Street

Berkeley，CA 94709

第五章

外来建筑大杂烩

无序是一种我们看不到的秩序。

——亨利·柏格森

（Henri Bergson，1859—1941）

Las Vegas
拉斯维加斯

　　拉斯维加斯（Las Vegas），西班牙语意思为"青草地"，最早来到这里的是古印第安（Paleo-Indians）游牧部落。1829年，一位名叫里韦拉（Rafael Rivera）的年轻墨西哥童子军发现了这片青草谷地。那一年，商人阿米霍（Antonio Armijo）带着60人的商队沿着"西班牙道"（Spanish Trail，从新墨西哥圣塔菲途经拉斯维加斯到洛杉矶，全长700英里，大约1 100公里）来到加利福尼亚的洛杉矶，便途经了这片荒漠泉水滋养的青草地——拉斯维加斯。

　　1844年，美国军人、探险家弗里蒙特（John C. Frémont，1813—1890）来到这里，他对美国西部的四次探险和描述吸引了更多人来到拉斯维加斯。拉斯维加斯市中心的弗里蒙特街（Fremont Street）便以他的名字命名。

　　1855年，摩门教将盐湖城（摩门教大本营）和洛杉矶中途的拉斯维加斯选为一个中转站，建立堡垒，补充供应。之后不久，堡垒废弃，但在今天拉斯维加斯大道（Las Vegas Boulevard）和华盛顿大道（Washington Avenue）的交叉路口，还残留着"老摩门堡"（Old Mormon Fort）遗迹。

1905 年，拉斯维加斯建立城镇，当时毗邻联合太平洋铁路（the Union Pacific Railroad）的 110 英亩土地拿来拍卖，成为后来的城镇中心。1911 年，拉斯维加斯正式建市。

1931 年是拉斯维加斯历史上的关键之年。当时正值大萧条，内华达州将博彩业合法化，并将离婚的同居期限减为六周。这一年，位于拉斯维加斯东南 30 英里处的胡佛大坝（Hoover Dam）开始建设，涌入的建筑工人和家属让拉斯维加斯躲过了大萧条的灾难，并慢慢发展起来。

1941 年，"拉斯维加斯陆军航空兵射击学校"（the Las Vegas Army Air Corps Gunnery School）建立，即现在的"内利斯空军基地"（Nellis Air Force Base），它也是美国飞行表演队"雷鸟"（the Thunderbirds）基地。

第二次世界大战后的几十年，集赌博、娱乐、餐饮、购物为一体的豪华酒店纷纷开业，拉斯维加斯发展成为世界赌博之都、娱乐之都、罪恶之城。

毫无疑问，今天的拉斯维加斯就是一个外来建筑的大杂烩。

从拉斯维加斯大道的南端开始，便是卢克索酒店（Luxor）。金字塔、方尖碑、狮身人面像就是它突出的异域标志。

一路走来，便是巴黎大酒店（Paris Las Vegas），仿效法国 18 世纪末与 19 世纪初美好年代（Belle Epoque）的典型新艺术风格。其仿制的是埃菲尔铁塔（1∶2）、凯旋门，惟妙惟肖。

拉斯维加斯，作者摄。

拉斯维加斯，作者摄。

拉斯维加斯，作者摄

拉斯维加斯，作者摄。

不远处就是豪华的恺撒宫（Caesars Palace），建于 1966 年，希腊罗马风格，圆形大厅是罗马古城的缩影。与罗马悠久的历史和沧桑容貌相比，恺撒宫就像一块刚出炉的小蛋糕。

拉斯维加斯，作者摄。

拉斯维加斯，作者摄。

再往前就是威尼斯人酒店（The Venetian）。它仿造了威尼斯著名的钟楼、圣马可广场等，几乎"以假乱真"。特别是酒店内部的人造威尼斯大运河，室内灯光景色宛如白天。头戴草帽的船夫摇着刚朵拉，唱着意大利小调，坐在刚朵拉上的游客或许感觉就在"威尼斯"呢。

当然，拉斯维加斯也有中国城，不过，那座中式门楼，就像刚学习说中国话的外国人讲的中文，勉强有那么点意思。

为什么拉斯维加斯热衷于这种外来、混杂的建筑形式呢？

拉斯维加斯位居世界四大赌城之首，是一座以赌博业为特色的旅游、购物、度假的世界知名度假城市，现在还是会展中心。每年来拉斯维加斯旅游度假的数百万游客中，来购物和享受美食的占了大多数，专程来赌博的只占少数。游客们来自世

拉斯维加斯，作者摄。

拉斯维加斯，作者摄。

拉斯维加斯，作者摄。

界各地，普罗大众的欲望无非是金钱和性（内华达州卖淫合法化，但拉斯维加斯禁止）或性的刺激［如巴利酒店（Bally）的成人无上装表演 Jubilee，2016 年 2 月 11 日已永久停演］。所以，光怪陆离的异域建筑，灯红酒绿的迷离气氛，没日没夜的赌场喧嚣，林林总总的各国商品，正是游客喜欢拉斯维加斯这座后现代主义建筑城市的魅力所在。

建筑理论上的研究也印证了这一点。

出生于德国、后加入美国籍的建筑大师密斯·凡·德·罗（Ludwig Mies Van der Rohe，1886—1969）有一个建筑理念："少即是多"（Less is more），他的这一建筑理念受到了美国后现代主义建筑师罗伯特·文丘里（Robert Venturi，1925—2018）的挑战。文丘里认为，"少就是无聊"（Less is a bore）。他认为普罗大众不懂现代主义建筑语言，他们喜欢的建筑往往形式平凡、活泼、装饰性强，又具有隐喻性。文丘里认为拉斯维加斯的面貌，包括五花八门的建筑、霓虹灯、广告板、快餐馆等商标式的造型，正好反映了普罗大众的喜好，因此他在《向拉斯维加斯学习》一书中呼吁建筑师要同普罗大众对话，接受他们的兴趣和价值观，向拉斯维加斯学习。

> 我喜欢建筑要素的混杂，而不要"纯净"；宁愿一锅煮，而不要清爽的；宁要歪扭变形的，而不要"直截了当"的；宁要暧昧不定，而不要条理分明、刚愎、无人性、枯燥和所谓的"有趣"；我宁愿要世代相传的东西，也不要"经过设计"的；要随和包容，不要排他性；宁可丰盛过

度，也不要简单化、发育不全和维新派头；宁要自相矛盾、模棱两可，也不要直率和一目了然；我赞赏凌乱而有生气甚于明确统一。

——罗伯特·文丘里

法国哲学家、1927 年诺贝尔文学奖获得者亨利·柏格森（Henri Bergson，1859—1941）也认为，无序是一种我们看不到的秩序。

拉斯维加斯还是一个能让人幻想"美梦成真"的地方，即"第二次机会之都"（Capital of Second Chances）。如果你穷困潦倒还剩下几美元，去拉斯维加斯也许能咸鱼翻身。当然，更多时候，你可能输得只剩内裤。不过，城里还有一家当铺，也许能让你再次拥有"第二次机会"。

它便是"金银当铺"（Gold & Silver Pawn Shop）。

这家当铺 1989 年开业，是一个 24 小时营业的家族式当铺，现在由家长哈里森（Richard Harrison，外号"老人"，即"Old Man"），他的儿子瑞克（Rick Harrison），孙子科里（Corey Harrison，外号"大马"，即"Big Hoss"），以及科里童年时代的好友拉塞尔（Austin Russell "Chumlee"）等经营。2009年 7 月 19 日，基于这家当铺日常营业活动的真人秀系列节目"*Pawn Stars*"（当铺之星）首次在美国历史频道（History）播出，并很快成为历史频道收视率第二的真人秀系列节目（仅次于 *Jersey Shore*，泽西海边）。

"*Pawn Stars*"（当铺之星）系列节目描述当铺伙计与顾客的

互动交流——顾客带着古董宝贝或稀罕物件来到当铺，或卖或当，当铺伙计讨价还价，有时还请来专家，讨论、鉴定当物的历史背景和历史价值，伴随着当铺伙计的解说——买得值了或是亏了；或是顾客的回应——卖得满意或是遗憾。

只有对历史的尊重，历史才有价值。

随着"*Pawn Stars*"系列节目的热播，"金银当铺"也成为游客的热门参观地，除了期望一睹这些真人秀明星的风采，还能买到一些特色纪念品。

金银当铺，尹可陶摄。

建 筑 风 格

外来建筑大杂烩

地 址

Las Vegas

Nevada

参考文献

1. 北京智化寺藻井，360 个人图书馆

2. 云冈石佛陶眼回归记，马丽霞，中国石窟寺网

3. 今天我们还是去美国，一起看纳尔逊艺术博物馆的中国古典家具，正大研习社，2017-10-073

4. "捐数百万将园林'搬'到纽约，纽约超级名媛与一座苏州园林"，陈儒斌著，新浪网博客 2014 年 7 月 17 日

5. 《谁在收藏中国：美国猎获亚洲艺术珍宝百年记》

6. 荫余堂，一座被接往彼岸的徽居，2016-08-03 11：57 德胜洋楼

7. 《向拉斯维加斯学习》,（美）罗伯特·文丘里等著，徐怡芳、王健译，水利水电出版社，2006 年

8. 《美国特性探索——社会和文化》,（美）卢瑟·S. 利德基主编，龙治方、唐建文等译，中国社会科学出版社，1991 年

9. Great american houses and their architectural styles, Virginia and Lee McAlester, Abbeville Press Publishers, ISBN 1-55859-750-6

10. the Isabella Stewart Gardner Museum: a companion

guide and history, Hilliard T. Goldfarb, Yale University Press, ISBN 978-0-300-06341-7

11. the Cloisters: Medieval art and Architecture, Peter Barnet and Nancy Wu, 75th anniversary edition, The Metropolitan Museum of Art, distributed by Yale University Press, ISBN 978-0-300-18720-5

12. the Cotswold House: stone houses and interiors from the English countryside, Nicholas Mander, Rizzoli, New York, ISBN 978-0-8478-3180-7

13. Yin Yu Tang: the Architecture and Daily life of a Chinese House, Nancy Berliner, Tuttle Publishing, ISBN 0-8048-3487-3

14. Historic Houses of the Hudson River Valley 1663-1915, Gregory Long, Rizzoli, New York, ISBN 0-8478-2656-2

15. Great Houses of Florida, Beth Dunlop and Joanna Lombard, Rizzoli, New York, ISBN-13: 978-0-8478-3097-8

16. Japonisme: the Japanese influence on Western art since 1858, Siegfried Wichmann, Thames & Hudson, ISBN-13: 978-0-500-28163-5

17. Islam: Art and Architecture, Markus Hattstein and Peter Delius, Konemann, ISBN: 3-8290-2558-0

18. Wikipedia 维基百科